U0296552

航空发动机桨扇气动设计

Propfan Aerodynamic Design of Aeroengine

高洁　贺象　曹俊　王掩刚　等 编著

科学出版社

北　京

内 容 简 介

本书从设计技术角度介绍航空发动机桨扇设计，具有比较强的针对性。本书涉及的主要内容包括：桨扇技术发展历程、设计要求与分析、气动基本理论及设计原理、声学预测理论及方法、气动及声学设计、缩尺桨气动及声学试验验证、噪声适航符合性分析、未来先进螺旋桨和桨扇发展趋势等。本书旨在通过对桨扇气动设计方法及设计流程的介绍，使读者对桨扇的设计有一个系统的概念，有利于从事航空发动机螺旋桨与桨扇研发的相关人员更好地开展工作。

本书不仅能对具有一定螺旋桨与桨扇设计基础知识的技术和管理人员提供帮助，也可以作为航空院校相关专业教师和研究生的参考资料。

图书在版编目（CIP）数据

航空发动机桨扇气动设计 / 高洁等编著. -- 北京 ：科学出版社，2024. 8. -- ISBN 978-7-03-079117-7

Ⅰ. V232

中国国家版本馆 CIP 数据核字第 2024J5H355 号

责任编辑：徐杨峰 / 责任校对：谭宏宇
责任印制：黄晓鸣 / 封面设计：殷　靓

科学出版社 出版
北京东黄城根北街 16 号
邮政编码：100717
http：//www.sciencep.com
南京展望文化发展有限公司排版
苏州市越洋印刷有限公司印刷
科学出版社发行　各地新华书店经销

*

2024 年 8 月第　一　版　开本：B5（720×1000）
2024 年 8 月第一次印刷　印张：15 1/2
字数：301 000

定价：140.00 元

（如有印装质量问题，我社负责调换）

本书编写组

主　编

高　洁

副主编

贺　象　曹　俊　王掩刚

编　委

（按姓名拼音排序）

曹　俊　陈正武　高　洁　贺　象

侯钦川　姜裕标　彭学敏　邱亚松

舒太波　王掩刚　赵振国　周亦成

前言

1903 年，莱特兄弟研制的“飞行者一号”试飞成功，标志着人类历史上真正意义上的第一架飞机飞上了蓝天，“飞行者一号”所采用的推进器就是由一台活塞发动机驱动的螺旋桨。直到 20 世纪 50 年代燃气涡轮技术成熟，螺旋桨与燃气涡轮结合形成了一种新型航空发动机，称为涡轮螺旋桨发动机(简称涡桨发动机)。至今，中大功率等级螺旋桨通常采用燃气涡轮驱动，广泛用于中大型固定翼飞机；而小功率等级螺旋桨通常采用活塞发动机驱动，普遍应用于轻型和运动型等固定翼飞机。

随着航空技术的发展，以及军民两大市场对螺旋桨驱动的固定翼飞机提出了更多的功能需要、更高的技术要求，适合高速飞行的先进高速螺旋桨技术孕育而出，国际上研制出一种高推进效率、低噪声、高飞行马赫数的先进桨扇推进器，并演化出对转桨扇(开式转子)、开式风扇等多种构型。与同等推力量级涡扇发动机相比，配装桨扇推进器的涡桨发动机的耗油率可降低 20%～30%，具有极大的节能优势，能有效减少碳排放，是一种未来极具竞争力的绿色动力。除此之外，螺旋桨/桨扇也用于近年来研究非常热门的飞行汽车或者城市通勤飞行器，未来的需求不可限量。纵观国际，螺旋桨和桨扇科普性书籍和专业设计方面的著作都很少，而近年来国内外工程界和学术界又掀起了一股先进桨扇技术研究的热潮，可供参考的资料非常陈旧，因此作者认为推出一本关于桨扇设计的专业书籍迫在眉睫，不但要总结过去经典螺旋桨设计理论和方法，而且要重点介绍近年来国内外先进桨扇的设计技术，以及展望未来的发展方向。

本书从设计技术角度介绍航空发动机桨扇设计，具有比较强的针对性，涉及的主要内容包括：设计要求与分析、气动基本理论及设计原理、声学预测理论及方法、气动及声学设计、缩尺桨气动及声学试验验证、噪声适航符合性分析、未来先进桨扇发展趋势等。本书旨在通过对桨扇设计方法及设计流程的介绍，使读者对桨扇的设计有一个系统的概念，对从事航空发动机螺旋桨与桨扇设计的技术人员提供帮助。

全书共分为七章。第一章概论从宏观上简要介绍了桨扇技术发展以及气动设计、结构设计要求。第二章主要介绍了对转桨扇的空气动力学及设计原理，主要包括对转螺旋桨涡流理论、对转桨扇升力线设计方法、基于可压升力面理论的对转桨扇设计理论及方法，以及基于 S2 反问题的对转桨扇设计方法等。第三章介绍了桨扇的气动声学，包括螺旋桨与桨扇的噪声源、莱特希尔声类比理论、FW－H 方程理论方法、基于 FW－H 方程的桨扇时域和频域单音噪声预测方法，以及桨扇宽频噪声预测理论等方面。第四章介绍对转桨扇气动性能和声学设计，包括气动设计流程，气动性能数值模拟评估方法、声学预测仿真方法、关键参数设计与分析、降噪设计规律等方面内容。第五章主要介绍桨扇的气动性能与声学的风洞试验验证，包括相似性设计、性能及声学风洞试验设备、性能试验和测试技术以及声学试验和测试技术等方面。第六章主要介绍桨扇如何从部件角度去考虑发动机配装飞机的噪声适航问题，包括适航法规简介、桨扇噪声预测和试验数据如何与发动机其他部件预测噪声合成总噪声、飞机机体噪声预测、飞机与观测点的时空关系、有效感觉噪声级的计算方法，以及典型噪声适航性分析示例。第七章主要介绍桨扇先进气动设计技术及未来发展趋势。

本书是在中国航发湖南动力机械研究所（以下简称中国航发动研所）一线压气机/桨扇设计人员共同帮助下完成的，主要参编人员包括：第一章主要编写人员为高洁、贺象、曹俊、王掩刚等；第二章主要编写人员为高洁、贺象、曹俊、侯钦川、周亦成等；第三章主要编写人员为高洁、贺象、王掩刚、舒太波等；第四章主要编写人员为高洁、贺象、曹俊、赵振国、周亦成、彭学敏、舒太波、邱亚松等；第五章主要编写人员为高洁、贺象、王掩刚、姜裕标、彭学敏、陈正武、舒太波等；第六章主要编写人员为高洁、贺象、曹俊、舒太波等；第七章主要编写人员为高洁、贺象、曹俊、王掩刚、赵振国等。全书由高洁和贺象协调统稿。本书编写过程中，刘沛清、庞健、周莉、稂仿玉、张鹏、杜林、段宇华、杨万礼、曹天时、赵献礼、赵亮亮、周威、吴靓昕、李晓东、余培汎等专家学者提供了宝贵的素材，中国航发动研所邹学奇、袁巍、石林、金海良、吴吉昌、朱玲、杨杰、杨元英等对书中内容提出了宝贵意见。此外，还有不少设计人员为本书提供了部分参考资料，本书不再一一列出。在此，对参与本书编制的设计人员和对本书提供过帮助的专家和学者一并致以诚挚的谢意。

本书涉及专业面广，由于作者知识水平有限，书中难免存在错误和不妥之处，恳请各位学者、专家和读者批评、指正。本书部分图片和内容来源于公开文献、资料以及互联网，涉及面广无法追溯原始出处，故未能一一注明，敬请谅解。

作者

2024 年 2 月

目录

第一章 概　论

在航空燃气涡轮发动机中，通过燃气涡轮驱动叶片旋转产生推力的涡轮发动机主要包括涡桨发动机、桨扇发动机和涡扇发动机(图 1-1)。其中，桨扇发动机又称开式转子发动机，可看作是一种带有先进高速螺旋桨的涡桨发动机，也可看作是一种不带外涵道的超高涵道比涡扇发动机。

图 1-1　燃气涡轮驱动的航空涡桨发动机(左)、桨扇发动机(中)和涡扇发动机(右)

涡桨发动机螺旋桨配装飞机在中低速(马赫数约 0.5)巡航飞行时具有非常高的推进效率，但作高速飞行时，桨尖必然接近声速或超声速，给螺旋桨带来较大激波损失，螺旋桨效率急剧降低，从而使得发动机的推进效率急剧降低。

对于桨扇发动机来说，采用增加叶片数量和增加叶片弦长的方式降低单片桨叶载荷，采用大后掠桨叶降低桨尖当地马赫数降低激波损失，采用薄翼型叶片设计减少叶型损失或者抵消增加叶片数和弦长带来的损失；同时，采用前、后两排桨叶对转，将前排桨螺旋气流转为轴向，消除了无效的切向速度分量，实际上也就是降低损失增加推力。这两个方面综合使得桨扇效率在高亚声速飞行时要比常规螺旋桨更高。

与涡扇相比,桨扇没有短舱和专用反推装置,不受短舱和阻力增加的制约,可以选用超大涵道比,能在比较高的飞行速度下使推进效率显著高于涡扇发动机的推进效率。

图 1-2 给出了涡桨、桨扇和涡扇三类发动机的推进效率随马赫数变化关系的比较[1,2]。可见,桨扇的巡航飞行马赫数可达 0.7~0.8,要远比常规螺旋桨 0.5 左右的巡航马赫数更高,可以达到涡扇的巡航马赫数;另外,它在较高的巡航马赫数之下仍能保持较高推进效率,这已与高效低速螺旋桨的推进效率水平相当,但这比涡扇发动机 70%的推进效率水平高得多;可见,桨扇发动机兼具涡桨的高推进效率、低耗油率,以及涡扇较高的巡航飞行速度的优势,在同等推力量级下比涡扇更省油,可降低 20%~30%油耗。

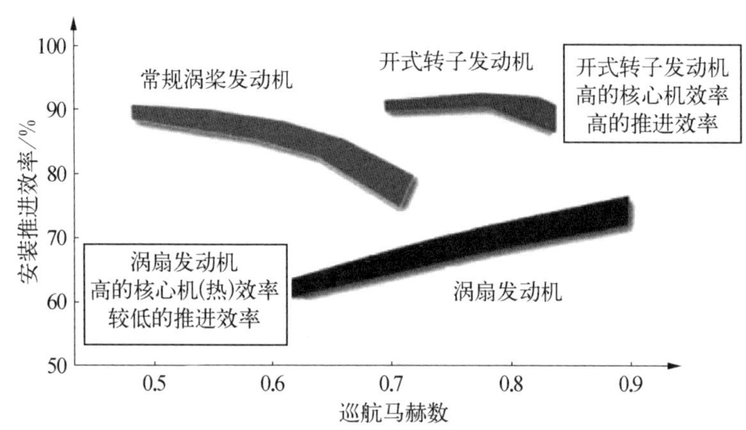

图 1-2　涡桨、桨扇和涡扇发动机的巡航马赫数及推进效率的比较

另一方面,桨扇下洗滑流对机翼的增升效果比常规涡桨更强,飞机短距起飞和低空低速飞行性能更为优异,这可从安-70 能在 20 t 有效装载下从 600 m 简易跑道进行起降,以及在各个飞行高度进行空投的能力中表现出来。

随着先进螺旋桨技术的发展,涡桨类发动机推进系统除传统的螺旋桨外,国内外公开文献中出现了多种概念,包括高速螺旋桨、对转螺旋桨、桨扇、对转桨扇、开式转子、涵道桨扇、开式风扇等,概念很容易混淆,对这些构型进行整理分类,它们之间的关系如下:

(1) 常规螺旋桨
- 1) 拉进式螺旋桨
  - 螺旋桨,典型机型:WJ-6
  - 对转螺旋桨,典型机型:NK-12
- 2) 推进式螺旋桨,典型机型:WJ-9

(2) 桨扇
- 1) 开式
  - ① 单排桨扇/高速螺旋桨,典型机型：TP400/SR/ATP
  - ② 对转桨扇/开式转子
    - 拉进式对转桨扇,典型机型：D－27
    - 推进式桨扇,典型机型：GE－36/AI－PX7/578－DX
  - ③ 开式风扇,典型机型：GE 公司 Rise
- 2) 涵道式
  - 拉进式涵道对转桨扇,典型机型：NK－93
  - 推进式涵道桨扇,暂无机型

实际上,桨扇发动机与涡桨发动机有着千丝万缕的继承关系,要想全面了解桨扇发动机及其桨扇部件,首先得从螺旋桨发展历史[3-5]开始阐述。

1.1 螺旋桨发展历程

1.1.1 早期螺旋桨的发展

20 世纪初莱特兄弟发明的飞机飞上蓝天(图 1－3),所采用的推进器就是螺旋桨,标志着人类首次实现重于空气的飞行器空中飞行。但是,螺旋桨是凭经验制造的,没有成熟的理论指导设计。直到 1917 年螺旋桨设计理论才取得突破,发展了一套充分反映各种螺旋桨几何参数影响的设计和分析法,螺旋桨的最高效率可达 70%~80%,这已接近现代螺旋桨性能水平(85%~90%)。这一历程可称为螺旋桨发展过程的一个里程碑。

20 世纪 30 年代,金属桨叶取代木质桨叶(图 1－4)获得普遍应用,螺旋桨迎来了大发展时期。随之而来的可称为另一个发展的里程碑是变桨距技术的发展和成熟。

图 1－3 飞行者一号

图 1－4 早期飞机使用的木质螺旋桨

早期飞机螺旋桨都是定桨距的,只能在某一种飞行状态下性能最优;飞行状态一旦改变,不仅性能显著降低,还会严重影响发动机的功率输出。因此,液压装置被应用于螺旋桨，实现飞行状态桨叶变距，从而改善螺旋桨和发动机的匹配。20世纪30年代中期，恒速变距桨逐渐成熟，驾驶员可根据不同飞行状态设定发动机转速，液压控制装置自动调节桨距以达到螺旋桨吸收功率与发动机输出功率之间的平衡。在几乎所有飞行状态下，螺旋桨都能保持较高的效率。

第二次世界大战期间，飞机及发动机技术的进步，推动了螺旋桨技术的进一步发展，基于片条理论的分析方法成为标准的螺旋桨设计和分析手段，螺旋桨的性能前进了一大步(图1-5)。二战结束之后，战时的军机技术广泛应用于商用运输机，航空产业繁荣发展。

20世纪50年代中期，随着燃气涡轮发动机的技术进步，在大型商用飞机动力装置领域，螺旋桨与大功率活塞发动机组合搭配的动力装置逐渐被燃气涡轮发动机与螺旋桨组合所取代(图1-6)；与此同时，同样基于燃气涡轮技术的涡喷和涡扇推进技术不断完善，螺旋桨飞机应用范围逐渐被挤占，使得涡桨发动机及其配装的螺旋桨技术发展受到严重影响、产品更新换代非常缓慢。

图1-5　美国P-51“野马”战斗机

图1-6　早期C130军用运输机配装的螺旋桨

1.1.2　现代螺旋桨的发展与应用

20世纪70年代初期，随着国际石油危机的发生，世界各大航空公司对发动机的燃油经济性逐渐关注起来，因此，低耗油率的涡轮螺旋桨技术重新获得重视。英、美等国的航空研究机构，在翼型空气动力学方面倾注大量精力，先后研制出目前仍在大量应用的先进桨叶专用的翼型，如ARA-D、HS-1等。使用新翼型的螺旋桨在起飞、爬升和较高的飞行速度下，比原有的螺旋桨具有更好的性能。同时，先进的电子控制技术应用于螺旋桨的桨距调节，传统的纯机械液压控制系统逐渐被调节精度更高、响应速度更快、可靠性更高的电子液压控制系统所取代。于是从20世纪70年代末期起直到现在，新一代螺旋桨就不断地被应用到支线客机、公务机等中小型飞机上,如 Dash 系列、ATR 系列等,以及最新改进型军用飞机,如 C130J、E－2D 等(图 1－7 和图 1－8)。

图 1－7 法国 ATR72－600 支线客机

图 1－8 美国 C130J 军用运输机螺旋桨

1.2 桨扇技术的发展

1.2.1 高速螺旋桨/桨扇技术发展

20 世纪 50 年代,美国 NASA 的兰利和艾姆斯研究中心的研究人员进行了高马赫数螺旋桨风洞和飞行试验,发现薄的低负荷桨叶在马赫数达到 0.85 时仍能保持较高的效率[6]。20 世纪 70 年代,刘易斯研究中心与汉密尔顿标准公司就先进高速螺旋桨展开合作,多轮研讨论证认为:先进螺旋桨具有高速、高负荷、多叶片、桨叶后掠、变桨距的特征,这种先进高速螺旋桨被称为桨扇。随后,刘易斯研究中心利用改进升力线方法[7]设计了 SR 系列桨扇,并进行了试验验证,如图 1－9 所示,结果表明:在设计巡航马赫数 0.8 下,高速螺旋桨(单排桨扇)的推进效率达到 79%。

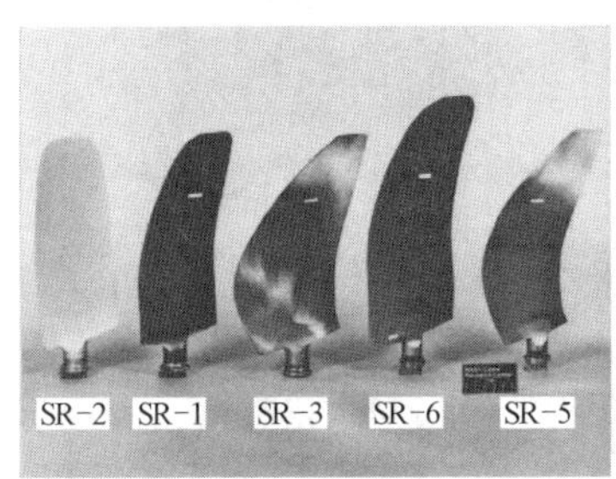

图 1－9 大尺寸先进桨扇发动机的桨扇缩尺模型试验件[9,10]和全尺寸桨扇发动机[6]

20 世纪 80 年代，在 SR 桨扇的基础上，开展了大尺寸先进桨扇项目(Advanced Turboprop Project, ATP)[6, 8]，进行桨扇发动机工程验证机的研制。SR－7L 桨叶，在马赫数 0.8 下，推进效率达到 79.3%。并且大尺寸先进桨扇发动机在飞行试验平台上完成了飞行验证试验[6]。

进入 21 世纪，新一代涡桨飞机平台推进系统采用高速螺旋桨，如欧洲 A400M 军用运输机，螺旋桨(单排桨扇)的研制由英国 Dowty 公司和法国 Ratier-Figeac(属于汉胜公司)两家公司竞争，Ratier-Figeac 公司的 FH386 螺旋桨最终胜出，其巡航速度可达马赫数 0.68～0.72，叶片数为 8 片，与常规螺旋桨具有明显区别，这是一种先进的高速螺旋桨，具有单排桨扇宽弦、大后掠等特征(图 1－10)。

图 1－10　A400M 运输机的 FH386 螺旋桨

1.2.2　先进对转桨扇技术发展

20 世纪 80 年代，在 LAP 项目推进的同时，NASA 分别与汉密尔顿标准公司和 GE 公司合作开展对转桨扇的研究。

NASA 与汉密尔顿标准公司合作研制了 CRP－X1 对转桨扇模型试验件[11]，在巡航设计工作点，$Ma=0.72$，功率系数 $C_p=2.035$，进距比 $J=2.94$，其推进效率达到 85.5%。接着，在 NASA 的支持下，普惠公司、艾利逊公司和汉密尔顿标准公司在 CRP－X1 基础上，设计针对配装 XT701 涡轴发动机的对转桨扇方案，研制了 578－DX 对转推进式桨扇发动机[12]，如图 1－11 左图所示，该验证机最终完成了地面和飞行试验工作。

图 1－11　推进式桨扇发动机：(左)578－DX 桨扇发动机；(右)GE36 桨扇发动机

另一方面,1983 年 NASA 与 GE 公司合作开始进行无减速器涡轮直驱动桨扇 GE36 发动机演示验证机的研制[13-15],其核心机采用 F404 发动机,如图 1-11 右图所示。针对验证机的研制需要,GE 公司研制了 F-A 系列桨扇叶型[16],其中 F7-A7 对转桨扇在马赫数 0.72 下达到 82.5%。

乌克兰研制了目前国际上唯一配装桨扇发动机并投入使用的大型军用运输机安-70,其配装的桨扇发动机 D27 由乌克兰和俄罗斯联合研制[17],对转桨扇 SV27 由俄罗斯 Aerosila 公司研制(图 1-12)。SV27 桨扇直径达 4.5 m,桨叶数为 8+6 片,大部分推进力是由前排桨叶所产生的,飞行马赫数 0.7,巡航推进效率接近 86%。螺旋桨布置在机翼前部,螺旋桨后高速流过机翼表面的滑流可大大增加飞机的升力,并配以开缝式前缘襟、缝翼,双缝后退式襟翼,使最大升力系数达到 5.6。由于桨扇发动机低速时拉力大,飞机加速性好,螺旋桨的滑流使机翼增升明显,安-70 飞机短距起降能力非常突出。安-70 飞机既能以 0.7~0.72 的马赫数巡航,执行远距离战略运输任务,又能以非常低的速度飞行,进行低空空投战术任务。

图 1-12 大型军用运输机安-70 配装先进 D27 对转桨扇发动机

1.3 我国螺旋桨/桨扇技术的发展现状

我国的航空螺旋桨历经仿制、改型设计,逐步发展到自行设计阶段。在此期间,生产出国内使用的各主要机种的螺旋桨及螺旋桨系统附件,基本满足了空军、海军及民航当时的需要。1993 年,保定惠阳航空螺旋桨制造厂研制的运八飞机螺旋桨取得了中国民用航空总局颁发的型号合格证,这是我国航空螺旋桨系列产品中第一个取得型号合格证的产品。另外,我国第一型完全按照民航规章《航空发动机适航标准》CCAR-33 进行研制的涡桨-9 于 1997 年 1 月取得型号合格证,配套的螺旋桨也自动取证[18]。近年来,随着我国民机市场的需求急剧增长,国内多款先进涡桨发动机及其配套螺旋桨正在加紧研制。在这些螺旋桨型号研发推进过程中,我国逐渐掌握了具有国际先进水平的先进螺旋桨翼型,以及螺旋桨气动设计方法,并完成了风洞试验性能验证和全尺寸螺旋桨配装发动机的台架试验验证,逐渐形成自主设计能力,我国螺旋桨设计进入了一个新阶段。

在对转桨扇设计基础理论方面，北京航空航天大学刘导治[19]、王波[20]、刘政良[21]等、中国航发四川燃气涡轮研究院周人治等[22-24]对桨扇的气动设计理论、三维数值仿真和实验室层级基础原理实验尝试开展了一些探索研究。近年来，南京航空航天大学李博等[25, 26]、西北工业大学周莉等[27]各自发展了基于升力线理论的桨扇设计方法，西北工业大学曹天时[28]将优化方法应用于桨扇气动性能优化设计取得了不错的效果，王掩刚等[29]在转-静/转-转构型桨扇设计和优化设计方面也取得了不少突破。

在对转桨扇工程应用层级，在中国航发动研所的支持下，单鹏和周亦成[30-32]基于可压升力面理论探索出一套桨扇气动设计方法，北京航空航天大学杜林等[33, 34]发展出一套声场预测和适航初步评估的方法，中国航发动研所将这些方法整合形成一整套设计工具，并完成了风洞性能验证和全尺寸桨扇发动机的台架试验，形成桨扇气动性能和声学设计能力。本书将结合中国航发动研所这一系列桨扇设计工程经验，对桨扇气动性能和声学设计进行系统的阐述，期望给国内学者提供一些参考，共同推动桨扇设计技术的进步。

1.4 目前桨扇技术水平及面临的挑战

1. 螺旋桨/桨扇气动性能技术水平

目前，配装国际先进涡桨发动机广泛应用于支线客机的螺旋桨典型代表为DOWTY公司的R408螺旋桨，其巡航马赫数一般接近0.6，巡航高度可达9 km以上，推进效率估计不会低于86%。最新一代螺旋桨朝着高速巡航、高推进效率的方向发展，目前只有A400M上采用，其配装汉密尔顿标准公司的FH386高速螺旋桨的巡航马赫数可达0.68~0.72，飞行高度可达到10 km。

当今唯一服役的对转桨扇发动机为乌克兰研制的D27发动机，其桨扇SV27的性能不低于第三代螺旋桨效率水平，且巡航马赫数达到0.72以上，飞行高度可达11 km。另外，最新完成工程验证机地面验证的桨扇发动机为赛峰开式转子发动机，其推进效率水平不低于85%[35]；GE公司最新一代桨扇气动方案Gen2[9]，其推进效率水平达到86%，且据文献可查噪声水平满足第五阶段噪声要求。其他桨扇方案气动技术水平如表1-1所示。

2. 螺旋桨/桨扇功能发展技术水平

从功能上来看，先进螺旋桨/桨扇一般具有自动变距恒速调节、顺桨、反桨、小距止动、超转保护、相位同步（多发）等功能。这些控制功能的实现，目前仍有调速器采用的是纯机械液压式控制方式，更多先进的调速器采用电液伺服阀液压控制及电动伺服控制调节等方式，并且调节逻辑实现的电子控制模块逐渐集成到发动机全权数字控制系统，实现发螺一体化控制，飞行员单杆操纵的模式。

表 1-1　现代螺旋桨/桨扇技术水平

	代　号	厂　商	马赫数	叶片数	直径/m	高度/km	推进效率
螺旋桨	AB-140	Aerosila	0.5	6	3.72	7.2	87%
	CB-34	Aerosila	0.45	6	3.9	7.5	87%
	R408	Dowty	<0.6	6	≈4	≈9	≈86%
	568F	汉密尔顿	≈0.6	6	≈4	≈9	≈86%
	NP2000	汉密尔顿	≈0.6	8	≈4	≈9	≈86%
	A400M/FH386	汉密尔顿	0.68~0.72	8	5.3	10	—
桨扇	SR 系列桨扇[6]	汉密尔顿	0.8	8	2.75	10.7	80%
	GE36/F7-A7[16]	GE	0.72	8+8	3.25	10.7	82.5%
	CR11[35]	汉密尔顿	0.78	10+8	—	10.7	85%
	F31-A31[36]	GE	0.73	12+10	3.25	10.7	≈84.5%
	CRP-X1[11]	汉密尔顿	0.72	5+5	—	10.7	86%
	Gen2[9]	GE	0.78	12+10	4.27	10.7	86%
	AI-PX7[37]	AirBus	0.75	11+9	4.27	10.7	85%
	NK93/SV92[38]	Aerosila	0.75	8+10	2.9	11	≈87%
	D27/SV27	Aerosila	0.72	8+6	4.5	11	≈86%

3. 桨扇技术发展面临的挑战

从本节桨扇气动性能技术水平分析来看,最先进的桨扇气动方案可以达到非常高的推进效率水平,可以说国际上基本解决了桨扇的气动性能设计问题。从 1.2 节桨扇技术的发展可知,国际上普惠、GE、赛峰等均开展了桨扇发动机工程验证机的研制,并完成地面台架试验甚至飞行试验验证,Aerosila 公司研制的 SV27 对转桨扇部件配装 D27 发动机完成了定型服役,可见其复合材料桨叶轻量化设计、变距机构及控制系统的设计等问题均已解决。然而,对转桨扇面临的主要问题是噪声污染偏大,这是由对转桨扇前、后桨叶对转构型所决定的:两排桨叶两个噪声源,再加上前、后桨的非定常气动干扰,导致对转桨扇的噪声水平要比仅一排桨叶的螺旋桨噪声水平明显更大。虽然 GE 公司声称目前最新一代桨扇设计方案配装现代客机可以满足适航第五阶段噪声要求,但对转桨扇桨叶气动噪声仍是限制桨扇发动机广泛应用的重要影响因素,是桨扇技术进一步发展所面临的最大挑战。

1.5 桨扇的设计要求

桨扇部件一般由桨毂、桨叶、整流罩等零组件组成。其设计要求一般包括：满足包含速度包线、功率包线、温度包线等飞行任务谱内飞机和发动机的匹配性要求；满足强度、刚度、气动噪声和动力学等功能性要求；满足可靠性、维修性、综合保障性、安全性、测试性和环境适应性等适航要求。在设计初期需将客户原始需求系统地进行全面分解，形成桨扇研制任务书，指导桨扇总体设计。本书重点介绍桨扇的气动设计过程，因此，本节主要从气动设计方面阐述桨扇部件的一些通用设计要求[39]。

桨扇气动设计要求主要包括稳态特性要求和过渡态特性要求等。

螺旋桨和桨扇稳态特性要求主要包括：在发动机设计点对应的燃气发生器转速、大气条件、飞行高度和飞行速度条件下，应满足海平面静态、起飞状态、最大爬升状态、巡航状态、慢车状态、应急状态、风车状态、顺桨状态和反桨状态等发动机稳态特性的要求。根据发动机总体性能要求，确定包含静止、起飞、爬升、巡航、最大平飞等一般工作状态、风车状态、顺桨状态、反桨状态等桨扇气动性能；确定包含弦长分布、相对厚度分布、扭角分布等桨叶的几何参数；确定小距角、中距角、顺桨角和最大反桨角等。

桨扇过渡态特性要求主要包括：在实际使用过程中，经常需要从一个稳定工作状态快速过渡到另一个稳定工作状态，这个过程称为过渡态特性。过渡态包括发动机起动、停车、加速和减速。桨扇设计要求应满足在发动机过渡态稳定工作、高可靠性及具有较高的环境适应性等。

第二章 对转桨扇气动设计理论和方法

对转桨扇与常规螺旋桨相比，其最明显的区别在于多了第二排反向旋转的桨叶。对转桨扇的气动设计，增加了第二排桨叶设计工作，其中最为重要的是必须考虑前、后桨之间存在相互影响，这在桨扇气动设计基本理论发展之初就必须考虑进去，否则设计结果与实际情况的偏差会很大，难以应用于工程研制。

由于桨扇实际上仍属于螺旋桨一类推进器，所以螺旋桨的多种常见设计理论均可推广应用于对转桨扇的气动设计，如涡流理论（片条理论）、升力线理论等；另外，从高速机翼升力面理论发展而来的高速螺旋桨升力面计算分析理论也可推广应用于对转桨扇的气动设计，即基于可压升力面理论的桨扇气动设计理论方法。在国内，本书作者等将基于可压升力面理论应用于对转桨扇的气动设计并完成高速风洞试验，这在国际上尚属首次，该理论方法将在本章详细介绍；此外，压气机二维通流设计方法也可推广应用于对转桨扇的气动设计。对于这几种桨扇气动设计理论，国际上均已应用于桨扇的气动设计，并完成了风洞试验研究，证实了这几种方法的有效性，但孰优孰劣尚无定论。

2.1 基于涡流理论的对转桨扇气动设计方法

2.1.1 早期汉密尔顿桨扇气动设计方法及流程简介

1. 汉密尔顿桨扇气动设计方法

由第一章的介绍可知，从 20 世纪 70 年代后期开始，NASA 刘易斯研究中心与联合技术公司（United Technologies Corporation）的汉密尔顿标准公司（Hamilton Standard Division）合作开展桨扇推进器的研究，先后成功研制了 SR 系列单排桨扇，以及 578 - DX 对转桨扇工程验证机。1976 年 Rohrbach[7] 提及，由于当时还没有完整的桨扇气动设计方法，汉密尔顿标准公司桨扇推进器模型是采用当时已有的几种设计方法分段进行设计的，如图 2-1 所示：桨根附近，桨叶稠度大于 1，桨叶设计采用叶轮机叶片设计的准三维方法；桨叶中段的设计，采用叶栅修正的二维可压翼型数据的螺旋桨桨叶设计方法；桨尖的桨叶设计，采用可考虑掠型的螺旋桨桨叶设计方法。这是目前可检索到最早的关于桨扇推进器气动设计方法的描述。

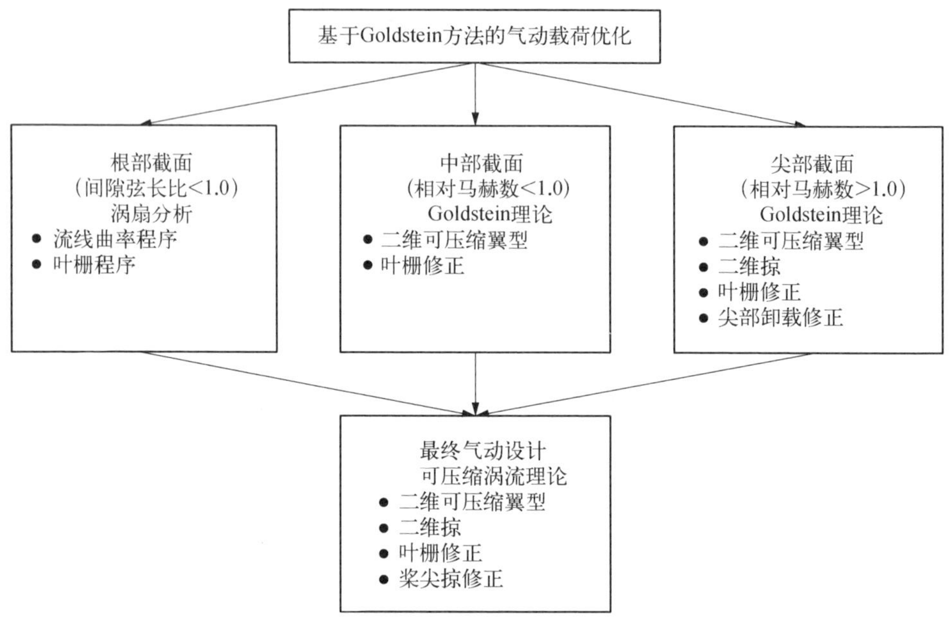

图 2-1　Rohrbach 提及的桨扇桨叶气动设计方法

对于桨扇根部桨叶的设计，将涡扇发动机风扇设计领域常用的气动设计方法进行修改以适应桨根和轮毂的设计，同时移除了涵道的气动影响，这种方法结合了流线曲率方法与经验叶栅数据的修正。对于桨叶中段，将经叶栅修正的二维可压缩翼型数据融入基于 Goldstein 理论的汉密尔顿螺旋桨设计方法，形成桨叶中段桨叶设计方法。对于桨叶尖部需要考虑三维流动对压缩损失大小的影响，因此将桨叶中段设计方法进行尖部卸载修正；另外，将一种基于二维机翼余弦修正的方法添加至螺旋桨设计程序中用于掠型设计。最后，考虑尖部流动超声速的诱导影响，发展了一种新的考虑了掠型桨叶的可压缩诱导涡流理论，这种方法基于 Biot-Savart 方程，融合了压缩性翼型数据、叶栅修正及尖部掠型。在整个设计过程中，先对桨叶分段采用不同的方法进行设计，最后采用新的可压缩涡流程序进行最终桨叶设计。

2. 汉密尔顿桨扇气动设计流程

桨扇气动设计流程如图 2-2 所示[40]。设计流程起始于给定螺旋桨直径、桨叶数、转速、功率等参数选取的初步分析，桨叶最大厚度分布的选择一般由强度和加工所允许的最小值确定。初始桨叶型面的选择一般是基于经验和设计状态下的初始特性分析结果。然后，进行考虑桨根堵塞影响的桨帽或短舱流场求解，可以获得叶片前缘速度梯度。将速度梯度、桨叶几何初始参数及设计工况条件，输入上文提到的汉密尔顿标准公司发展的基于 Goldstein 理论的片条分析程序。通过攻角和弯角之间的迭代，建立起具有最小诱导损失的沿展向叶高的最佳 Goldstein 螺旋桨载荷分布，同时，对应的叶型损失也是最小的。

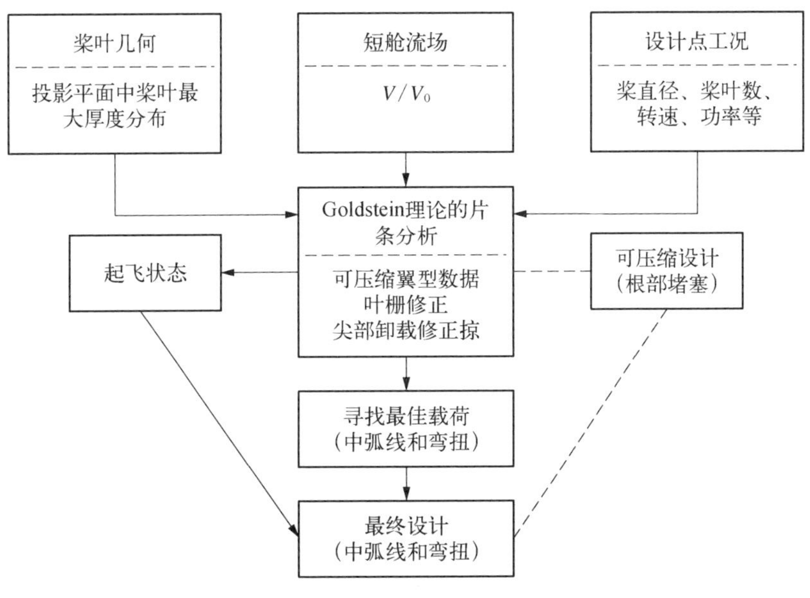

图 2-2 桨扇桨叶设计流程

桨叶根部一般要设计得相对较厚、稠度更高，因而叶栅效应变得明显，堵塞的影响成为必须解决的一个问题。由于传统的螺旋桨理论不适合用于解决这种问题，因此，桨叶根部流动分析和叶型设计采用了涡扇发动机风扇设计方法。

最后，桨叶必须对起飞状态和爬升状态进行校验分析。由于要获得非常好的低速特性，桨叶需要设计得具有较大的叶型弯角，因此，会将适合高速巡航工作的小弯角叶型，将弯角适当增加。利用涡扇发动机风扇设计方法进行桨根设计也要考虑起飞、爬升工况等非设计点工况，基于 Goldstein 理论的汉密尔顿螺旋桨设计程序完成最终设计迭代，必须确保最终设计具有最好的巡航性能和可接受的起飞特性。

由于 Goldstein 理论不能很好地分析桨叶尖部超声速流动，上文提到的基于 Biot-Savart 方程的可压缩涡流理论设计程序用于最终的桨扇桨叶设计。

以上即为汉密尔顿桨扇气动设计原理，可能出于商业原因，汉密尔顿标准公司并未公布具体的原理公式推导过程。由此，作者介绍另一种同一时代发展的可考虑用于对转桨扇气动设计的对转螺旋桨涡流理论。

2.1.2 基于涡流理论的对转桨扇气动设计理论

常规的单排桨叶的螺旋桨可以采用格劳渥标准片条理论和 Goldstein 片条理论进行设计分析；对于对转螺旋桨构型，同样可以基于片条理论进行螺旋桨的气动设计，本节重点阐述基于 Theodorsen 涡流理论的对转螺旋桨气动设计理论和方法[41]。

1. Theodorsen 涡流理论

在 Goldstein 涡流理论基础上，Theodorsen 认为桨叶尾迹螺旋面的螺旋角与前进比和位移速度关系要进行适当修正：

$$\tan\phi_{w} = \frac{v_0 + w}{n_s \pi D} \tag{2-1}$$

这样导致式 $K = \dfrac{\Gamma}{vr}\dfrac{B}{4\pi\sin\phi}$，在更大的螺旋角下变小，这也会导致位移速度增大。因而，$K(x)$ 的定义式修改为

$$K(x) = \frac{B\Gamma\omega}{2\pi(V + w)w} \tag{2-2}$$

$K(x)$ 的值仍然由 Goldstein 理论进行计算。

对 $K(x)$ 和 $K(x,\ \theta)$ 进行积分，可以计算质量系数 k，可修正三维算例中的动量方程。

对于对转螺旋桨有

$$k = \frac{1}{\pi}\int_0^{2\pi}\int_0^1 K(x,\ \theta)\,\mathrm{d}\theta x\mathrm{d}x \tag{2-3}$$

对于单螺旋桨有

$$k = 2\int_0^1 K(x)\,\mathrm{d}x \tag{2-4}$$

螺旋桨片条理论利用涡流理论确定诱导效率和诱导速度，进而利用二维翼型数据求解叶型效率。

如图 2-3 所示，对半径为 r 的桨叶剖面进行叶素受力分析，可得

$$\frac{\mathrm{d}Q}{r} = B\mathrm{d}R\sin(\phi + r) = B\frac{\mathrm{d}L}{\cos r}\sin(\phi + r) \tag{2-5}$$

$$\mathrm{d}L = \frac{C_L \rho w^2 b}{2}\mathrm{d}r,\ x = r/R,\ \sigma = \frac{bB}{\pi x D} \tag{2-6}$$

$$\mathrm{d}C_Q = \frac{\mathrm{d}Q}{\rho n^2 D^5} \tag{2-7}$$

如图 2－3 所示，$\mathrm{d}Q/r$ 为翼型截面的扭矩，$\mathrm{d}L$ 为截面的升力，$\mathrm{d}D$ 为截面阻力，β 为桨叶角，ϕ 为真实气流角，ϕ_0 为名义气流角，$\bar{w}/2$ 为位移速度，W 为名义气流速度。

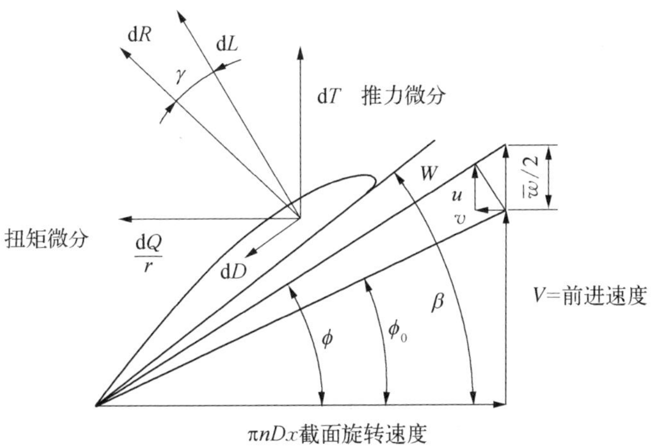

图 2－3　单排螺旋桨速度和力的矢量分解

进一步推导，式(2－7)可以写为

$$\frac{\mathrm{d}C_Q}{\mathrm{d}x} = \sigma C_L \frac{x^2}{8}\left(\frac{W}{nD}\right)^2(\sin\phi + \tan\gamma\cos\phi) \tag{2-8}$$

如图 2－3 所示，可知有如下关系：

$$\frac{W}{nD} = \frac{\dfrac{Vw/2}{\sin\phi} - \dfrac{w}{2}\sin\phi}{nD} \tag{2-9}$$

定义 $\bar{w} = w/W$，以及 $J = V/nD$，联立式(2－8)和式(2－9)可得

$$\frac{\mathrm{d}C_Q}{\mathrm{d}x}=\frac{\pi x^2}{8}J^2\left[\frac{1+\frac{\bar{w}}{2}(1-\sin^2\phi)}{\sin\phi}\right]^2\sigma C_L\sin\phi\left(1+\frac{\tan\gamma}{\tan\phi}\right) \tag{2-10}$$

为便于设计程序编写,定义参数 Z 为

$$\frac{\pi x^2 J^2}{8}\left[\frac{1+\frac{w}{2}(1-\sin^2\phi)}{\sin\phi}\right]^2\sin\phi=Z \tag{2-11}$$

式(2－8)进一步写成:

$$\frac{\mathrm{d}C_Q}{\mathrm{d}x}=\sigma C_L Z\left(1+\frac{\tan\gamma}{\tan\phi}\right) \tag{2-12}$$

如图 2－3 所示,进一步对半径为 r 的桨叶剖面进行叶素受力分析,又可得

$$\mathrm{d}T=B\mathrm{d}R\cos(\phi+\gamma) \tag{2-13}$$

由于有

$$\frac{\mathrm{d}C_T}{\mathrm{d}x}=\frac{\mathrm{d}T}{\mathrm{d}x}\frac{1}{\rho n^2 D^4} \tag{2-14}$$

进一步代入相关参数推导,式(2－13)可以写为

$$\frac{\mathrm{d}C_T}{\mathrm{d}x}=\frac{x\pi J^2}{4}\left[\frac{1+\frac{w}{2}(1-\sin^2\phi)}{\sin\phi}\right]^2\sigma C_L\sin\phi(\cot\phi-\tan\gamma) \tag{2-15}$$

$$\frac{\mathrm{d}C_T}{\mathrm{d}x}=\sigma C_L\frac{2Z}{x}(\cot\phi-\tan\gamma) \tag{2-16}$$

在式(2－12)和式(2－16)能够求解之前,必须确定二维翼型的攻角,进而才能根据翼型数据进一步计算升力系数和阻力系数。攻角定义为

$$\alpha=\beta-\phi \tag{2-17}$$

其中,β 为每个径向位置的桨叶角;ϕ 为真实气流角:

$$\phi=\tan^{-1}\frac{J}{x}\left(1+\frac{\bar{w}}{2}\right) \tag{2-18}$$

由此可知,必须建立 $\bar{w}$ 与 C_L 的关系,才能求解出 ϕ。升力系数 C_L 的大小取决于桨叶角度,通常每个截面的桨叶角已知或者先进行假设得到。

由库塔-茹科夫斯基理论可知：

$$\frac{\mathrm{d}L}{\mathrm{d}\Gamma}=\rho W\Gamma=C_L\frac{\rho}{2}w^2b \tag{2-19}$$

另外，由式(2-2)有

$$\Gamma=\frac{(V+w)w}{Bn_s}K(x) \tag{2-20}$$

式(2-19)进一步推导可得

$$C_L=\frac{2(V+w)w}{xDn_sW}K(x) \tag{2-21}$$

如图 2-3 所示，每个径向截面位置的名义气流速度为

$$W=\frac{V+w/2}{\sin\phi}-\frac{w}{2}\sin\phi \tag{2-22}$$

式(2-22)可进一步推导改写为

$$W=\frac{V}{\sin\phi}\left(1+\frac{\bar{w}}{2}\cos^2\phi\right) \tag{2-23}$$

联立式(2-21)和式(2-23)，可推导获得

$$\sigma C_L=\frac{(1+\bar{w})\bar{w}2K(x)}{(1+\bar{w}/2)(1+\bar{w}/2\cos^2\phi)}\frac{\sin^2\phi}{\cos\phi} \tag{2-24}$$

因为 $\bar{w}$ 的大小取决于 C_L，而 C_L 的大小又与 α 和 $\bar{w}$ 有关，因此，对于每一个径向位置，式(2-17)和式(2-24)的联立求解，必须基于翼型性能数据求解 C_L。当每个径向截面位置均进行这一求解过程之后，进一步可通过式(2-17)和式(2-24)沿桨叶径向积分获得拉力系数 C_T 和扭矩系数 C_Q。从而，可计算获得功率系数 C_P 和推进效率 η。

$$C_P=2\pi C_Q \tag{2-25}$$

$$\eta=\frac{C_T}{2\pi C_Q}J=\frac{C_T}{C_P}J \tag{2-26}$$

2. 对转螺旋桨的涡流理论

第 2.1.2 节第 1 小节所述的 Theodorsen 螺旋桨涡流理论也可以推广应用于对转螺旋桨的设计。然而，由于前、后两排桨叶间的干扰，必须对螺旋桨拉力和扭矩的微分方程修正，从而确定桨叶真正的气流角度和速度，这些参数取决于 $K(x,\ \theta)$ 和 k。

求对转螺旋桨 $K(x,\ \theta)$ 和 k 的方法与单排螺旋桨相同，使用无量纲量 $K(x,\ \theta)$ 替代 $K(x)$，这是因为 $K(x,\ \theta)$ 同时考虑了变量 x 和 θ。θ 的变化范围为 0~360°，当 $K(x,\ \theta)$ 为零时，计算的是处于桨叶尾涡中的情况。使用 $K(x,\ \theta)$ 计算流动状态时，应该假定 θ 的值为零。当平均值的数据不足时，这种假设是十分有必要的。在常规载荷下，这种方法的误差较小。

计算对转螺旋桨时，应该作出如下假设：

（1）前后桨圆柱截面上的翼型工作在同一平面内；

（2）螺旋桨应该在最优载荷条件下工作；

（3）前后桨盘吸收的扭矩应该相同。

如图 2－4 所示，可推导获得前、后桨合速度的计算公式如下：

$$W_{\mathrm{f}} = \frac{V}{\sin\phi_0}\left(1 + \frac{1}{4}k\bar{w}\sin^2\phi_0\right) \tag{2-27}$$

$$W_{\mathrm{R}} = \frac{V}{\sin\phi_0}\left(1 + \frac{3}{4}k\bar{w}\sin^2\phi_0\right) \tag{2-28}$$

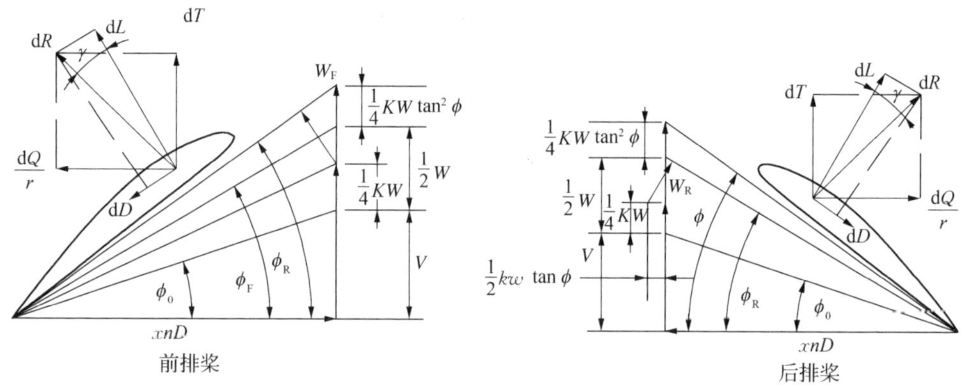

图 2－4　对转螺旋桨速度和力的矢量分解

通过与上一节相同的推导方法，可获得前桨的拉力和扭矩微分方程如下：

$$\frac{\mathrm{d}C_Q}{\mathrm{d}x} = \frac{\pi x^2}{8}J\left(\frac{V}{\sin\phi_0}\right)^2\left(1 + \frac{1}{4}k\bar{w}\sin^2\phi_0\right)^2\sigma C_L(\sin\phi + \tan\gamma\cos\phi) \tag{2-29}$$

$$\frac{\mathrm{d}C_T}{\mathrm{d}x} = \frac{\pi x}{8}J^2\left(\frac{V}{\sin\phi_0}\right)^2\left(1 + \frac{1}{4}k\bar{w}\sin^2\phi_0\right)^2\sigma C_L(\sin\phi - \tan\gamma\sin\phi) \tag{2-30}$$

以及后桨的拉力和扭矩微分方程如下：

$$\frac{\mathrm{d}C_Q}{\mathrm{d}x}=\frac{\pi x^2}{8}J\left(\frac{V}{\sin\phi_0}\right)^2\left(1+\frac{3}{4}k\bar{w}\sin^2\phi_0\right)^2\sigma C_L(\sin\phi+\tan\gamma\cos\phi) \tag{2-31}$$

$$\frac{\mathrm{d}C_T}{\mathrm{d}x}=\frac{\pi x}{8}J^2\left(\frac{V}{\sin\phi_0}\right)^2\left(1+\frac{3}{4}k\bar{w}\sin^2\phi_0\right)^2\sigma C_L(\sin\phi-\tan\gamma\sin\phi) \tag{2-32}$$

对于每个径向位置，在求解公式(2－29)～式(2－32)之前，必须先计算式(2－27)和式(2－28)，然后才能计算得到前、后桨的升力系数，求解思路与上节单排螺旋桨设计求解思路一致。

$$\sigma C_{LF}=\frac{V\bar{w}(1+\bar{w})\sin\phi_0}{Dx\left(1+\frac{\bar{w}\sin^2\phi_0}{4}\right)}K(x,\ \theta) \tag{2-33}$$

$$\sigma C_{LR}=\frac{V\bar{w}(1+\bar{w})\sin\phi_0}{Dx\left(1+\frac{3\bar{w}\sin^2\phi_0}{4}\right)}K(x,\ \theta) \tag{2-34}$$

对于每个径向截面，根据翼型攻角，可以在二维翼型性能数据中插值获得升力系数，翼型攻角的定义如下：

$$\alpha_{\mathrm{F}}=\beta_{\mathrm{F}}-\phi_{\mathrm{F}} \tag{2-35}$$

$$\alpha_{\mathrm{R}}=\beta_{\mathrm{R}}-\phi_{\mathrm{R}} \tag{2-36}$$

式(2－35)和式(2－36)中，前、后桨真正的气流角由以下公式给出：

$$\phi_{\mathrm{F}}=\tan^{-1}\frac{J}{\pi x}\left[1+\frac{\bar{w}}{2}\left(1+\frac{1}{2}k\tan^2\phi\right)\right] \tag{2-37}$$

$$\phi_{\mathrm{R}}=\tan^{-1}\frac{J}{\pi x}\left[1+\frac{\bar{w}}{2}\left(1-\frac{1}{2}k\tan^2\phi\right)\right] \tag{2-38}$$

其中，

$$\phi=\tan^{-1}\frac{J}{\pi x}\left(1+\frac{\bar{w}}{2}\right) \tag{2-39}$$

由上可知，升力系数是式(2－33)和式(2－35)中诱导速度，以及式(2－35)和式(2－36)中二维翼型数据的函数。求得升力系数之后，可以根据翼型数据得到阻力系数。此时,可以对式(2-29)~式(2-32)进行积分,获得前、后桨的拉力和扭矩。进而根据式(2-40)可以计算出螺旋桨的效率。

$$\eta = \frac{C_T}{2\pi C_Q}J \tag{2-40}$$

2.1.3 基于涡流理论的对转桨扇气动设计方法

对于一个给定的飞行状态,为了使螺旋桨的效率达到最高,通常需要对螺旋桨的桨叶翼型、桨叶载荷以及拉力系数进行优化设计。过去桨叶设计通常基于 Betz 载荷分布,以及实现最大的升阻比的载荷,或者两者的组合。一般而言,通过 Betz 方法得到的载荷可以使桨叶近似达到最大效率。然而,为了达到真正的最大效率,需要同时使得桨叶叶型损失和诱导损失最小。为了实现上述同时达到最小的情况,可以使用变分法进行分析。

在如下的讨论中,假设飞行工况和螺旋桨外形已知,对应的桨叶截面翼型形状、桨叶载荷和升力系数分布也是已知。问题在于如何确定这三个未知分布,使螺旋桨在设计工况下达到最大效率,此时螺旋桨损失的功率最小。使用变分法,保持输入功率的积分为常数,使功率损失的积分取得最小值。

例如,为了求解损失功率积分的最小值,令输入功率为常值,则通解为

$$\frac{\gamma A}{\gamma \mu} = 0 \tag{2-41}$$

其中,$A = \frac{\mathrm{d}\Delta C_P}{\mathrm{d}x} + \frac{\lambda \mathrm{d}C_p}{\mathrm{d}x}$;$\lambda$ 是依据输入功率给定的常数;μ 为独立变量。对于 n 个独立变量,桨叶截面应该满足 n 个方程。

将方程(2-41)作为基本方程,考虑如下几种情形。

1. 桨叶翼型和桨叶载荷变化

考虑到有两个独立变量,需要同时满足两个方程。考虑升阻比最大的情况,此时升力系数、阻力系数已知,那么问题简化为单一变量问题,只需考虑桨叶的翼型,单个变量需要满足方程:

$$\frac{\mathrm{d}\Delta \overset{*}{C}_P}{\mathrm{d}\overset{*}{C}_P} = \lambda \tag{2-42}$$

其中,$\Delta \overset{*}{C}_P \equiv \frac{d\Delta C_P}{\mathrm{d}x}$;$\overset{*}{C}_P \equiv \frac{\mathrm{d}C_P}{\mathrm{d}x}$;$\lambda$ 为给定的常数。式(2-42)不依赖任何由 ΔC_P 和 C_P 定义的积分,所以其可以应用于任何片条理论的方程。因为 $\Delta \overset{*}{C}_P / \overset{*}{C}_P$ 是单位效率损失,并且,

$$\Delta \overset{*}{C}_P = \overset{*}{C}_P - J\overset{*}{C}_T \tag{2-43}$$

$$\mathrm{d}\Delta \overset{*}{C}_P = \mathrm{d}\overset{*}{C}_P - J\mathrm{d}\overset{*}{C}_T \tag{2-44}$$

所以,式(2－42)变为

$$\frac{\mathrm{d}\overset{*}{C}_T}{\mathrm{d}\overset{*}{C}_P} = \lambda_1 \tag{2-45}$$

式中, λ_1 是与 λ 不同的常量,求解的过程可以按如下步骤:

（1）根据合适的翼型数据,确定每个径向位置的 C_L 和 C_D, 得到最大 L/D;

（2）预设几个实度的值,根据片条理论计算对应的 $\Delta x\overset{*}{C}_T$ 和 $\Delta x\overset{*}{C}_P$;

（3）绘制 $\Delta x\overset{*}{C}_T$ 随 $\Delta x\overset{*}{C}_P$ 的曲线,并确定斜率 $\mathrm{d}\overset{*}{C}_T/\mathrm{d}\overset{*}{C}_P$;

（4）在每一个 x 处,绘制 $\lambda = \mathrm{d}\overset{*}{C}_T/\mathrm{d}\overset{*}{C}_P$ 随 ΔxC_P 变化的曲线;

（5）假定 λ 的值,使 $\sum \Delta x\overset{*}{C}_P$ 的值等于期望的功率系数;

（6）根据翼型数据,由 C_L 及第一步获得 α, 确定桨叶角;

（7）根据 σ 随 $\Delta x\overset{*}{C}_P$ 变化的曲线,确定实度;

（8）依据 $\eta = JC_T/C_P$ 确定效率,其中 $C_T = \sum \Delta x\overset{*}{C}_T$ 和 $\Delta x\overset{*}{C}_T$ 从第三步曲线图中得到。

如果固定桨叶翼型,希望得到 C_L 的分布,那么将 C_L 视为变量计算步骤与上述相同。

求解桨叶叶型和诱导损失的公式由第 2.1.1 节推导获得,如下:

$$\frac{d\Delta C_P}{\mathrm{d}x} = \Delta \overset{*}{C}_{PD} = \frac{\pi x}{4}\sigma C_D\left(\frac{W}{nD}\right)^3 \tag{2-46}$$

$$\frac{d\Delta C_{Pi}}{\mathrm{d}x} = \Delta \overset{*}{C}_{Pi} = \frac{\pi x}{4}\sigma C_L\left(\frac{W}{nD}\right)^2 J\frac{W}{2}\cos\phi \tag{2-47}$$

$$\frac{\mathrm{d}C_P}{\mathrm{d}x} = \overset{*}{C}_P = \frac{\pi^2 x^2}{4}\sigma C_L\left(\frac{W}{nD}\right)^2 \sin\phi\left(1 + \frac{\tan\gamma}{\tan\phi}\right) \tag{2-48}$$

因此,

$$\Delta \overset{*}{C}_P = \Delta C_{Pi} + \Delta \overset{*}{C}_{PD} = \frac{\pi x}{4}\sigma C_L\left(\frac{W}{nD}\right)^2\left(\tan r\frac{W}{nD} + J\frac{W}{2}\cos\phi\right) \tag{2-49}$$

所以可以导出:

$$A = \Delta \overset{*}{C}_{PD} + \lambda \overset{*}{C}_P \tag{2-50}$$

$$A = \frac{\pi x}{4}\sigma C_L\left(\frac{W}{nD}\right)^2\left(\tan\gamma\frac{W}{nD} + J\frac{\bar{W}}{2}\cos\phi\right) + \lambda\frac{\pi^2 x^2}{4}\sigma C_L\left(\frac{W}{nD}\right)^2\sin\phi\left(1+\frac{\tan\gamma}{\tan\phi}\right) \tag{2-51}$$

为了达到最大的升阻比,升力系数和阻力系数固定,实度 σ 为唯一的独立变量。在给定的条件下,$\bar{w}$ 随 σ 的变化而变化,但是始终保持 $\phi=\phi_0$。这种情形的解在低载荷和高载荷下都能保证良好的精度。

将式(2-51)代入式(2-41)得

$$\begin{aligned}\frac{\lambda A}{\lambda\mu} = \frac{\delta A}{\delta\mu} &= \frac{\pi x}{4}\left(\frac{W}{nD}\right)^2 C_L\left(\tan\gamma\frac{W}{nD} + J\frac{\bar{W}}{2}\cos\phi_0\right)\\ &+ \frac{\lambda\pi^2 x^2}{4}C_L\left(\frac{W}{nD}\right)^2\sin\phi_0\left(1+\frac{\tan\gamma}{\tan\phi_0}\right)\\ &+ \frac{\pi x}{4}\sigma C_L\left(\frac{W}{nD}\right)^2\frac{J}{2}\cos\phi_0\frac{\delta\bar{W}}{\delta\sigma} = 0\end{aligned} \tag{2-52}$$

所以,

$$\frac{W}{nD}\tan\gamma + J\frac{W}{2}\cos\phi_0 + \lambda\pi x\sin\phi_0\left(1+\frac{\tan\gamma}{\tan\phi_0}\right) + \frac{J}{2}\cos\phi_0\sigma\frac{\delta\bar{W}}{\delta\sigma} = 0 \tag{2-53}$$

假设 $\phi=\phi_0$,所以 $W/nD = J/\sin\phi_0$。如果 $\bar{W}$ 小于 0.4,那么 δC_L 随 $\bar{W}$ 变化的曲线将近似直线,当 $\bar{W}=0$ 时,$\delta C_L=0$。所以,

$$\sigma C_L = a\bar{w} \tag{2-54}$$

或者,

$$\frac{\delta\bar{w}}{\delta(\sigma C_L)} = \frac{1}{a} \tag{2-55}$$

因为 C_L 是固定的值,所以 $\sigma\delta\bar{w}/\delta\sigma = \bar{w}$。代入式(2-53)得

$$\frac{\tan\gamma}{\sin\phi_0\cos\phi_0} + \bar{w} + \lambda\left(1+\frac{\tan\gamma}{\tan\phi_0}\right) = 0 \tag{2-56}$$

由于,

$$\frac{1}{\sin\phi_0\cos\phi_0} = \tan\phi_0 + \cot\phi_0 = \frac{J}{\pi x} + \frac{\pi x}{J} \tag{2-57}$$

$$\bar{w} = -\lambda - \frac{\tan\gamma}{J/\pi x}\left[\lambda + 1 + \left(\frac{J}{\pi x}\right)^2\right] \tag{2-58}$$

可以看出，如果阻力系数为零，那么方程会变成 $\bar{w}$ 的值沿桨叶为常数的情况。当桨叶弦线和载荷同时为变量时，以及当 $\tan\gamma$ 随 x 没有大的变化，取最大升阻比和 $\bar{w}$ 为常数时，两种情况下由精确解得出的效率差别较小。需要强调的是，取最大升阻比的条件只适用于实度和载荷同时沿展向变化的情况。当这两个变量固定时，不能将条件简化为取最大升阻比。

2. 实度固定，升力系数 C_L（或者 β）变化

采用第一种情形的类似推导过程可得

$$\frac{\delta A}{\delta C_L}=\frac{\delta C_D}{\delta C_L}\frac{W}{nD}+J\frac{\delta\left(C_L\dfrac{\bar{W}}{2}\cos\phi\right)}{\delta C_L}+\lambda\pi x\frac{\delta(C_L\sin\phi)}{\delta C_L}+\lambda\pi x\frac{\delta(C_D\cos\phi)}{\delta C_D}\frac{\delta C_D}{\delta C_L}=0 \tag{2-59}$$

或者，

$$\frac{C_D}{C_L}=-\frac{\dfrac{J}{\pi}\dfrac{\delta\left(C_L\dfrac{\bar{W}}{2}\cos\phi\right)}{\delta C_L}+\lambda\dfrac{\delta(C_L\sin\phi)}{\delta C_L}}{\dfrac{W}{\pi nD}+\lambda x\dfrac{\delta(C_D\cos\phi)}{\delta C_D}} \tag{2-60}$$

又有如下关系式：

$$\frac{\delta(C_L\sin\phi)}{\delta C_L}=\sin\phi_0 \tag{2-61}$$

$$\frac{\delta(C_D\cos\phi)}{\delta C_D}=\cos\phi_0 \tag{2-62}$$

$$\frac{\delta\left(\dfrac{\bar{W}}{2}C_L\cos\phi\right)}{\delta C_L}=\frac{\bar{W}}{2}\cos\phi_0 \tag{2-63}$$

代入式(2-60)可得

$$\frac{\delta C_D}{\delta C_L}=-\frac{\dfrac{J}{\pi}\dfrac{\bar{W}}{2}\cos\phi_0+\lambda x\sin\phi_0}{\dfrac{W}{\pi nD}+\lambda x\cos\phi_0} \tag{2-64}$$

可简化得

$$\frac{\delta C_D}{\delta C_L}=-\frac{\dfrac{1}{2}\sin 2\phi_0\left(\dfrac{\bar{W}}{2}+\lambda\right)}{1+\lambda\cos^2\phi_0} \tag{2-65}$$

3. 实度固定,升力系数 C_L 和 C_{Li} 变化

在这种情形下进行求解需要式(2-60)、式(2-64)或式(2-65)中的一个方程,这取决于求解的精度。令 A 对 C_{Li} 的偏微分为零,可以得到求解所需要的第二个方程。那么,

$$\frac{\delta A}{\delta C_{Li}} = \frac{\pi x}{4}\sigma\left(\frac{W}{nD}\right)^2\left(\frac{\delta C_D}{\delta C_{Li}}\frac{W}{nD}\right) = 0 \tag{2-66}$$

可得

$$\frac{\delta C_D}{\delta C_{Li}} = 0 \tag{2-67}$$

因此,固定的 C_L 应该使升阻比最大,由式(2-65)和式(2-67)定义的解应该同时被满足。对于给定了厚度和类型的翼型,通过绘制 C_D 随 C_L 变化的曲线,很容易得到常数 C_{Li} 的直线。这样就可以在指定 C_L 下,绘制出一族代表最小阻力的包线。那么,利用式(2-60)、式(2-64)或式(2-65),并结合 C_D 随 C_L 变化的包线,就能得到实际工作的升力系数 C_L。而设计工作状态的升力系数 C_L 可以直接通过 C_D 随 C_L 变化的曲线得到。如果实度、C_L、C_{Li} 都为变量,步骤与第一种情形完全相同, C_{Li} 再根据最大升阻比确定。

2.2 基于升力线理论的对转桨扇气动设计方法

2.2.1 赛峰开式转子气动设计简介

赛峰桨扇发动机(又称赛峰开式转子发动机)于2017年完成地面验证,表现出极佳的燃油经济性,且气动噪声处在商业运营可接受范围之内。赛峰桨扇的桨叶的设计流程可以分为图2-5所示的初步设计、详细设计和非定常计算三个阶段[42]。初步设计采用的是ONERA发展的LPC2升力线设计方法[37,43,44],两排桨叶分别单独设计,后排桨叶设计也要考虑前排气流角度的影响,利用LPC2程序基于给定的螺旋桨气动和几何参数,进行迭代直到获得最优的气动性能,最终完成桨扇桨叶的初步气动设计方案;然后,结合自动叶型参数化建模、网格划分与三维定常计算发展了一种自动数值模拟分析方法,按照一系列预先设定的不同前、后桨叶角对应的几何,以及不同弦长、掠角等参数对应的几何,完成自动仿真计算和自动后处理数据分析,从而获得最佳性能对应的桨叶气动几何外形;最后,使用嵌套网格技术对前、后桨的干扰流场进行详细的非定常计算,分析对转桨叶的推进性能和桨叶的气动力特性。最终获得满足要求的对转开式转子外形。

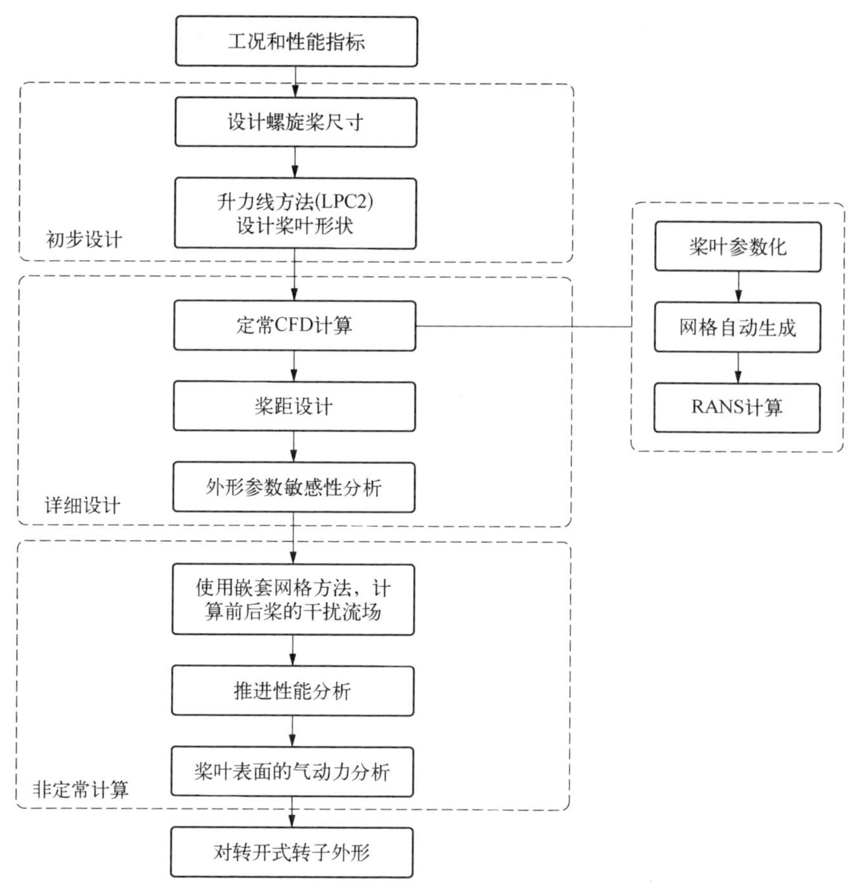

图 2－5　对转开式转子的设计流程

以上流程中涉及的三维定常和非定常数值模拟方法,与成熟的压气机三维数值模拟仿真分析方法并无本质区别,本节不再赘述。赛峰开式转子桨叶初始方案是采用法国 ONERA 发展的升力线计算程序 LPC2 进行设计的,这里仅按照文献简单阐述这一初步气动设计过程。

计算程序 LPC2 的特点是便于输入桨叶的几何形状和运算速度快。在升力线理论分析中,桨叶由附着涡构成,尾迹由一系列螺旋形的桨叶下洗分离涡构成。桨叶当地气流流速是轴流速度、角向速度和涡流诱导速度的合速度,通过对叶素的升力和阻力进行积分,可以得到桨叶的拉力和功率。叶素的升阻力特性使用输入的二维翼型实验数据,这使得我们可以在不可压流分析的基础上考虑压缩性和黏性的影响,后掠角的影响可以使用简单的倾斜迎角理论进行分析。涡流场诱导速度的计算采用数值积分,尾迹由螺旋形漩涡代替,升力线分离点处的桨距等于当地速度的迎角。

（1）首先,确定巡航和起飞时的主要工作参数,如马赫数、转速、飞行高度。

（2）然后，定义桨扇总体参数，包括巡航和起飞推力需求，还需保持前后桨的功率比固定。在迭代设计中，通过调整桨叶角度 β_F、β_R，使得设计方案满足推力和功率比保持不变。初步设计的目标就是在满足推力和功率比要求下，推进效率达到最高。

（3）螺旋桨几何参数初步选择。考虑飞机安装限制，给定螺旋桨直径最大限制值，为降低噪声通常后桨直径小于前桨 10%，而后桨弦长会适当加长。考虑气动和噪声的因素，选择合适的叶片数组合，赛峰选择的叶片数组合为 11+9。另外，前后桨轴向距离选择一个初始值。

（4）初步设计迭代过程。基于 LPC2 程序的桨叶初步设计迭代流程如图 2－6 所示。首先，选择初始厚度 t/c 和弦长分布 c/R。选用 Goldstein 载荷分布形状，并综合考虑气动和声学性能确定目标载荷分布，进一步获得升力系数 C_L。根据升力系数 C_L，选择合适的扭转角和弯角分布，并选择翼型。选择桨叶的后掠角和周向

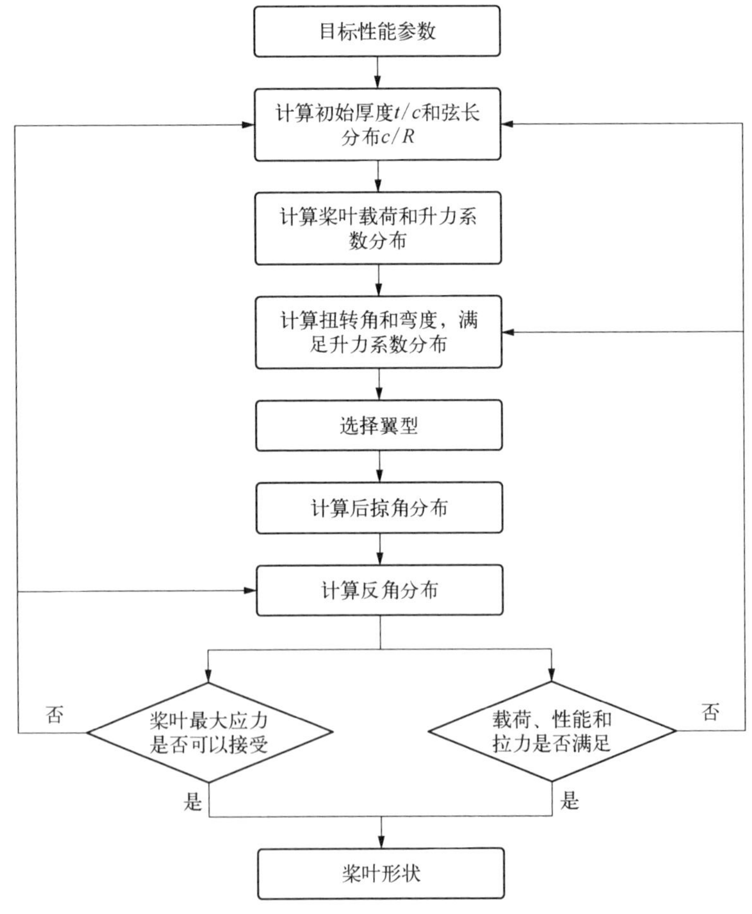

图 2－6　升力线计算得到桨叶形状

偏角。分析桨叶载荷、巡航性能和起飞拉力是否满足要求，如不满足，对扭转角、弯角和弦长分布进行迭代设计。计算桨叶的最大应力是否满足要求，如不满足对扭转角、弯角和弦长分布进行迭代设计。如果桨叶的力学性能都满足要求，即可得到初步的桨叶形状。迭代最终获得 AI－PX7 桨叶。

作者经过多次文献搜索，均未能查询到 LPC2 程序所采用的升力线计算分析理论，由此，作者在下一节中重点介绍西北工业大学周莉等[27]最新发表的可考虑用于对转桨扇气动设计的对转开式转子升力线设计理论和方法。

2.2.2 基于升力线理论的对转桨扇气动设计流程

基于升力线理论进行对转开式转子气动设计，其设计流程如图 2－7 所示。整个设计过程包括了初始气动设计过程及基于 CFD 的修正过程。初始气动设计过

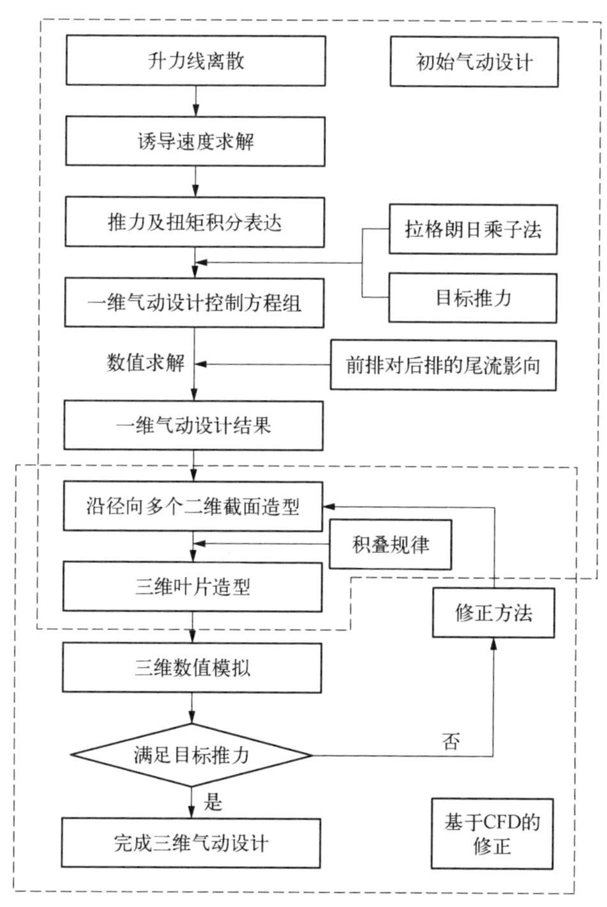

图 2－7　对转开式转子气动设计流程图

程包括了一维气动设计过程和三维造型过程。在一维气动设计过程中,基于升力线理论构建对转开式转子升力线模型,通过升力线离散和诱导速度求解,得到对转开式转子的推力及扭矩的积分表达。以目标推力作为约束,引入拉格朗日乘子法建立对转开式转子一维气动设计控制方程组。通过数值方法求解此控制方程组,在迭代过程中,考虑前排转子对后排转子的尾流影响,最终得到一维气动设计结果。在一维气动设计结果的基础上,引入合适的二维叶型构建方法,得到沿径向多个二维截面造型,给定积叠规律后,得到三维叶片造型,完成初始气动设计。借助三维数值模拟,获得初始气动设计的性能参数。将初始气动设计的推力与目标推力对比,若不满足目标推力,则对初始气动设计进行修正,直到满足目标推力。从而完成整个三维气动设计。

2.2.3 基于升力线理论的对转桨扇气动设计理论和方法

1. 对转开式转子升力线模型

基于升力线理论进行对转开式转子升力线模型构建,对转开式转子的每一片桨叶被一条升力线代替,满足假设:同一叶排上每条升力线的载荷分布规律都一致,总载荷也相同;来流只在径向上发生变化,在周向上保持一致。基于以上假设,在对转开式转子设计过程中,只需要选择前、后排共两条特征升力线开展研究。这两条特征升力线沿径向被离散为 m 个分段,每个分段上都附着一定强度的马蹄涡,而每个马蹄涡由一条附着涡和两条尾迹涡构成。每个升力线分段的载荷大小由分段上的附着涡强度 Γ 决定。对转开式转子升力线模型如图 2-8 所示,图中 ω 为旋转角速度。

对于单排桨扇,诱导速度的存在使得气流发生偏折。对于对转开式转子,诱导速度的影响同样存在,此时对转开式转子某一截面的速度三角形如图 2-9 所示。图中 $\hat{u}_f^*$ 和 $\hat{\tau}_f^*$ 分别是前排转子的轴向以及切向诱导速度,$\nu_{a,f}$ 和 $\nu_{t,f}$ 分别是前排转子进口的理想轴向及周向进气速度。ω_f 为前排转子转速,$r_{c,f}$ 为控制截面半径,β_f 为前排实际进口气流角,后排桨叶的速度三角形类似,使用下标 r 进行区分。

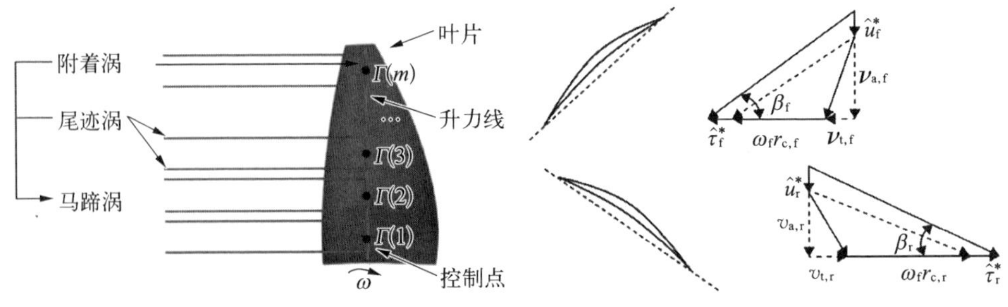

图 2-8 对转开式转子升力线模型　　图 2-9 对转开式转子速度三角形

相比于单排桨扇诱导速度的计算，对转开式转子诱导速度的计算更为复杂，由于存在前/后两排叶片，而这两排叶片均能在空间产生诱导速度，因此对于每片桨叶，其诱导速度不仅包括了桨叶对自身的诱导速度，还有前/后排桨叶间的互诱导速度。以前排转子为例，升力线第 m 个分段的轴向及周向诱导速度可以表示为

$$\hat{u}_{\mathrm{f}}^{*}(m)=u_{(\mathrm{f},\,\mathrm{f})}^{*}(m)+u_{(\mathrm{f},\,\mathrm{r})}^{*}(m) \tag{2-68}$$

$$\hat{\tau}_{\mathrm{f}}^{*}(m)=\tau_{(\mathrm{f},\,\mathrm{f})}^{*}(m)+\tau_{(\mathrm{f},\,\mathrm{r})}^{*}(m) \tag{2-69}$$

式中，$u_{(\mathrm{f},\,\mathrm{f})}^{*}(m)$ 和 $\tau_{(\mathrm{f},\,\mathrm{f})}^{*}(m)$ 是前排对自身产生的自诱导速度；$u_{(\mathrm{f},\,\mathrm{r})}^{*}(m)$ 和 $\tau_{(\mathrm{f},\,\mathrm{r})}^{*}(m)$ 是后排对前排产生的互诱导速度。后排转子的每个控制点上的诱导速度可以用相同的方式进行计算。

2. 诱导速度的求解

本节采用一种基于涡格模型的诱导速度数值求法进行控制点处的自诱导速度及互诱导速度的求解，任意控制点处的诱导速度可以表示为其他控制点的马蹄涡在此点产生的诱导速度的矢量和，并且根据升力线理论，任意控制点的马蹄涡对另一控制点的诱导速度与此控制点的马蹄涡强度有关。结合图 2－8 中的升力线模型，此时控制点处的轴向及周向的自诱导速度和互诱导速度可以表示为

$$u_{(\mathrm{f},\,\mathrm{f})}^{*}(m)=\sum_{i}^{M}\bar{u}_{(\mathrm{f},\,\mathrm{f})}^{*}(m,\,i)\Gamma_{\mathrm{f}}(i) \tag{2-70}$$

$$u_{(\mathrm{f},\,\mathrm{r})}^{*}(m)=\sum_{i}^{M}\bar{u}_{(\mathrm{f},\,\mathrm{r})}^{*}(m,\,i)\Gamma_{\mathrm{r}}(i) \tag{2-71}$$

$$\tau_{(\mathrm{f},\,\mathrm{f})}^{*}(m)=\sum_{i}^{M}\bar{\tau}_{(\mathrm{f},\,\mathrm{f})}^{*}(m,\,i)\Gamma_{\mathrm{f}}(i) \tag{2-72}$$

$$\tau_{(\mathrm{f},\,\mathrm{r})}^{*}(m)=\sum_{i}^{M}\bar{\tau}_{(\mathrm{f},\,\mathrm{r})}^{*}(m,\,i)\Gamma_{\mathrm{r}}(i) \tag{2-73}$$

式中，$\bar{u}_{(\mathrm{f},\,\mathrm{f})}^{*}(m,\,i)$、$\bar{u}_{(\mathrm{f},\,\mathrm{r})}^{*}(m,\,i)$、$\bar{\tau}_{(\mathrm{f},\,\mathrm{f})}^{*}(m,\,i)$、$\bar{\tau}_{(\mathrm{f},\,\mathrm{r})}^{*}(m,\,i)$ 分别是第 i 个马蹄涡在第 m 个控制点产生的轴向及周向自诱导速度系数和互诱导速度系数；Γ_{f}、Γ_{r} 分别是前/后排升力线控制点处的环量值。由图 2－8 的升力线模型，并结合 Biot-Savart 定理可知，由于附着涡的方向与升力线的方向同向，附着涡不会在控制点处产生诱导速度，每个马蹄涡中只有两条尾迹涡在控制点处产生诱导速度，因此上述诱导速度系数中应包含每条尾迹涡的诱导速度系数。以轴向自诱导速度系数为例，其计算方式为

$$\bar{u}_{(\mathrm{f},\,\mathrm{f})}^{*}(m,\,i)=\bar{u}_{(\mathrm{f},\,\mathrm{f})}(m,\,i+1)-\bar{u}_{(\mathrm{f},\,\mathrm{f})}(m,\,i) \tag{2-74}$$

式中，$\bar{u}_{(\mathrm{f},\,\mathrm{f})}$ 即为单条尾迹涡的轴向自诱导速度系数。根据涡格模型，采用 Biot-Savart 定理可以进行此诱导速度系数的计算，该诱导速度系数和节点间的相对位

置、进口气流角、前/后排间距等有关，可以根据 Wrench 提出的方程进行计算。相比于螺旋桨，无论是拉进式还是推进式开式转子发动机，其轮毂比都较大，所以轮毂对流场结构的影响不可忽略。对转开式转子的轮毂直径在轴向上变化幅度不大，可近似看作无穷长圆柱体，并且在圆柱体表面应满足法向分速度为零的壁面条件。为了满足这一条件，可以采用科尔温近似处理方法，利用一个镜像涡来模拟轮毂的存在。以前排转子为例，前排转子轮毂带来的阻力可以表示为

$$D_{\mathrm{f}} = \frac{\rho Z_{\mathrm{f}}^2}{16\pi}\left(\ln\frac{r_{\mathrm{h}}}{r_0} + 3\right)\left[\Gamma_{\mathrm{f}}(1)\right]^2 \tag{2-75}$$

式中，ρ 是大气密度；Z_{f} 是前排桨叶数；$\Gamma_{\mathrm{f}}(1)$ 是升力线第一个节点处的环量值；r_0 是轮毂的半径；r_{h} 是自由尾涡的半径，通常情况下，$r_{\mathrm{h}}/r_0 = 0.5$。

3. 控制方程组的构建

对转开式转子的设计问题可以概括为，给定推力需求情况下，满足前/后排扭矩相同条件，求解使得轴功率最小的桨叶载荷分布。因为互诱导速度的存在及前排尾流对后排的影响，前/后排转子工作状态会相互影响，建立对转开式转子工作状态控制方程时，必须将两者同时考虑，耦合求解。基于升力线理论以及求解的诱导速度，前排转子产生的推力可以表示为

$$T_{\mathrm{f}} = \rho Z_{\mathrm{f}}\sum_{m=1}^{M}\left[\omega_{\mathrm{f}} r_{\mathrm{c,f}}(m) + \nu_{\mathrm{t,f}}(m) + \hat{\tau}_{\mathrm{f}}^{*}(m)\right]\cdot\Gamma_{\mathrm{f}}(m)\Delta l_{\mathrm{f}} - D_{\mathrm{f}} \tag{2-76}$$

前排转子所需扭矩为

$$M_{\mathrm{f}} = \rho Z_{\mathrm{f}}\sum_{m=1}^{M}\left[\nu_{\mathrm{a,f}}(m) + \hat{u}_{\mathrm{f}}^{*}(m)\right]\cdot\Gamma_{\mathrm{f}}(m) r_{\mathrm{c,f}}(m)\Delta l_{\mathrm{f}} \tag{2-77}$$

式中，Δl_{f} 是升力线分段的长度，后排转子的推力 T_{r} 和扭矩 M_{r} 表达方式与前排转子类似。对于理想工作状态下的对转开式转子，应该满足：

$$M_{\mathrm{r}} = M_{\mathrm{f}} \tag{2-78}$$

$$T_{\mathrm{r}} + T_{\mathrm{f}} = T_{\mathrm{required}} \tag{2-79}$$

式中，T_{required} 是所需的对转开式转子推力值。为了求解满足推力条件下，使得轴功率达到最小的桨叶环量分布，引入拉格朗日乘子法。由于前/后排转子存在耦合关系，需将两排转子的工作状态耦合求解，根据拉格朗日乘子法建立以下辅助方程：

$$H = (\omega_{\mathrm{f}} M_{\mathrm{f}} + \omega_{\mathrm{r}} M_{\mathrm{r}}) + \lambda_{\mathrm{t}}(T_{\mathrm{f}} + T_{\mathrm{r}} - T_{\mathrm{required}}) + \lambda_m(M_{\mathrm{r}} - M_{\mathrm{f}}) \tag{2-80}$$

式中，λ_{t} 和 λ_m 是未知的拉格朗日乘子。为了求解最佳的环量值分布，需要满足：

$$\frac{\partial H}{\partial \Gamma_{\mathrm{f}}(i)} = 0 \tag{2-81}$$

$$\frac{\partial H}{\partial \Gamma_{\mathrm{r}}(i)} = 0 \tag{2-82}$$

$$\frac{\partial H}{\partial \lambda_{\mathrm{t}}} = T_{\mathrm{f}} + T_{\mathrm{r}} - T_{\mathrm{required}} = 0 \tag{2-83}$$

$$\frac{\partial H}{\partial \lambda_{m}} = M_{\mathrm{f}} - M_{\mathrm{r}} = 0 \tag{2-84}$$

式(2－81)~式(2－84)即为对转开式转子一维气动设计控制方程组。

4. 前排转子对后排转子的尾流影响

后排转子位于前排转子的尾流区内,因此后排的理想进气速度受前排工作状态的影响。在一维气动设计过程中,应考虑两者的联系。根据图 2－9 中对后排理想进气速度的定义,后排理想进气速度应与前排出口速度相等。根据环量的定义可以得到前排转子进出口周向速度差为

$$\Delta \nu_{\mathrm{t,\,f}} = \frac{\Gamma_{\mathrm{f}}}{t} \tag{2-85}$$

式中, t 为栅距。此时后排进口理想周向速度为

$$\nu_{\mathrm{t,\,r}} = \nu_{\mathrm{t,\,f}} + \omega_{\mathrm{f}} r_{\mathrm{c,\,f}} + \hat{\tau}_{\mathrm{f}}^{*} - \Delta \nu_{\mathrm{t,\,f}} \tag{2-86}$$

对转开式转子的飞行马赫数较高,气流的压缩性不可忽略,因此前排出口轴向速度与前排进口轴向速度不再相等。对转开式转子的叶片通道中流动状态与风扇/压气机类似,存在明显的激波,叶片产生扭速的原理可以归结为过激波后的速度降低。在螺旋桨的激盘理论中,将螺旋桨看作一个桨叶无限多的桨盘,桨盘前/后轴向速度相等,但桨盘前/后存在压差,桨盘通过这一增压过程产生推力。本节采用激盘理论,用一道正激波来模拟前排转子的增压作用,从而进行前排进出口轴向速度关系的简单计算。根据动量理论,前排转子的增压比可以表示为

$$\pi_{\mathrm{f}} = 1 + \frac{T_{\mathrm{f}}}{A_{\mathrm{f}} p_{0}} \tag{2-87}$$

式中, A_{f} 为前排转子的桨盘面积; p_0 为环境静压。根据求得的增压比,参照正激波表中激波前后速度比与压比的关系,获得前排转子进出口轴向速度之比,进而求得前排转子出口轴向速度,即后排转子进口理想轴向速度。

5. 对转开式转子一维气动设计数值求解方法

若升力线分段数为 m,对于已经建立的一维气动设计控制方程组,会有 $8m+2$ 个未知量,这些未知量共同控制了整个转子的工作状态。定义包含这 $8m+2$ 个未知量的状态向量 X_m:

$$
X_m = \begin{bmatrix} \Gamma_{\mathrm{f}}(m) \\ \hat{u}_{\mathrm{f}}^{*}(m) \\ \hat{\tau}_{\mathrm{f}}^{*}(m) \\ \tan\beta_{\mathrm{f}}(m) \\ \Gamma_{\mathrm{r}}(m) \\ \hat{u}_{\mathrm{r}}^{*}(m) \\ \hat{\tau}_{\mathrm{r}}^{*}(m) \\ \tan\beta_{\mathrm{r}}(m) \\ \lambda_{\mathrm{t}} \\ \lambda_{m} \end{bmatrix} \tag{2-88}
$$

通过求解这些未知量,可以得到前排及后排的环量、进口气流角等参数沿径向分布规律。定义残差矩阵 R_m:

$$
R_m = \begin{bmatrix} \dfrac{\partial H}{\partial \Gamma_{\mathrm{f}}(m)} \\ \hat{u}_{\mathrm{f}}^{*}(m) - \sum_{i}^{M} \bar{u}_{(\mathrm{f},\,\mathrm{f})}^{*}(m,\,i)\Gamma_{\mathrm{f}}(i) + \sum_{i}^{M} \bar{u}_{(\mathrm{f},\,\mathrm{r})}^{*}(m,\,i)\Gamma_{\mathrm{r}}(i) \\ \hat{\tau}_{\mathrm{f}}^{*}(m) - \sum_{i}^{M} \bar{\tau}_{(\mathrm{f},\,\mathrm{f})}^{*}(m,\,i)\Gamma_{\mathrm{f}}(i) + \sum_{i}^{M} \bar{\tau}_{(\mathrm{f},\,\mathrm{r})}^{*}(m,\,i)\Gamma_{\mathrm{r}}(i) \\ \tan\beta_{\mathrm{f}}(m) - \dfrac{\nu_{\mathrm{a},\,\mathrm{f}}(m) + \hat{u}_{\mathrm{f}}^{*}(m)}{\omega_{\mathrm{f}} r_{\mathrm{c},\,\mathrm{f}}(m) + \nu_{\mathrm{t},\,\mathrm{f}}(m) + \hat{\tau}_{\mathrm{f}}^{*}(m)} \\ \dfrac{\partial H}{\partial \Gamma_{\mathrm{r}}(m)} \hat{u}_{\mathrm{r}}^{*}(m) \\ \hat{u}_{\mathrm{r}}^{*}(m) - \sum_{i}^{M} \bar{u}_{(\mathrm{r},\,\mathrm{f})}^{*}(m,\,i)\Gamma_{\mathrm{f}}(i) + \sum_{i}^{M} \bar{u}_{(\mathrm{r},\,\mathrm{r})}^{*}(m,\,i)\Gamma_{\mathrm{r}}(i) \\ \hat{\tau}_{\mathrm{r}}^{*}(m) - \sum_{i}^{M} \bar{\tau}_{(\mathrm{r},\,\mathrm{f})}^{*}(m,\,i)\Gamma_{\mathrm{f}}(i) + \sum_{i}^{M} \bar{\tau}_{(\mathrm{r},\,\mathrm{r})}^{*}(m,\,i)\Gamma_{\mathrm{r}}(i) \\ \tan\beta_{\mathrm{r}}(m) - \dfrac{\nu_{\mathrm{a},\,\mathrm{r}}(m) + \hat{u}_{\mathrm{r}}^{*}(m)}{\omega_{\mathrm{r}} r_{\mathrm{c},\,\mathrm{r}}(m) + \nu_{\mathrm{t},\,\mathrm{r}}(m) + \hat{\tau}_{\mathrm{r}}^{*}(m)} \\ \dfrac{\partial H}{\partial \lambda_{\mathrm{t}}} \\ \dfrac{\partial H}{\partial \lambda_{m}} \end{bmatrix} \tag{2-89}
$$

为了找到每一步迭代使得残差趋近于零的状态向量变化方向，建立辅助方程：

$$0 = R_m + J_m \mathrm{d}X_m \tag{2-90}$$

式中，J_m 是雅可比矩阵，$J_m(i, j) = \dfrac{\partial R_m(i)}{\partial X_m(j)}$，通过求解这个方程可以得到 $\mathrm{d}X_m$，迭代格式可以写作：

$$X_m^{n+1} = X_m^n + \mathrm{d}X_m \tag{2-91}$$

在每一步迭代过程中，状态向量都会更新一次，这些参数用来更新后排理想进气速度、轴向及周向的自诱导速度系数和互诱导速度系数。更新后的后排理想进气速度、诱导速度系数用来更新雅可比矩阵。整个非线性方程组可以通过循环迭代来求解，最终得到桨叶的环量、进口气流角等参数的径向分布，完成对转开式转子一维气动设计。

6. 对转开式转子三维造型方法

基于一维气动设计得到的设计参数沿径向的分布，采用压气机相关三维造型理论，完成二维截面造型并引入合适的积叠规律，完成对转开式转子的三维造型。三维造型过程如图 2－10 所示，所使用的参数为翼型折转角 θ、最大挠度相对位置 $\tilde{f}$、叶型最大厚度 $t_{\max}$、弦长 c、叶型安装角 β_y、前/后排间距 S。本节采用了双圆弧中弧线叠加 NACA0016 翼型厚度分布规律的方式完成二维截面造型的构建。翼型折转角 θ 由一维气动设计中得到的进出口气流角及通过修正 Carter 公式计算的落后角确定。最大挠度相对位置 $\tilde{f}$ 与 NACA0016 翼型的最大厚度相对位置相同。叶型最大厚度 $t_{\max}$、弦长 c 对推力影响较小，采用和 F7A7 类似的分布规律。叶型安装角 β_y 则通过进口气流角进行计算，前/后排间距 S 由设计约束给出。

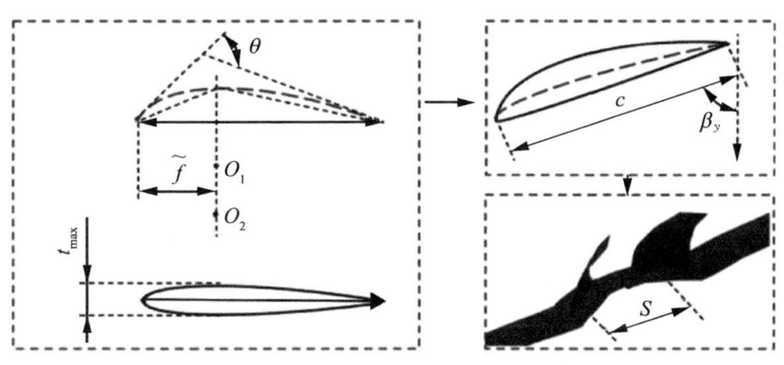

图 2－10　对转开式转子三维造型过程

2.2.4　基于 CFD 的对转桨扇气动设计修正方法

采用 2.2.3 小节的初始气动设计方法进行设计时,设计结果与设计目标会存在一定误差,可能的原因有：一方面,在计算后排理想轴向进气速度时存在一定误差,导致后排进口气流角计算不准确;另一方面,由于对转开式转子桨叶稠度小,采用修正 Carter 公式计算落后角存在误差。两方面因素最终导致计算出的转子叶型安装角径向分布不准确,导致叶片实际做功量与设计目标产生偏差,继而导致所设计的对转开式转子推力与目标推力存在差异。为了满足所需的目标推力,需要对初始设计方法进行完善,本节通过对初始设计结果的翼型折转角进行修正来满足设计需求。采用此设计参数进行修正的合理性存在如下讨论：一是采用初始设计方法设计出的对转开式转子设计结果与设计目标偏差较小,所需的修正量也较小,对桨叶的推进效率影响不大;二是通过翼型折转角的调整可以有效控制做功量。

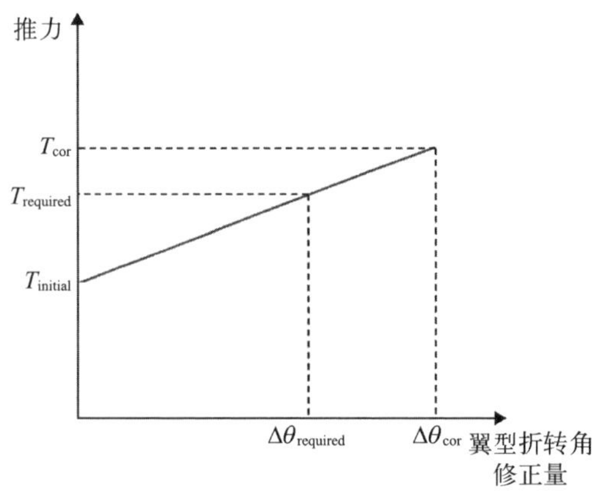

图 2-11　修正过程示意图

通过对截面速度三角形进行分析,可以发现,改变对转开式转子翼型折转角时,本质上改变了对转开式转子前排及后排各个截面的气流扭转角,在小修正量的前提下,对转开式转子推力与翼型折转角变化量应成近似的正比关系。可以基于此正比关系,对初始气动设计结果进行修正,使最终结果满足目标推力,修正过程的示意图见图 2-11。首先,通过数值模拟得到初始设计的推力 $T_{intital}$。然后根据初始设计结果微调翼型折转角 $\Delta\theta_{cor}$ 得到第一步修正的三维叶片,采用数值模拟计算其推力 T_{cor}。最后根据初始设计的推力和第一步修正后的推力可以确定该对转开式转子的推力与翼型折转角修正量的关系,通过插值可以得到满足目标推力 $T_{required}$ 的所需修正量 $\Delta\theta_{required}$。

2.3　基于可压升力面理论的对转桨扇气动设计方法

周亦成等[30-32]基于旋转坐标系下可压升力面理论发展一套桨扇气动设计反问题方法。其相比于压气机平均 S2 流面设计方法,可严格体现桨扇无机匣、稀疏叶片叶轮机的特征；而相比于基于固定坐标系中不可压缩流动模型建立的传统螺旋桨设计的片条法、升力线/面法，其在旋转坐标系、可压缩流动的小扰动线性化假设下，严格处理了桨叶旋转、流动压缩性、桨叶间相互作用、宽弦大后掠桨叶等特征，不存在低速螺旋桨方法应用到高速螺旋桨时的压缩性修正问题。可压升力面理论是一类方法，这类基于可压缩流的小扰动线性化假设的速度势或加速度势方法，在高速螺旋桨的气动性能计算方面，直到 20 世纪 90 年代仍有大量的应用；而在气动噪声预测、气动弹性分析方面，直到现在仍有广泛的应用；然而，基于可压升力面理论开展桨扇气动反问题设计的研究却鲜见报告。

中国航发动研所基于该理论和方法发展了一套工程适用的对转桨扇气动设计技术，并用于工程设计，经高速风洞试验验证，该方法具有较高的设计精度。

本节内容包括：① 讨论反问题中各设计分布参数的给定方式；② 给出单转子桨扇气动设计问题中，桨叶载荷分布诱导的下洗速度核函数、桨叶厚度分布诱导的下洗速度核函数表达式；③ 给出核函数弦向积分和展向积分中的具体处理方式；④ 构造一种反问题设计中修正流动损失对下洗角影响的损失模型；⑤ 单转子桨扇气动反问题设计方法推广至对转桨扇气动反问题设计；⑥ 给出桨叶造型方法。

2.3.1　基于可压升力面理论的对转桨扇气动设计流程

利用可压升力面法进行对转桨扇的气动设计，首先需要确定桨扇总体设计参数，如对转桨扇直径、桨盘载荷、桨叶数、转速等。总体参数的选择需综合考虑气动、噪声、传动机构等多方面因素。当总体参数确定以后，还需给定桨叶在螺旋面上积叠线的形状、弦长分布、厚度分布、基元对称叶型等主要几何设计参数，以及载荷分布参数，再求解位于螺旋面上的点源和压力偶极子诱导的下洗速度。最后，再根据切向条件确定桨叶中弧面，最终叠加基元叶型得到桨叶三维造型。整个设计过程可分为三大步骤：设计参数选择、可压升力面法反问题计算、桨叶造型设计，流程图如图 2－12 所示。

2.3.2　载荷分布设计理论及方法

高亚声速巡航的桨扇，桨叶积叠线通常采用大后掠角的设计。积叠线位于螺旋面上，积叠线后掠角的选择原则是使各截面相对来流有效马赫数(垂直于前缘边的当地法向马赫数)不超过一般高速翼型的临界马赫数。基元对称叶型的选择，采用了厚度较薄、最大厚度相对位置靠后的高速叶型。桨叶弦长分布和载荷系数分布的给定应满足功率指标，同时，载荷系数分布还考虑了 Betz 最佳分布条件。当

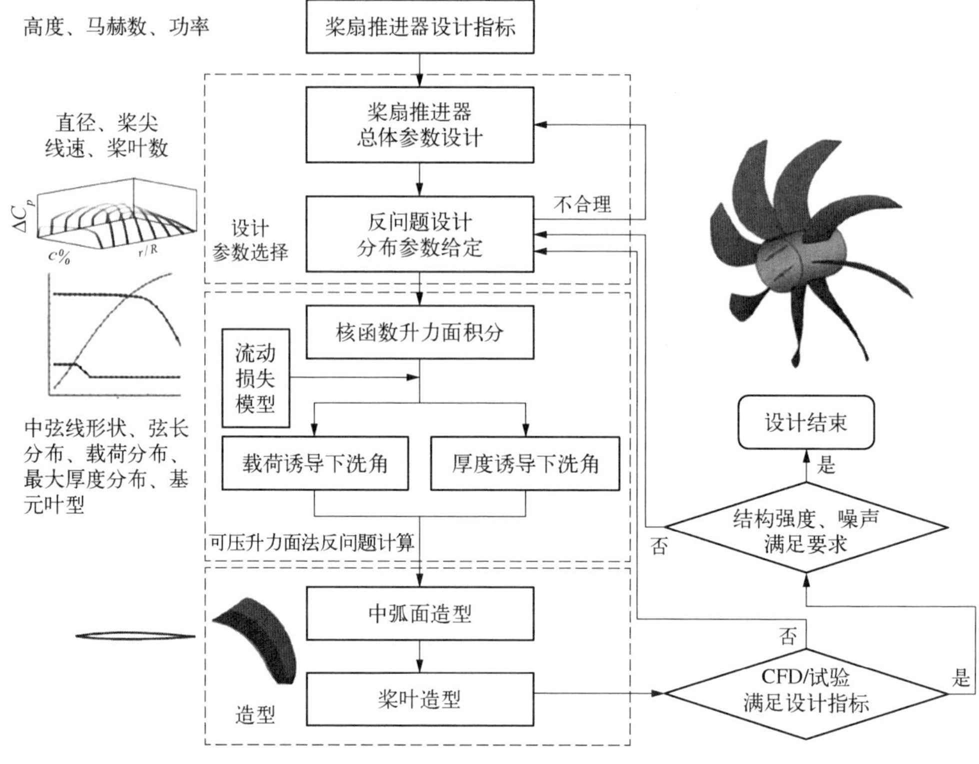

图 2-12　对转桨扇的可压升力面法气动设计流程

然，该最佳分布条件是在轻载荷的理想螺旋桨模型下得到的，应用于重载荷的跨声速桨扇推进器只是一种近似。载荷系数分布由方程组式(2-92)～式(2-98)联立给出

$$
\begin{aligned}
P = & N \cdot \int_{r_H}^{r_T} \frac{1}{2}\rho_0 V_{0,\ \mathrm{rel}}^2 \cdot \int_0^1 \Delta C_p(r,\ \bar{c})\mathrm{d}\bar{c} \cdot c(r) \cdot \frac{U}{V_{0,\ \mathrm{rel}}} \cdot \omega r \cdot \mathrm{d}r \\
& + N \cdot \int_{r_H}^{r_T} \frac{1}{2}\rho_0 V_{0,\ \mathrm{rel}}^2 \cdot \int_0^1 \Delta C_p(r,\ \bar{c})\mathrm{d}\bar{c} \cdot c(r) \cdot \tan\vartheta \cdot \frac{\omega r}{V_{0,\ \mathrm{rel}}} \cdot \omega r \cdot \mathrm{d}r \\
& + N \cdot \int_{r_H}^{r_T} \frac{1}{2}\rho_0 V_{0,\ \mathrm{rel}}^2 \cdot \int_0^1 \Delta C_p(r,\ \bar{c})\mathrm{d}\bar{c} \cdot c(r) \cdot \varepsilon \cdot \frac{\omega r}{V_{0,\ \mathrm{rel}}} \cdot \omega r \cdot \mathrm{d}r
\end{aligned} \tag{2-92}
$$

$$
\frac{\Gamma(r_{i+1})}{\Gamma(r_i)} = \frac{f_a(r_{i+1})}{f_a(r_i)} \cdot \frac{f_b(r_{i+1})}{f_b(r_i)} \cdot \frac{f_c(r_{i+1})}{f_c(r_i)} \tag{2-93}
$$

$$
\Gamma(r) = \frac{V_{0,\ \mathrm{rel}}^2}{2V_{1,\ \mathrm{rel}}\cos\vartheta} \cdot \int_0^1 \Delta C_p(r,\ \bar{c})\mathrm{d}\bar{c} \cdot c(r) \tag{2-94}
$$

$$f_a(r) = \frac{2}{\pi} \cdot \arccos\left(\exp\left\{-\frac{N \cdot [1-(J/\pi)\cdot(\omega r/U)] \cdot \sqrt{1+(J/\pi)^2}}{2(J/\pi)}\right\}\right) \tag{2-95}$$

$$f_b(r) = \tau - \varepsilon \cdot (\omega r/U) \tag{2-96}$$

$$f_c(r) = \frac{(\omega r/U)^2}{1+(\omega r/U)^2} \tag{2-97}$$

$$\begin{cases} V_{0,\ \mathrm{rel}} = \sqrt{U^2 + (\omega r)^2} \\ V_{1,\ \mathrm{rel}} = \sqrt{(U+v')^2 + [(\omega - \omega')r]^2} \\ \tau = \dfrac{\omega}{\omega - 2\omega'}\left(\dfrac{2\omega'}{\omega} + \dfrac{2v'}{U}\right) \end{cases} \tag{2-98}$$

式(2－92)给出了弦长分布、载荷系数分布与功率的关系，式(2－93)、式(2－94)给出了载荷系数分布满足最佳分布的条件，式(2－95)、式(2－96)分别为考虑有限桨叶数桨尖绕流和黏性阻力影响后对最佳分布的修正项。式(2－93)中 r 的下标代表不同的径向位置。式(2－94)中 $\Gamma(r)$ 为桨叶径向 r 处基元环量，$V_{0,\ \mathrm{rel}}$ 和 $V_{1,\ \mathrm{rel}}$ 分别为远前方和诱导后的相对来流速度，ϑ 为两者间夹角，$\bar{c}$ 为相对弦长。式(2－96)中 ε 为基元叶型的摩擦阻力系数与升力系数之比，τ 为尾涡面轴向速度与远前方来流速度之比。式(2－98)中 v' 和 ω' 分别为桨盘处桨叶激起的诱导轴向速度和角速度，可通过理想螺旋桨激盘理论得到。

上述式(2－92)～式(2－98)只确定了基元载荷 $\int_0^1 \Delta C_p(r,\ \bar{c})\mathrm{d}\bar{c} \cdot c(r)$ 的径向分布，而载荷系数 $C_p(r,\ \bar{c})$ 具体的弦向分布形式则需根据经验进一步确定。例如，考虑到大径向位置处相对流速高，为减小激波造成的损失可采用后加载型形式的分布等。

由 2.3.3 小节中第 2 部分核函数升力面积分所述，需要给出各个桨叶基元的载荷系数弦向分布的表达式。本节采用如图 2－13 所示“三段式”的分段函数表达式[式(2－99)]给出各基元处的载荷系数弦向分布，不同基元处分段函数表达式中系数的大小则需满足由式(2－92)～式(2－98)确定的 $\int_0^1 \Delta C_p(r,\ \bar{c})\mathrm{d}\bar{c} \cdot c(r)$。

$$\begin{cases} y_1 = a_1 x + b_1 & (0 < x \leqslant x_1) \\ y_2 = a_2 x^2 + b_2 x + c_2 & (x_1 < x \leqslant x_2) \\ y_3 = a_3 x^2 + b_3 x + c_3 & (x_2 < x \leqslant 1) \end{cases} \tag{2-99}$$

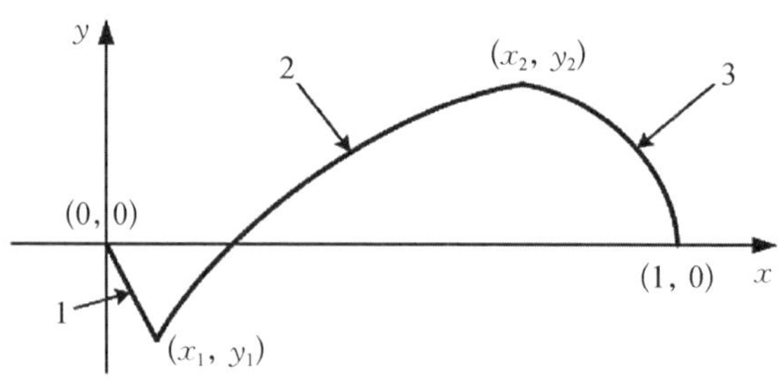

图 2-13　给定的"三段式"载荷系数弦向分布的解析形式示意图

应注意到,对于桨叶载荷的弦向分布 $\Delta C_p(\bar{c})$,考虑到该设计方法的线性化假设,给定的弦向载荷系数分布不包括由前缘涡引起的非线性涡升力。这是该方法的一个限制,但它在巡航点的桨叶设计中应是合理的。

2.3.3　单排桨扇反问题设计理论及方法

本节基于无黏性可压缩流动的小扰动线性化假设,建立桨扇气动设计理论控制方程。该假设应用于桨扇巡航点气动设计时的合理性的讨论如下:① 对于黏性影响,认为桨扇高速巡航工况中流动雷诺数高,流场中黏性的作用区域主要集中在桨叶和轮毂表面很薄的边界层中,而在边界层之外的主流区域中黏性作用很小;② 对于小扰动假设,类似高速机翼理论中,认为巡航时桨叶引起的前方相对来流参数的变化量比相对来流参数本身小得多;③ 对于线性化简化,巡航时一般攻角较小,后掠桨叶的前缘涡强度较弱,前缘涡引起的非线性现象弱,同时认为巡航时激波一般较弱,激波前、后气流参数的变化量相比于相对来流参数本身小得多,激波的存在与小扰动线性化假设的偏离较小;④ 对于跨声速时线性化失效问题,Hanson 等研究表明桨扇问题满足定常三维跨声速流动的小扰动线性化准则;⑤关于轮毂形状的影响,变半径的轮毂会引起来流速度的变化,同时由于桨叶的扭转,会引起垂直于螺旋面的下洗速度,完善的升力面方法应考虑该影响,但目前采用直筒型轮毂,暂不考虑该影响。

1. 桨扇气动设计问题中载荷诱导、厚度诱导下洗角核函数

1) 载荷诱导下洗角核函数

旋转坐标系固定在桨叶上,随桨叶一起以角速度 ω 绕 z 轴正方向旋转,同时随桨叶以飞行速度 U 前进(图 2-14)。该旋转坐标系中,可压缩流、定常、小扰动压力满足式(2-100)的线性偏微分方程。

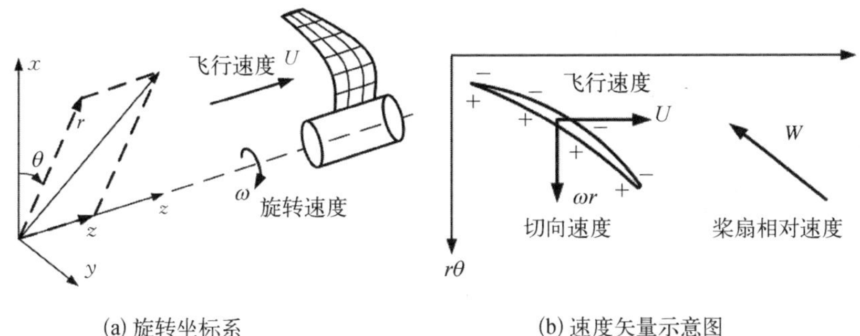

(a) 旋转坐标系　　(b) 速度矢量示意图

图 2－14　单转子桨扇坐标系示意图

$$\left(\bar{\nabla}^2 - Ma^2\frac{\mathrm{D}_0^2}{\mathrm{D}\bar{t}^2}\right)\tilde{p} = \frac{\partial^2\tilde{p}}{\partial\bar{r}^2} + \frac{1}{\bar{r}}\frac{\partial\tilde{p}}{\partial\bar{r}} + \frac{1}{\bar{r}^2}(1 - Ma^2\bar{\omega}^2\bar{r}^2)\frac{\partial^2\tilde{p}}{\partial\theta^2} + (1 - Ma^2)\frac{\partial^2\tilde{p}}{\partial\bar{z}^2} - 2Ma^2\bar{\omega}\frac{\partial^2\tilde{p}}{\partial\theta\partial\bar{z}} = 0 \tag{2-100}$$

式中，$\bar{r}$、$\bar{z}$ 和 $\bar{\omega}$ 为无量纲量，定义为 $\bar{r}=r/r_T$、$\bar{z}=z/r_T$ 和 $\bar{\omega}=\omega r_T/U$；$\tilde{p}$ 为桨扇引起的扰动压力。下文中为方便表示，忽略无量纲量的上划线和扰动量的波浪线。对于图 2－14 所示桨扇模型的流动特征，轮毂半径处扰动速度的径向分量为 0，而无穷远半径处扰动压力为 0，由径向压力平衡方程 $\partial p/\partial r=\rho_0 U\sqrt{1+\omega^2 r^2}(\partial w_r/\partial r)$ 可得式(2－100)的边界条件为

$$\frac{\partial p}{\partial r} = 0, \text{在 } r = r_{\mathrm{H}} \text{ 处}; p \to 0, \text{当 } r \to +\infty \text{ 时} \tag{2-101}$$

方程式(2－100)满足边界条件式(2－101)的基本解为

$$\left.\begin{aligned} &\left(\nabla^2 - Ma^2\frac{\mathrm{D}_0^2}{\mathrm{D}t^2}\right)G = \frac{1}{r}\delta(r-\rho)\delta(\theta-\varphi)\sigma(z-\zeta) \\ &\frac{\partial G}{\partial r} = 0, \text{在 } r = r_{\mathrm{H}} \text{ 处}; G \to 0, \text{当 } r \to +\infty \text{ 时} \end{aligned}\right\} \tag{2-102}$$

式中，(r, θ, z) 和 (ρ, φ, ζ) 为场点和源点坐标；$\delta(r-\rho)$、$\delta(\theta-\varphi)$、$\delta(z-\zeta)$ 为 δ 函数。应指出的是，G 为半有界空间中的基本解，和自由空间格林函数不同，它反映了桨扇的有轮毂而无外机匣的几何特征。通过 G 的傅里叶变换和本征函数展开法确定基本解 G 表达式。

对 $G(r, \theta, z)$ 进行二重傅里叶变换和逆变换：

$$\left.\begin{aligned}\bar{g}(r,\ k_2,\ k_3)&=\int_{-\infty}^{+\infty}\int_{-\infty}^{+\infty}G(r,\ \theta,\ z)\cdot \mathrm{e}^{-\mathrm{i}(k_2\theta+k_3z)}\mathrm{d}\theta\mathrm{d}z\\ G(r,\ \theta,\ z)&=\frac{1}{(2\pi)^2}\sum_{k_2=-\infty}^{+\infty}\int_{-\infty}^{+\infty}\bar{g}(r,\ k_2,\ k_3)\cdot \mathrm{e}^{\mathrm{i}(k_2\theta+k_3z)}\mathrm{d}k_3\end{aligned}\right\}\qquad(2-103)$$

对式(2-102)进行傅里叶变换，得到

$$\left.\begin{aligned}&\frac{\mathrm{d}^2\bar{g}}{\mathrm{d}r^2}+\frac{1}{r}\frac{\mathrm{d}\bar{g}}{\mathrm{d}r}+\left[-\frac{1}{r^2}(1-Ma^2\omega^2r^2)k_2^2-(1-Ma^2)k_3^2+2Ma^2\omega k_2k_3\right]\cdot\bar{g}\\ &\quad=\mathrm{e}^{-\mathrm{i}(k_2\varphi+k_3\zeta)}\frac{1}{r}\delta(r-\rho)\\ &\frac{\mathrm{d}\bar{g}}{\mathrm{d}r}=0,\text{在 } r=r_{\mathrm{H}}\text{ 处};\bar{g}\to 0,\text{当 } r\to+\infty\text{ 时}\end{aligned}\right\}$$

(2-104)

令 $\bar{G}(r,\ k_2,\ k_3)=\bar{g}(r,\ k_2,\ k_3)\cdot \mathrm{e}^{\mathrm{i}(k_2\varphi+k_3\zeta)}$，代入式(2-104)，整理后有

$$\left.\begin{aligned}&\frac{\mathrm{d}^2\bar{G}}{\mathrm{d}r^2}+\frac{1}{r}\frac{\mathrm{d}\bar{G}}{\mathrm{d}r}+\left[Ma^2\omega^2k_2^2-(1-Ma^2)k_3^2+2Ma^2\omega k_2k_3-\frac{k_2^2}{r^2}\right]\cdot\bar{G}=\frac{1}{r}\delta(r-\rho)\\ &\frac{\mathrm{d}\bar{G}}{\mathrm{d}r}=0,\text{在 } r=r_{\mathrm{H}}\text{ 处};\bar{G}\to 0,\text{当 } r\to+\infty\text{ 时}\end{aligned}\right\}$$

(2-105)

此时通过傅里叶逆变换可得到基本解：

$$G(r,\ \theta,\ z)=\frac{1}{(2\pi)^2}\sum_{k_2=-\infty}^{+\infty}\int_{-\infty}^{+\infty}\bar{G}(r,\ k_2,\ k_3)\cdot \mathrm{e}^{\mathrm{i}k_2(\theta-\varphi)+\mathrm{i}k_3(z-\zeta)}\mathrm{d}k_3\qquad(2-106)$$

像函数 $\bar{G}(r,\ k_2,\ k_3)$ 采用本征函数族展开法求解，将 $\bar{G}(r,\ k_2,\ k_3)$ 式代入式(2-106)，可以整理成

$$G(r,\ \theta,\ z\mid\rho,\ \varphi,\ \zeta)=\frac{1}{(2\pi)^2}\sum_{k_2=-\infty}^{+\infty}\left\{\sum_{l=1}^{+\infty}\left[R_l^{(n)}(\rho)R_l^{(n)}(r)\mathrm{e}^{\mathrm{i}k_2(\theta-\varphi)}I_l^{(n)}\right]\right\}$$

(2-107)

$$I_l^{(n)}=\int_{-\infty}^{+\infty}\frac{\mathrm{e}^{\mathrm{i}k_3(z-\zeta)}}{Ma^2\omega^2k_2^2-(1-Ma^2)k_3^2+2Ma^2\omega k_2k_3-(k_l^{(n)})^2}\mathrm{d}k_3\qquad(2-108)$$

其中，$I_l^{(n)}$ 可采用积分的方法确定，围道路径的选择要满足基本解在无穷远处衰减为零的性质。将 $I_l^{(n)}$ 代入基本解，整理后可得式(2-109)所示在亚声速飞行，即轴向来流亚声速（$Ma<1$）时基本解表达式：

$$G(r,\theta,z\mid\rho,\varphi,\zeta)=\frac{-1}{4\pi\beta^2}\sum_{n=-\infty}^{+\infty}\sum_{l=1}^{+\infty}\left\{R_l^{(n)}(\rho)R_l^{(n)}(r)\cdot\exp\left[\mathrm{i}n(\theta-\varphi)+\mathrm{i}\frac{Ma^2\omega}{\beta^2}n(z-\zeta)\right]\cdot\frac{\exp(-\Omega_l^{(n)}\mid z-\zeta\mid)}{\Omega_l^{(n)}}\right\}\tag{2-109}$$

$$\Omega_l^{(n)}=\begin{cases}\sqrt{\dfrac{1}{\beta^2}[(k_l^{(n)})^2-Ma^2\omega^2n^2/\beta^2]} & (k_l^{(n)})^2-Ma^2\omega^2n^2/\beta^2>0\\ -\mathrm{isgn}(\omega n)\sqrt{\dfrac{1}{\beta^2}[Ma^2\omega^2n^2/\beta^2-(k_l^{(n)})^2]} & (k_l^{(n)})^2-Ma^2\omega^2n^2/\beta^2\leqslant 0\end{cases}\tag{2-110}$$

$$\beta=\sqrt{1-Ma^2}\tag{2-111}$$

对于有 N 个叶片组成的叶片排的情况,源项沿周向均匀布置在点:

$$(\rho,\varphi+2\pi m/N,\zeta)\ (m=0,1,2,\cdots,N-1)\tag{2-112}$$

因此,在具有 N 个叶片的叶片排的情况中,基本解可表示为

$$G_C(r,\theta,z\mid\rho,\varphi,\zeta)=\sum_{m=0}^{N-1}G\left(r,\theta,z\mid\rho,\varphi+2\pi\frac{m}{N},\zeta\right)\tag{2-113}$$

由于 $R_l^{(n)}(r)$、$\Omega_l^{(n)}$ 及 $k_l^{(n)}$ 均与源点的周向坐标 ϕ 无关,因此式(2-113)形式上可以表示为

$$G_C(r,\theta,z\mid\rho,\varphi,\zeta)=\sum_{n=-\infty}^{+\infty}\sum_{l=1}^{+\infty}A_l^{(n)}\sum_{m=0}^{N-1}\exp\left(-\mathrm{i}2\pi n\frac{m}{N}\right)\tag{2-114}$$

注意到等比数列求和:

$$\begin{aligned}\sum_{m=0}^{N-1}\exp\left(-\mathrm{i}2\pi n\frac{m}{N}\right)&=\sum_{m=0}^{N-1}(\mathrm{e}^{-\mathrm{i}2\pi n/N})^m\\&=\frac{1-\mathrm{e}^{-\mathrm{i}2\pi n}}{1-\mathrm{e}^{-\mathrm{i}2\pi n/N}}=\begin{cases}0,\ n\neq\nu N\\ N,\ n=\nu N\end{cases}(\text{其中 }\nu\text{ 为任意整数})\end{aligned}\tag{2-115}$$

整理后,亚声速飞行中 $(Ma<1)$,N 个叶片情况中基本解 $G_C(r,\theta,z\mid\rho,\varphi,\zeta)$ 可表示为

$$G_C(r,\theta,z\mid\rho,\varphi,\zeta)=\frac{-N}{4\pi\beta^2}\sum_{\nu=-\infty}^{+\infty}\sum_{l=1}^{+\infty}\left\{R_l^{(\nu N)}(\rho)R_l^{(\nu N)}(r)\cdot\exp\left[\mathrm{i}\nu N(\theta-\varphi)+\mathrm{i}\frac{Ma^2\omega}{\beta^2}\nu N(z-\zeta)\right]\cdot\frac{\exp(-\Omega_l^{(\nu N)}\mid z-\zeta\mid)}{\Omega_l^{(\nu N)}}\right\}\tag{2-116}$$

$$\Omega_l^{(\nu N)}=\begin{cases}\sqrt{\dfrac{1}{\beta^2}[(k_l^{(\nu N)})^2-Ma^2\omega^2\nu^2N^2/\beta^2]} & (k_l^{(\nu N)})^2-Ma^2\omega^2\nu^2N^2/\beta^2>0\\ -\mathrm{isgn}(\omega\nu)\sqrt{\dfrac{1}{\beta^2}[Ma^2\omega^2\nu^2N^2/\beta^2-(k_l^{(\nu N)})^2]} & (k_l^{(\nu N)})^2-Ma^2\omega^2\nu^2N^2/\beta^2\leqslant 0\end{cases}$$

(2-117)

根据格林函数法,桨叶载荷诱导的扰动压力场 $p(r,\ \theta,\ z)$ 可表示为

$$p(r,\ \theta,\ z)=\iint_S \Delta p(\rho,\ \zeta)\frac{\partial}{\partial n}G_C(r,\ \theta,\ z\mid\rho,\ \varphi,\ \zeta)\mathrm{d}S \tag{2-118}$$

其中, $\partial G_C(r,\ \theta,\ z\mid\rho,\ \varphi,\ \zeta)/\partial n$ 表示基本解在升力面上的法向导数; $\Delta p(\rho,\ \zeta)$ 表示升力面上压力偶极子的强度,即单位面积上的叶片载荷,在图 2-14 所示的坐标系中 $\Delta p(\rho,\ \zeta)=p^+-p^-$。下洗速度计算中,升力面实际位置由未受扰动相对来流矢量组成的螺旋面近似,其造成误差与小扰动假设带来的误差是同阶的,该螺旋面无量纲化后的方程为

$$S(\rho,\ \varphi,\ \zeta)=\varphi-\omega\zeta=0 \tag{2-119}$$

该螺旋面上法向导数为

$$\frac{\partial}{\partial n}=\frac{1}{\sqrt{1+\omega^2\rho^2}}\left(\frac{\partial}{\rho\partial\varphi}-\omega\rho\frac{\partial}{\partial\zeta}\right)\Bigg|_{\varphi=\omega\zeta} \tag{2-120}$$

整理后,亚声速飞行 ($Ma<1$) 情况中扰动压力场 $p(r,\ \theta,\ z)$ 可表示为

$$\begin{aligned}p(r,\ \theta,\ z)=&\iint_S \Delta p(\rho,\ \zeta)\sum_{\nu=-\infty}^{+\infty}\sum_{l=1}^{+\infty}\frac{1}{\sqrt{1+\omega^2\rho^2}}\cdot\frac{-N}{4\pi\beta^2}\cdot R_l^{(\nu N)}(\rho)R_l^{(\nu N)}(r)\\&\cdot\exp\left[\mathrm{i}\nu N(\theta-\omega\zeta)+\mathrm{i}\frac{Ma^2\omega}{\beta^2}\nu N(z-\zeta)\right]\cdot\frac{\exp(-\Omega_l^{(\nu N)}\mid z-\zeta\mid)}{\Omega_l^{(\nu N)}}\\&\cdot\left\{-\mathrm{i}\nu N\frac{1}{\rho}-\left[-\mathrm{i}\frac{Ma^2\omega}{\beta^2}\nu N+\Omega_l^{(\nu N)}\mathrm{sgn}(z-\zeta)\right]\omega\rho\right\}\mathrm{d}S\end{aligned}$$

(2-121)

下洗速度可根据动量方程沿远前方未受扰动流体微团的相对流动路径积分得到

$$w_{n,\ L}(r,\ \theta,\ z)=\frac{-1}{\rho_0U\sqrt{1+\omega^2r^2}}\cdot\int_{+\infty}^{z}\left(\frac{\partial}{r\partial\theta}-\omega r\frac{\partial}{\partial z}\right)p(r,\ \theta,\ z)\mid_{\theta=\theta_0+\omega z}\mathrm{d}z$$

(2-122)

上式中的积分下限为 $+\infty$，这是由本节所采用的坐标系图 2-14 中 z 轴正方向与相对坐标系中未受扰动流体流动速度相反造成的。积分路径 $\theta=\theta_0+\omega z$ 为未受扰动流体微团迹线方程，θ_0 为场点与螺旋面 $\theta=\omega z$ 间的周向夹角。定义下洗角 $\alpha=w_n/(U\sqrt{1+\omega^2 r^2})$，载荷系数 $\Delta C_p=\Delta p/[1/2\rho_0 U^2(1+\omega^2\rho^2)]$，把扰动压力式(2-121)代入式(2-122)，可整理为如下桨叶载荷分布诱导的下洗角的积分方程：

$$\alpha_{\mathrm{L}}(r,\theta,z)=\iint_S \Delta C_p(\rho,\zeta)\cdot K_{\mathrm{L}}(r,\theta,z\mid\rho,\zeta)\cdot \mathrm{d}S \tag{2-123}$$

其中，$K_{\mathrm{L}}(r,\theta,z\mid\rho,\zeta)$ 为载荷诱导下洗角核函数，表示为

$$\begin{aligned}K_{\mathrm{L}}(r,\theta,z\mid\rho,\zeta)=&K_{1,\mathrm{L}}(r,\theta,z\mid\rho,\zeta)+K_{2,\mathrm{L}}(r,\theta,z\mid\rho,\zeta)\\&+K_{3,\mathrm{L}}(r,\theta,z\mid\rho,\zeta)+K_{4,\mathrm{L}}(r,\theta,z\mid\rho,\zeta)\end{aligned} \tag{2-124}$$

$$K_{1,\mathrm{L}}(r,\theta,z\mid\rho,\zeta)=\sum_{l=1}^{+\infty}\sum_{\nu=1}^{+\infty}2f_{1,l}^{(\nu N)}\cdot\cos(\nu N\theta_0) \tag{2-125}$$

$$\begin{aligned}K_{2,\mathrm{L}}(r,\theta,z\mid\rho,\zeta)=&\sum_{l=1}^{+\infty}\left(\sum_{\nu=1}^{\nu l}-2f_{2,l}^{(\nu N)}\cdot\frac{1}{\hat{\Omega}_l^{(\nu N)}}\cdot\exp(-\nu N\hat{\Omega}_l^{(\nu N)}\mid z-\zeta\mid)\right.\\&\cdot\sin\left\{\nu N\left[\theta_0+\frac{\omega}{\beta^2}(z-\zeta)\right]\right\}+\sum_{\nu=\nu l+1}^{+\infty}2f_{2,l}^{(\nu N)}\cdot\frac{1}{-\operatorname{sgn}(\omega)\hat{\Omega}_l^{(\nu N)}}\\&\left.\cdot\cos\left\{\nu N\left[\theta_0+\frac{\omega}{\beta^2}(z-\zeta)+\operatorname{sgn}(\omega)\hat{\Omega}_l^{(\nu N)}\mid z-\zeta\mid\right]\right\}\right)\end{aligned} \tag{2-126}$$

$$\begin{aligned}K_{3,\mathrm{L}}(r,\theta,z\mid\rho,\zeta)=&\sum_{l=1}^{+\infty}\left(\sum_{\nu=1}^{\nu l}2f_{3,l}^{(\nu N)}\cdot\exp(-\nu N\hat{\Omega}_l^{(\nu N)}\mid z-\zeta\mid)\right.\\&\cdot\cos\left\{\nu N\left[\theta_0+\frac{\omega}{\beta^2}(z-\zeta)\right]\right\}+\sum_{\nu=\nu l+1}^{+\infty}2f_{3,l}^{(\nu N)}\\&\left.\cdot\cos\left\{\nu N\left[\theta_0+\frac{\omega}{\beta^2}(z-\zeta)+\operatorname{sgn}(\omega)\hat{\Omega}_l^{(\nu N)}\mid z-\zeta\mid\right]\right\}\right)\end{aligned} \tag{2-127}$$

$$\begin{aligned}K_{4,\mathrm{L}}(r,\theta,z\mid\rho,\zeta)=&\sum_{l=1}^{+\infty}\left(\sum_{\nu=1}^{\nu l}2f_{4,l}^{(\nu N)}\cdot[-\operatorname{sgn}(z-\zeta)\omega\rho]\cdot\exp(-\nu N\hat{\Omega}_l^{(\nu N)}\mid z-\zeta\mid)\right.\\&\cdot\cos\left\{\nu N\left[\theta_0+\frac{\omega}{\beta^2}(z-\zeta)\right]\right\}+\sum_{\nu=1}^{\nu l}-2f_{4,l}^{(\nu N)}\cdot\frac{\left(-\frac{1}{\rho}+\frac{Ma^2\omega^2\rho}{\beta^2}\right)}{\hat{\Omega}_l^{(\nu N)}}\end{aligned}$$

$$
\begin{aligned}
&\cdot \exp\left(-\nu N\hat{\Omega}_l^{(\nu N)} \mid z-\zeta \mid\right) \cdot \sin\left\{\nu N\left[\theta_0 + \frac{\omega}{\beta^2}(z-\zeta)\right]\right\} \\
&+ \sum_{\nu=\nu l+1}^{+\infty} 2f_{4,l}^{(\nu N)} \cdot \left[\frac{-\dfrac{1}{\rho} + \dfrac{Ma^2\omega^2\rho}{\beta^2}}{-\operatorname{sgn}(\omega)\hat{\Omega}_l^{(\nu N)}} - \operatorname{sgn}(z-\zeta)\omega\rho\right] \\
&\cdot \cos\left\{\nu N\left[\theta_0 + \frac{\omega}{\beta^2}(z-\zeta) + \operatorname{sgn}(\omega)\hat{\Omega}_l^{(\nu N)} \mid z-\zeta \mid\right]\right\} \\
&+ f_{4,l}^{(0)} \cdot \left[-\operatorname{sgn}(z-\zeta)\omega\rho\right] \cdot \exp\left(-\Omega_l^{(0)} \mid z-\zeta \mid\right)\Bigg)
\end{aligned}
\tag{2-128}
$$

$$
\hat{\Omega}_l^{(\nu N)} = \sqrt{\left|\frac{1}{\beta^2}\left[\left(\kappa_l^{(\nu N)}\right)^2 - Ma^2\omega^2/\beta^2\right]\right|} \tag{2-129}
$$

$$
\kappa_l^{(\nu N)} = k_l^{(\nu N)} / \mid \nu N \mid \tag{2-130}
$$

$$
\begin{aligned}
f_{1,l}^{(\nu N)} = &-\frac{\sqrt{1+\omega^2\rho^2}}{2(1+\omega^2 r^2)} \cdot \frac{-N}{4\pi\beta^2} \cdot R_l^{(\nu N)}(\rho) R_l^{(\nu N)}(r) \\
&\cdot \left(\frac{1}{r} + \omega^2 r\right) \cdot \left(\frac{1}{\rho} + \omega^2\rho\right) \cdot \frac{-\left[1-\operatorname{sgn}(z-\zeta)\right]}{\left[\dfrac{\omega^2}{\beta^2} + \dfrac{\left(\kappa_l^{(\nu N)}\right)^2}{\beta^2}\right]}
\end{aligned}
\tag{2-131}
$$

$$
\begin{aligned}
f_{2,l}^{(\nu N)} = &-\frac{\sqrt{1+\omega^2\rho^2}}{2(1+\omega^2 r^2)} \cdot \frac{-N}{4\pi\beta^2} \cdot R_l^{(\nu N)}(\rho) R_l^{(\nu N)}(r) \\
&\cdot \left(\frac{1}{r} + \omega^2 r\right) \cdot \frac{\left[-\dfrac{1}{\rho} \cdot \dfrac{\omega}{\beta^2} + \dfrac{\omega\rho}{\beta^2} \cdot \left(\kappa_l^{(\nu N)}\right)^2\right]}{\left[\dfrac{\omega^2}{\beta^2} + \dfrac{\left(\kappa_l^{(\nu N)}\right)^2}{\beta^2}\right]}
\end{aligned}
\tag{2-132}
$$

$$
\begin{aligned}
f_{3,l}^{(\nu N)} = &-\frac{\sqrt{1+\omega^2\rho^2}}{2(1+\omega^2 r^2)} \cdot \frac{-N}{4\pi\beta^2} \cdot R_l^{(\nu N)}(\rho) R_l^{(\nu N)}(r) \\
&\cdot \left(\frac{1}{r} + \omega^2 r\right) \cdot \left(\frac{1}{\rho} + \omega^2\rho\right) \cdot \frac{-\operatorname{sgn}(z-\zeta)}{\left[\dfrac{\omega^2}{\beta^2} + \dfrac{\left(\kappa_l^{(\nu N)}\right)^2}{\beta^2}\right]}
\end{aligned}
\tag{2-133}
$$

$$
f_{4,l}^{(\nu N)} = -\frac{\sqrt{1+\omega^2\rho^2}}{2(1+\omega^2 r^2)} \cdot \frac{-N}{4\pi\beta^2} \cdot R_l^{(\nu N)}(\rho) R_l^{(\nu N)}(r) \cdot (-\omega r) \tag{2-134}
$$

式中，νl 为给定的 l 数下，核函数为轴向衰减模态时波数 ν 的最大值(图 2－15)。

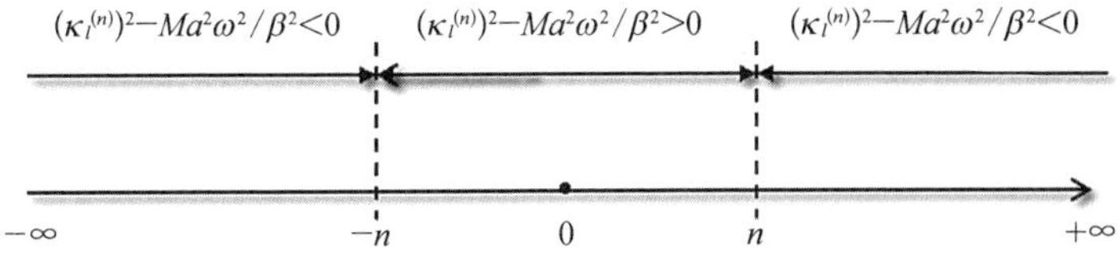

图 2－15 给定 l 数下核函数轴向非衰减模态和轴向衰减模态对应的波数 n 范围

2) 厚度诱导下洗角核函数

对于叶片厚度的作用，在机翼问题中，由于分布在机翼平面上的点源在机翼平面上诱导的下洗速度为零，故在分析载荷分布问题中不用考虑机翼厚度的影响。而在螺旋桨、桨扇问题中，由于桨叶的径向扭曲和桨叶间的相互作用，则应考虑厚度的影响。点源在流场中诱导的下洗速度可由扰动速度势 Φ 沿螺旋面法向的导数得到

$$w_{n,T}(r,\theta,z)=\frac{1}{\sqrt{1+\omega^2r^2}}\cdot\left(\frac{\partial}{r\partial\theta}-\omega r\frac{\partial}{\partial z}\right)\Phi(r,\theta,z)\Bigg|_{\theta=\theta_0+\omega z} \tag{2-135}$$

由于 Φ 与扰动压力满足同样形式的微分方程和边界条件：

$$\begin{cases}\left(\nabla^2-Ma^2\dfrac{\mathrm{D}_0^2}{\mathrm{D}t^2}\right)\Phi=0\\ \dfrac{\partial\Phi}{\partial r}=0,\text{在 } r=r_{\mathrm{H}}\text{ 处};\Phi=0,\text{当 } r=+\infty\text{ 时}\end{cases} \tag{2-136}$$

它们的基本解 G、G_C 形式相同，通过格林函数法有

$$\Phi(r,\theta,z)=\iint_S Q(\rho,\zeta)\cdot G_C(r,\theta,z\mid\rho,\varphi,\zeta)\big|_{\varphi=\omega\zeta}\mathrm{d}S \tag{2-137}$$

式中，$Q(\rho,\zeta)$ 为体现桨叶厚度影响的源项，和机翼理论中类似，有

$$Q(\rho,\zeta)=2U\sqrt{1+\omega^2\rho^2}\cdot S_u(\rho,\zeta) \tag{2-138}$$

其中，$S_u(\rho,\zeta)$ 为桨叶当地厚度分布沿弦向导数的一半。桨叶厚度分布诱导的下洗角的积分方程为

$$\alpha_{\mathrm{T}}(r,\theta,z)=\iint_S S_u(\rho,\zeta)\cdot K_{\mathrm{T}}(r,\theta,z\mid\rho,\zeta)\cdot\mathrm{d}S \tag{2-139}$$

其中，$K_{\mathrm{T}}(r,\theta,z\mid\rho,\zeta)$ 为厚度诱导下洗角核函数，表示为

$$
\begin{aligned}
K_{\mathrm{T}}(r,\ \theta,\ z\mid\rho,\ \zeta)=&\sum_{l=1}^{+\infty}\sum_{\nu=1}^{\nu l}-2f_l^{(\nu N)}\cdot\frac{\left(\dfrac{1}{r}-\dfrac{Ma^2\omega^2 r}{\beta^2}\right)}{\hat{\Omega}_l^{(\nu N)}}\cdot\exp(-\nu N\hat{\Omega}_l^{(\nu N)}\mid z-\zeta\mid)\\
&\cdot\sin\left\{\nu N\left[\theta_0+\frac{\omega}{\beta^2}(z-\zeta)\right]\right\}+\sum_{l=1}^{+\infty}\sum_{\nu=1}^{\nu l}2f_l^{(\nu N)}\cdot[\omega r\cdot\mathrm{sgn}(z-\zeta)]\\
&\cdot\exp(-\nu N\hat{\Omega}_l^{(\nu N)}\mid z-\zeta\mid)\cdot\cos\left\{\nu N\left[\theta_0+\frac{\omega}{\beta^2}(z-\zeta)\right]\right\}\\
&+\sum_{l=1}^{+\infty}\sum_{\nu=\nu l+1}^{+\infty}2f_l^{(\nu N)}\cdot\left[\frac{\dfrac{1}{r}-\dfrac{Ma^2\omega^2 r}{\beta^2}}{-\mathrm{sgn}(\omega)\hat{\Omega}_l^{(\nu N)}}+\omega r\cdot\mathrm{sgn}(z-\zeta)\right]\\
&\cdot\cos\left\{\nu N\left[\theta_0+\frac{\omega}{\beta^2}(z-\zeta)+\mathrm{sgn}(\omega)\hat{\Omega}_l^{(\nu N)}\mid z-\zeta\mid\right]\right\}\\
&+\sum_{l=1}^{+\infty}f_l^{(0)}\cdot[\omega r\cdot\mathrm{sgn}(z-\zeta)]\cdot\exp(-\Omega_l^{(0)}\mid z-\zeta\mid)
\end{aligned}
\tag{2-140}
$$

$$
f_l^{(\nu N)}=\frac{2\sqrt{1+\omega^2\rho^2}}{1+\omega^2 r^2}\cdot\frac{-N}{4\pi\beta^2}\cdot R_l^{(\nu N)}(\rho)R_l^{(\nu N)}(r) \tag{2-141}
$$

2. 核函数升力面积分

本小节反问题计算中核函数 K_{L}、K_{T} 的升力面积分式(2－124)、式(2－140)被分解为弦向积分和展向积分分别处理:

$$
K_{\mathrm{ci,\ L}}(\rho\mid r,\ z)=\int_{z_{\mathrm{L}}(\rho)}^{z_{\mathrm{T}}(\rho)}\Delta C_p(\rho,\ \zeta)\cdot K_{\mathrm{L}}(r,\ z\mid\rho,\ \zeta)\cdot\mathrm{d}\zeta \tag{2-142}
$$

$$
K_{\mathrm{ci,\ T}}(\rho\mid r,\ z)=\int_{z_{\mathrm{L}}(\rho)}^{z_{\mathrm{T}}(\rho)}S_u(\rho,\ \zeta)\cdot K_{\mathrm{T}}(r,\ z\mid\rho,\ \zeta)\cdot\mathrm{d}\zeta \tag{2-143}
$$

$$
\alpha(r,\ z)=\int_{r_{\mathrm{H}}}^{r_{\mathrm{T}}}[K_{\mathrm{ci,\ L}}(\rho\mid r,\ z)+K_{\mathrm{ci,\ T}}(\rho\mid r,\ z)]\cdot\mathrm{d}\rho \tag{2-144}
$$

核函数的计算精度对下洗角及设计的桨叶有较大影响,为解决大相对来流马赫数情况中核函数弦向积分的值沿弦向异常跳动的问题,采取了解析处理核函数的弦向积分的方法。气动反问题设计中,一般需指定桨叶载荷分布和厚度分布,本小节通过给定各基元上弦向载荷分布和厚度分布的解析式,然后解析处理核函数关于源点的弦向积分式(2－142)、式(2－143)。图2－16显示,该方式得到的核函数 K_{L} 的弦向积分 $K_{\mathrm{ci,\ L}}$ 对于场点弦向位置充分光滑。计算又表明,核函数 K_{T} 的弦向积分 $K_{\mathrm{ci,\ T}}$ 在该处理后仍存在上述问题,故在大来流马赫数、大径向位置的 $K_{\mathrm{ci,\ T}}$

计算中,先对 K_T 进行关于场点弦向位置的积分平均的解析处理:

$$K_{T,\,ave}(r,\,z\mid\rho,\,\zeta)=\frac{1}{2\Delta z}\int_{z-\Delta z}^{z+\Delta z}K_T(r,\,z\mid\rho,\,\zeta)\cdot dz \tag{2-145}$$

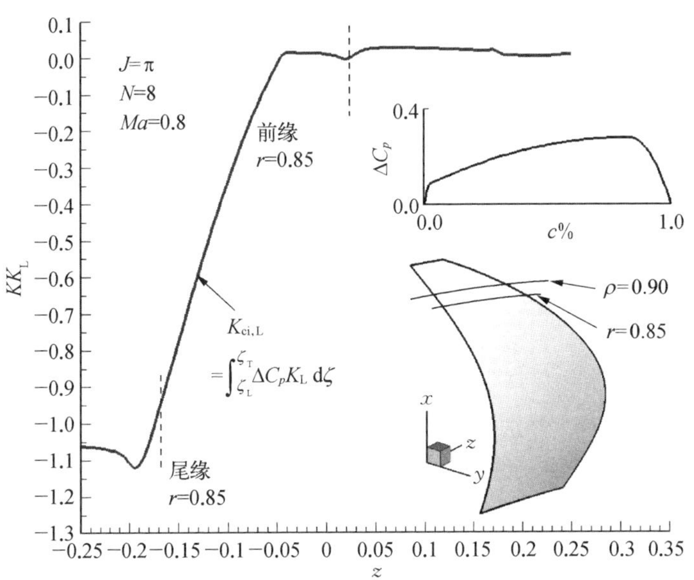

图 2-16　载荷-下洗角核函数的升力面弦向积分

核函数的展向积分中[式(2-144)], K_L 中的 $K_{1,\,L}$ 部分在 $r\to\rho$ 时存在二阶奇异性,和机翼理论中的展向积分一样,将积分区间分为非奇异区间和奇异区间(图 2-17)。非奇异区间中径向积分通过复化梯形公式求解。奇异区间中的非奇异部分也采用该方式,奇异区间中的奇异项积分则根据"无限积分的有限部分"的概念进行计算。值得注意,奇异区间的宽度对积分结果的影响非常显著,这由靠近奇异点侧梯形公式的误差所引起。计算表明梯形公式中结点宽度取 1%桨尖半径时,奇异区间宽度取 6%就可正确收敛。

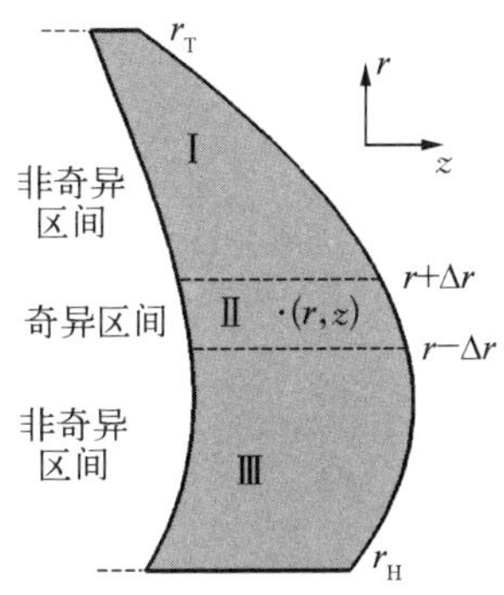

图 2-17　核函数升力面展向积分中非奇异区间和奇异区间

对于建立的桨扇可压升力面理论模型的近似性,其主要来自三方面: ① 控制方程的小扰动线性化假设与实际流动的差异;② 核函数的升力面积分式(2-123)、式(2-139)中反映桨叶载荷分布、桨叶厚度分布的压力偶极子、点源均分布在由远前方未受扰动相对流动矢量定义的螺旋面上而非真实桨叶中弧面上;③ 下洗速度方程式(2-122)中积分路径为远前方流体微团流线而未考虑桨盘前的激起速度场。

3. 流动损失对下洗角的修正模型

和大多数基于可压升力面理论的螺旋桨、压气机气动分析方法一样，桨叶边界层和轮毂边界层之外的流动区域中采用的小扰动线性化控制方程中没有引入黏性项和损失项。对于黏性和激波产生的流动损失在叶片反问题设计中所起的主要影响，一方面是把气流的机械能耗散为热能，影响压力势能和动能间的转化；另一方面叶片附面层的存在及增长会改变气流的出气角，从而影响叶片的做功能力。

本小节构造了一种反问题设计中的流动损失模型来考虑上述影响。在旋转坐标系下，沿远前方未受扰动流线的、考虑了沿程损失的伯努利方程，其小扰动简化后可表示为

$$\frac{k}{k-1}\frac{\tilde{p}}{\rho_0}+W_0\cdot\widetilde{W}_l+L_f=0 \tag{2-146}$$

其中，假设未受扰动流线位于圆柱面上，k 为多变指数，L_f 为考虑黏性及激波影响后的沿程损失，W_0、$\widetilde{W}_l$ 分别为旋转坐标系中远前方未受扰动速度和小扰动速度。设想，为使有黏情况下沿流线扰动速度的变化和无黏理想情况下的一样，在基于无黏假设的反问题设计中，实际过程沿流线耗散掉的机械能应被追加到扰动压力中：

$$\tilde{p}_{\mathrm{m}}=\tilde{p}+\rho_0\cdot\frac{k-1}{k}\cdot L_f \tag{2-147}$$

将式(2-146)代入式(2-147)，整理后可得

$$\alpha_{\mathrm{L,\,m}}=\alpha_{\mathrm{L}}+\frac{-1}{U^2}\cdot\frac{1}{\sqrt{1+\omega^2r^2}}\cdot\frac{k-1}{k}\cdot\int_{+\infty}^{z}\frac{\partial L_f}{\partial n}\mathrm{d}z \tag{2-148}$$

式中，$\partial L_f/\partial n$ 为沿程损失的法向梯度项，将其近似处理为

$$\frac{\partial L_f}{\partial n}\approx\frac{1}{\rho_0}\frac{2\Delta p_{\mathrm{r}}^*}{t} \tag{2-149}$$

其中，t 为栅距；Δp_{r}^* 为基元桨叶通道中平均相对总压损失。Δp_{r}^* 的值可通过插值得到，进口为零，出口为 $\Delta p_{\mathrm{r,\,out}}^*$，可表示为

$$\Delta p_{\mathrm{r,\,out}}^*=\varpi_{\mathrm{loss}}\cdot(p_{\mathrm{r,\,in}}^*-p_{\mathrm{in}}) \tag{2-150}$$

式中，ϖ_{loss} 为损失系数，类似风扇、压气机设计问题中 D 因子损失模型和激波损失模型，这里ϖ_{loss} 的选取也应基于大量实验，但由于目前缺乏专门的叶栅试验数据，因此根据压气机设计经验进行给定，也能满足精度要求。

2.3.4 对转桨扇反问题设计理论及方法

对转桨扇推进器,由于后排转子的反向旋转作用,前排转子后的滑流经过后排转子后可转为轴向气流。前排转子产生的周向动能这部分没有转变为推进功,可通过后排转子得以重新利用,故对转桨扇推进器推进效率可进一步提高。对转桨扇相比单转子桨扇,设计自由度多、控制自由度也多,例如总体设计中,桨盘面积、前/后桨的桨叶数、桨盘间距、设计点的功率比、转速比、非设计点的调节规律等的选择都对充分挖掘对转桨的高推进效率有重要影响。当然,这些选择还应考虑结构强度、气动噪声、传动装置等的要求。

本小节将发展的单转子桨扇反问题设计方法进一步推广至对转桨扇反问题气动设计方法。对转桨扇中,两排桨叶间存在相对运动,前排稀疏桨叶对后排的"阵风"效应,加上桨叶尾迹、桨尖涡流的相对运动,流动非定常性明显。在对转桨扇气动设计方法研究中,邻排桨对本排桨的作用只考虑其相应的周向平均效果。这种处理方式是一种近似,类似叶轮机械数值模拟中转、静交界面的周向平均"掺混面"处理方式。

根据线性化理论,流场中各场点处的诱导速度可由前、后排桨各自的诱导速度矢量叠加得到。对于对转桨扇问题做以下定义:反问题设计中场点位于桨叶螺旋参考面上,对于任一场点,本小节称该场点所位于的螺旋参考面所对应的桨扇转子为本排桨 j, 其他桨扇转子的称为邻排桨 i。图 2-18 为对转桨扇气动设计中选取的坐标系示意图。

本排桨诱导速度计算中,旋转坐标系固定在本排桨转子 j 上,以角速度 ω_j 绕 z 轴旋转,同时以速度 U_j 前进。当本排桨为前排桨时, ω_j 为前排桨的旋转角速度 ω_1, U_j 为飞行速度 U。当本排桨为后排桨时,考虑到前排桨对气流的做功会改变其出口气流绝对速度的大小和方向,使后排桨的来流偏离远前方来流。为提高小扰动假设应用于后桨流动中的精度,此时令旋转坐标系的 ω_j 等于后桨转速 ω_2 与前桨后气流的诱导角速度之和,令 U_j 等于飞行速度 U 与前桨后气流的轴向诱导速度之和。前排桨诱导的速度和角速度通过理想螺旋桨激盘理论得到。

本排桨载荷诱导的下洗速度、厚度诱导的下洗速度即为单转子桨扇的情况。本排桨载荷、厚度诱导下洗角核函数即分别是式(2-124)、式(2-140),为统一符号,本排桨载荷诱导下洗角核函数记为 $K_{\mathrm{L},j}(r, \theta, z \mid \rho, \zeta)$,本排桨厚度诱导下洗角核函数记为 $K_{\mathrm{T},j}(r, \theta, z \mid \rho, \zeta)$。

邻排桨诱导速度计算中,旋转坐标系固定于邻排转子 i 上,以角速度 ω_i 绕 z 轴旋转,同时以速度 U_i 前进。当邻排桨分别为前排桨和后排桨时, ω_i 和 U_i 的取值分别类似于本排桨中的相应情况下的取值。

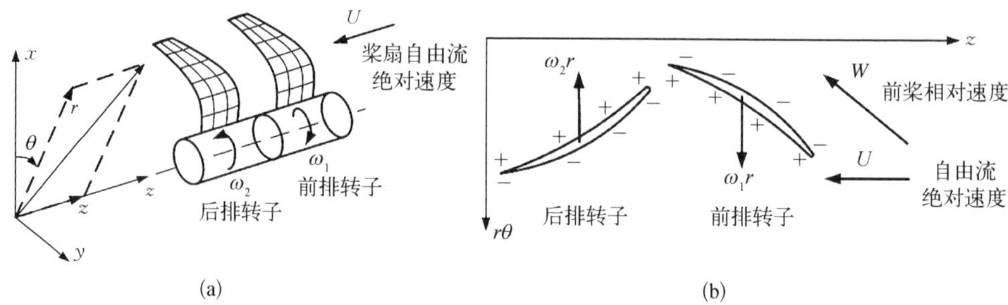

图 2-18　对转桨扇坐标系示意图

1. 邻排桨诱导下洗角核函数及其升力面积分

1) 邻排桨载荷诱导下洗角核函数

固定于邻排桨 i 的旋转坐标系中,沿本排桨螺旋参考面法向 n_j 的定常小扰动动量方程有

$$\omega_i \frac{\partial \tilde{W}_{i,nj}}{\partial \theta} + U_i \frac{\partial \tilde{W}_{i,nj}}{\partial z} = \frac{1}{\rho_0} \frac{\partial \tilde{p}_i}{\partial n_j} \tag{2-151}$$

上式可表示为

$$\frac{\partial \tilde{W}_{i,nj}}{\partial l_i} = \frac{1}{\rho_0 \sqrt{U_i^2 + \omega_i^2 r^2}} \frac{\partial \tilde{p}_i}{\partial n_j} \tag{2-152}$$

其中,$\partial/\partial l_i$ 表示沿邻排桨 i 来流螺旋线方向 l_i 的方向导数,上式沿 l_i 的路径积分有

$$\tilde{W}_{i,nj} = \frac{-1}{\rho_0 U_i} \int_{+\infty}^{z} \left. \frac{\partial \tilde{p}_i}{\partial n_j} \right|_{\theta=\theta_0+\omega_i z/U_i} \mathrm{d}z \tag{2-153}$$

将 $\partial/\partial n_j$ 代入,同时 $\alpha_{i,nj} = \tilde{W}_{i,nj}/\sqrt{U_j^2 + \omega_j^2 r^2}$,有

$$\alpha_{i,nj} = \frac{-U_j/U_i}{\rho_0 (U_j^2 + \omega_j^2 r^2)} \cdot \int_{+\infty}^{z} \left(\frac{\partial \tilde{p}_i}{r \partial \theta} - \frac{\omega_j r}{U_j} \frac{\partial \tilde{p}_i}{\partial z} \right)_{\theta=\theta_0+\omega_i z/U_i} \mathrm{d}z \tag{2-154}$$

将上式无量纲化:$\bar{r} = r/r_{\mathrm{T},i}$,$\bar{z} = z/r_{\mathrm{T},i}$,$\bar{\omega} = \omega r_{\mathrm{T},i}/U_i$,$\bar{U} = U/U_i$,再忽略无量纲量上划线及小扰动量波浪线,其周向平均的形式可表示为

$$\alpha_{i,nj}^{(\mathrm{ave})} = \frac{-1}{\rho_0 U_{i,\dim}^2} \cdot \frac{U_j}{(U_j^2 + \omega_j^2 r^2)} \cdot \int_{+\infty}^{z} \left(\frac{\partial p_i^{(\mathrm{ave})}}{r \partial \theta} - \frac{\omega_j r}{U_j} \frac{\partial p_i^{(\mathrm{ave})}}{\partial z} \right)_{\theta=\theta_0+\omega_i z} \mathrm{d}z \tag{2-155}$$

其中,$U_{i,\dim}$ 为有量纲速度,p_i 为旋转坐标系 i 中的扰动压力场,其与式(2-121)有

相同的形式，$p_i^{(\text{ave})}$ 为其周向平均值。对于双重级数形式表示的 p_i，其中 n 序列是求解基本解时傅里叶变换留下的周向波数，可以证明周向波数 $n=0$ 的模态为其周向平均值。故旋转坐标系 i 中邻排桨载荷诱导的小扰动压力的周向平均值 $p_i^{(\text{ave})}$ 可表示为

$$p_i^{(\text{ave})}(r,z)=\iint_{S_i}\Delta p_i(\rho,\zeta)\cdot\sum_{l=1}^{+\infty}\frac{1}{\sqrt{1+\omega_i^2\rho^2}}\cdot\frac{-N}{4\pi\beta_i^2}\cdot R_l^{(0)}(\rho)R_l^{(0)}(r)\cdot\exp(-\Omega_l^{(0)}\mid z-\zeta\mid)\cdot[-\operatorname{sgn}(z-\zeta)\omega_i\rho]\,\mathrm{d}S \tag{2-156}$$

注意到 $p_i^{(\text{ave})}$ 与 θ 无关，式(2－155)中 $\partial p_i^{(\text{ave})}/(r\partial\theta)$ 项为零，式(2－156)代入式(2－155)中整理后可表示为

$$\alpha_{\mathrm{L},i}^{(\text{ave})}(r,z)=\iint_{S_i}\Delta C_{p,i}(\rho,\zeta)\cdot K_{\mathrm{L},i}^{(\text{ave})}(r,z\mid\rho,\zeta)\,\mathrm{d}S \tag{2-157}$$

邻排桨载荷影响核函数 $K_{\mathrm{L},i}^{(\text{ave})}(r,z\mid\rho,\zeta)$ 为

$$K_{\mathrm{L},i}^{(\text{ave})}(r,z\mid\rho,\zeta)=\sum_{l=1}^{+\infty}f_l^{(0)}\cdot\exp(-\Omega_l^{(0)}\mid z-\zeta\mid)\cdot[-\operatorname{sgn}(z-\zeta)\cdot\omega_i\rho] \tag{2-158}$$

$$f_l^{(0)}=-\frac{\sqrt{1+\omega_i^2\rho^2}}{2(U_j^2+\omega_j^2r^2)}\cdot\frac{-N_i}{4\pi\beta_i^2}\cdot R_l^{(0)}(\rho)R_l^{(0)}(r)\cdot(-\omega_j r) \tag{2-159}$$

载荷影响核函数在升力面积分中的具体处理为

$$\alpha_{\mathrm{L},i}^{(\text{ave})}(r,z)=\int_{r_{\mathrm{H},i}}^{r_{\mathrm{T},i}}K_{\mathrm{ci},\mathrm{L},i}^{(\text{ave})}(\rho\mid r,z)\,\mathrm{d}\rho \tag{2-160}$$

$$K_{\mathrm{ci},\mathrm{L},i}^{(\text{ave})}(\rho\mid r,z)=\sum_{l=1}^{+\infty}IK_{\mathrm{L}}^{(\text{ave})} \tag{2-161}$$

$$IK_{\mathrm{L}}^{(\text{ave})}=\frac{1+\omega_i^2\rho^2}{2(U_j^2+\omega_j^2r^2)}\cdot\frac{-N}{4\pi\beta_i^2}\cdot R_l^{(0)}(\rho)R_l^{(0)}(r)\cdot(-\omega_j r)\cdot I_{\mathrm{L}}^{(\text{ave})} \tag{2-162}$$

$$I_{\mathrm{L}}^{(\text{ave})}=\int_{z_{\mathrm{L},i}}^{z_{\mathrm{T},i}}\Delta C_{p,i}\cdot[-\operatorname{sgn}(z-\zeta)\cdot\omega_i\rho]\cdot\exp(-\Omega_l^{(0)}\mid z-\zeta\mid)\,\mathrm{d}\zeta \tag{2-163}$$

邻排桨诱导的下洗速度计算中，流动损失对下洗角影响的损失模型，与第2.3.3节第1小节中所述的本排桨中的模型一样，根据沿邻排桨来流流线的、考虑了沿程损失的伯努利方程式(2－146)，把实际过程沿流线耗散掉的机械能追加到扰动压力 p_i 式(2－156)中，整理后可得流动损失修正后的邻排桨载荷诱导下洗角 $\alpha_{\mathrm{L},\,i,\,\mathrm{m}}^{(\mathrm{ave})}$：

$$\alpha_{\mathrm{L},\,i,\,\mathrm{m}}^{(\mathrm{ave})} = \alpha_{\mathrm{L},\,i}^{(\mathrm{ave})} + \frac{-1}{U_{\mathrm{dim},\,i}^{2}\sqrt{U_j^2 + \omega_j^2 r^2}} \cdot \frac{k-1}{k} \cdot \int_{+\infty}^{z} \frac{\partial L_{f,\,i}}{\partial n}\mathrm{d}z \tag{2－164}$$

2）邻排桨厚度诱导下洗角核函数

邻排桨厚度分布在本排桨螺旋参考面上诱导的下洗速度，可通过邻排桨厚度分布诱导的扰动速度势 $\tilde{\Phi}_i$ 沿本排桨螺旋参考面的法向求导得到，下洗角 $\alpha_{i,\,nj}$ 表示为

$$\alpha_{i,\,nj} = \frac{1}{\sqrt{U_j^2 + \omega_j^2 r^2}} \frac{\partial \tilde{\Phi}_i}{\partial n_j} \tag{2－165}$$

无量纲化：$\bar{r} = r/r_{\mathrm{T},\,i}$，$\bar{z} = z/r_{\mathrm{T},\,i}$，$\bar{\omega} = \omega r_{\mathrm{T},\,i}/U_i$，$\bar{U} = U/U_i$，再忽略无量纲量上划线及小扰动量波浪线，其周向平均的形式可表示为

$$\alpha_{i,\,nj}^{(\mathrm{ave})} = \frac{1}{U_{i,\,\mathrm{dim}}\sqrt{U_j^2 + \omega_j^2 r^2}} \frac{\partial \Phi_i^{(\mathrm{ave})}}{r_{\mathrm{T},\,i,\,\mathrm{dim}}\partial n_j} \tag{2－166}$$

Φ_i 与式(2－137)中本排桨厚度分布诱导的扰动速度势 Φ_j 有相同的形式，其周向平均值 $\Phi_i^{(\mathrm{ave})}$ 等于 Φ_i 中周向波数 $n = 0$ 模态对应的部分。故 $\Phi_i^{(\mathrm{ave})}$ 可表示为

$$\Phi_i^{(\mathrm{ave})}(r,\, z \mid \rho,\, \zeta) = \iint_{S_i} Q_i(\rho,\, \zeta) \cdot G_{C,\,\mathrm{T},\,i}^{(\mathrm{ave})}(r,\, z \mid \rho,\, \zeta) \cdot r_{\mathrm{T},\,i,\,\mathrm{dim}}\mathrm{d}S \tag{2－167}$$

$$G_{C,\,\mathrm{T},\,i}^{(\mathrm{ave})}(r,\, z \mid \rho,\, \zeta) = \frac{-N}{4\pi\beta_i^2}\sum_{l=1}^{+\infty} R_l^{(0)}(\rho) R_l^{(0)}(r) \cdot \frac{1}{\Omega_l^{(0)}} \cdot \exp(-\Omega_l^{(0)} \mid z - \zeta \mid) \tag{2－168}$$

式(2－167)、式(2－168)代入式(2－166)，下洗角可整理为

$$\alpha_{\mathrm{T},\,i}^{(\mathrm{ave})}(r,\, z) = \iint_{S_i} S_{u,\,i}(\rho,\, \zeta) \cdot K_{\mathrm{T},\,i}^{(\mathrm{ave})}(r,\, z \mid \rho,\, \zeta)\mathrm{d}S \tag{2－169}$$

邻排桨厚度影响核函数 $K_{\mathrm{T},i}^{(\mathrm{ave})}(r, z \mid \rho, \zeta)$ 为

$$K_{\mathrm{T},i}^{(\mathrm{ave})}(r, z \mid \rho, \zeta) = \sum_{l=1}^{+\infty} f_l^{(0)} \cdot [\mathrm{sgn}(z-\zeta) \cdot \omega_j r] \cdot \exp(-\Omega_l^{(0)} \mid z-\zeta \mid) \tag{2-170}$$

$$f_l^{(0)} = \frac{2\sqrt{1+\omega_i^2\rho^2}}{U_j^2+\omega_j^2 r^2} \cdot \frac{-N_i}{4\pi\beta_i^2} \cdot R_l^{(0)}(\rho) R_l^{(0)}(r) \tag{2-171}$$

厚度影响核函数在升力面积分中的具体处理为

$$\alpha_{\mathrm{T},i}^{(\mathrm{ave})}(r, z) = \int_{r_{\mathrm{H},i}}^{r_{\mathrm{T},i}} K_{\mathrm{ci},\mathrm{T},i}^{(\mathrm{ave})}(\rho \mid r, z) \mathrm{d}\rho \tag{2-172}$$

$$K_{\mathrm{ci},\mathrm{T},i}^{(\mathrm{ave})}(\rho \mid r, z) = \sum_{l=1}^{+\infty} IK_{\mathrm{T}}^{(\mathrm{ave})} \tag{2-173}$$

$$IK_{\mathrm{T}}^{(\mathrm{ave})} = \frac{-2(1+\omega_i^2\rho^2)}{U_j^2+\omega_j^2 r^2} \cdot \frac{-N}{4\pi\beta_i^2} \cdot R_l^{(0)}(\rho) R_l^{(0)}(r) \cdot I_{\mathrm{T}}^{(\mathrm{ave})} \tag{2-174}$$

$$I_{\mathrm{T}}^{(\mathrm{ave})} = \int_{z_{\mathrm{L},i}}^{z_{\mathrm{T},i}} S_{u,i} \cdot [\mathrm{sgn}(z-\zeta) \cdot \omega_j r] \cdot \exp(-\Omega_l^{(0)} \mid z-\zeta \mid) \mathrm{d}\zeta \tag{2-175}$$

邻排桨诱导核函数 $K_{\mathrm{L},i}^{(\mathrm{ave})}$、$K_{\mathrm{T},i}^{(\mathrm{ave})}$ 类似本排桨诱导核函数 $K_{\mathrm{L},j}$、$K_{\mathrm{T},j}$ 的周向波数 $n=0$ 的模态,不存在 $K_{\mathrm{L},j}$、$K_{\mathrm{T},j}$ 中计算量大的周向传播模态。因此: ① $K_{\mathrm{L},i}^{(\mathrm{ave})}$、$K_{\mathrm{T},i}^{(\mathrm{ave})}$ 的计算量远小于 $K_{\mathrm{L},j}$、$K_{\mathrm{T},j}$; ② $K_{\mathrm{L},i}^{(\mathrm{ave})}$、$K_{\mathrm{T},i}^{(\mathrm{ave})}$ 不存在"大来流马赫数、大径向位置处……核函数值关于场点或源点弦向位置异常敏感的情况",同时其在升力面展向积分中也不存在奇异积分的问题,因此, $K_{\mathrm{L},i}^{(\mathrm{ave})}$、$K_{\mathrm{T},i}^{(\mathrm{ave})}$ 的弦向积分和展向积分中采用一般的数值积分算法即可。

3) 对转桨扇中下洗角计算

根据叠加原理,对转桨扇中,任一场点处,由前、后排桨诱导总的下洗角可表示为

$$\alpha = \alpha_{\mathrm{L},j,\mathrm{m}} + \alpha_{\mathrm{T},j} + \alpha_{\mathrm{L},i,\mathrm{m}}^{(\mathrm{ave})} + \alpha_{\mathrm{T},i}^{(\mathrm{ave})} \tag{2-176}$$

对于图 2-18 所示的坐标系统,桨扇沿 z 轴正向飞行(即来流相对桨扇沿 z 轴负方向),前桨绕 z 轴正转、后桨绕 z 轴反转(右手坐标系),按照推导中所选取的螺旋面法向正方向,前桨上分布的压力偶极子为正、源项为正,后桨上分布的压力偶极子为负、源项为正(表 2-1)。

表 2-1 对转桨扇坐标系中转速、压力偶极子和源的正、负号

前/后桨	ω	$\Delta p = p^{+} - p^{-}$	$Q \propto \partial S_u/(\partial c\%)$
前桨	>0	$+\Delta p$（与 ω 同号）	$+Q$（均为正）
后桨	<0	$-\Delta p$（与 ω 同号）	$+Q$（均为正）

2. 前排桨对后排桨来流影响在后排桨中弧面造型中的修正

升力面法下洗角计算中，通过螺旋参考面上分布的点源和偶极子来代替桨叶的作用。对于后桨，该螺旋参考面是由前桨后气流的激盘平均轴向速度和激盘平均角速度所定义。而在后桨的中弧面造型中，由该方式定义螺旋参考面则过于粗糙。对前桨各不同径向位置处的基元取控制体，评估其出口气流沿径向变化的周向平均轴向速度和周向平均周向速度，并以此速度矢量定义后桨的螺旋参考面。气流通过前桨后激起的周向速度 ΔV_u、轴向速度 ΔV_a 分别为

$$\Delta V_u(r) = \frac{N}{\rho_0 U 2\pi r} \cdot \frac{1}{2}\rho_0 V_{0,\text{rel}}^2 \cdot \int_0^1 \Delta C_p(r,\bar{c})\,\mathrm{d}\bar{c} \cdot c(r) \cdot \left(\frac{U}{V_{0,\text{rel}}} + \tan\theta \cdot \frac{\omega r}{V_{0,\text{rel}}} + \varepsilon \cdot \frac{\omega r}{V_{0,\text{rel}}}\right) \tag{2-177}$$

$$\Delta V_a(r) = \frac{N}{\rho_0 U 2\pi r} \cdot \frac{1}{2}\rho_0 V_{0,\text{rel}}^2 \cdot \int_0^1 \Delta C_p(r,\bar{c})\,\mathrm{d}\bar{c} \cdot c(r) \cdot \left(\frac{\omega r}{V_{0,\text{rel}}} - \tan\theta \cdot \frac{U}{V_{0,\text{rel}}} - \varepsilon \cdot \frac{U}{V_{0,\text{rel}}}\right) - \frac{\Delta p(r)}{\rho_0 U} \tag{2-178}$$

上式中各符号的含义同式(2-92)中的相同，Δp 为前桨桨盘后与桨盘前的静压差。当然，该方式修正后，后排桨螺旋参考面已不再是严格螺旋面，其不同半径处的进距不是定值。

2.3.5 桨叶造型方法

桨叶的积叠方式有多种，此处造型选择重心积叠，实际处理中把桨叶中弧线的中点近似认为是基元叶型的重心。中弧面由轮毂到桨尖的一族从前缘到尾缘的位于圆柱面上的中弧线构成，中弧线由式(2-179)所示的分段表达式给出，其中各段中的系数 a_i、b_i 和 c_i 为待确定量，由升力面积分中得到的下洗角 α 以及流动切向条件确定。具体通过式(2-180)、式(2-181)确定。

$$\begin{cases} r = r_0 \\ \theta = a_i \cdot z^2 + b_i \cdot z + c_i \quad (i = 1\cdots) \end{cases} \tag{2-179}$$

$$\begin{cases} \alpha' = \dfrac{-\cos\varphi_0 + \sin\varphi_0 \cdot \alpha}{-\sin\varphi_0 - \cos\varphi_0 \cdot \alpha} = \dfrac{\omega \cdot r - \alpha}{1 + \omega \cdot r \cdot \alpha} \\ \alpha' = \dfrac{\mathrm{d}s}{\mathrm{d}z} = \lim\limits_{\Delta z \to 0} \dfrac{[\theta(z + \Delta z) - \theta(z)] \cdot r_0}{\Delta z} = r_0 \cdot (2a_i \cdot z + b_i) \end{cases} \tag{2-180}$$

$$\begin{cases} \theta_i = a_i \cdot z_i^2 + b_i \cdot z_i + c_i \\ \theta_{i+1} = a_i \cdot z_{i+1}^2 + b_i \cdot z_{i+1} + c_i \\ \alpha'_i = r_0 \cdot (2a_i \cdot z_i + b_i) \\ \alpha'_{i+1} = r_0 \cdot (2a_i \cdot z_{i+1} + b_i) \\ \theta_{i+1} - \theta_{i+1}^* = -\dfrac{1}{\omega r_0^2} \cdot (z_{i+1} - z_{i+1}^*) \end{cases} \tag{2-181}$$

式(2－181)中已知 θ_i、z_i、α'_i、α'_{i+1}、θ_{i+1}^* 和 z_{i+1}^*，求解 θ_{i+1}、z_{i+1}、a_i、b_i 和 c_i，其中 $(\theta_{i+1}^*, z_{i+1}^*)$ 为螺旋参考面上点的坐标，如图 2－19(b)所示。式(2－181)可通过迭代法求解。

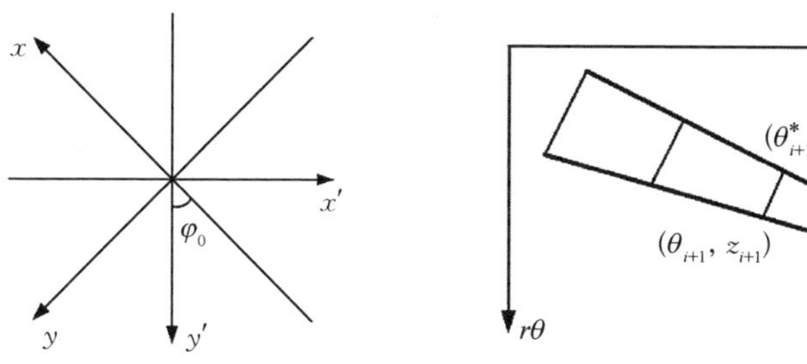

(a) 螺旋坐标系下导数与柱坐标系下导数的变换　　(b) 中弧面求解示意图

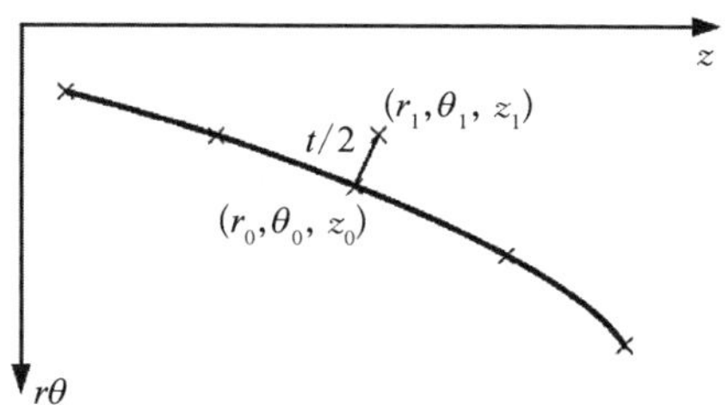

(c) 中弧面上叠加厚度分布

图 2－19　桨叶造型示意图

桨叶压力面、吸力面坐标通过在中弧面上叠加指定的厚度分布得到。沿中弧线上点 (r_0, θ_0, z_0) 处正交于当地中弧线的方向叠加半厚度 $t/2$ 得到压力面或吸力面的坐标 (r_1, θ_1, z_1)，如图 2－19(c)所示。其坐标可通过如下方程确定：

$$\begin{cases} r_1 = r_0 \\ (t/2)^2 = 2r_0^2 \cdot [1 - \cos(\theta_1 - \theta_0)] + (2az_0 + b)^2 \cdot r_0^4 \cdot (\theta_1 - \theta_0) \\ z_1 = z_0 - (2az_0 + b) \cdot r_0^2 \cdot (\theta_1 - \theta_0) \end{cases} \tag{2-182}$$

式(2－182)中 a_i、b_i 和 c_i 为中弧线方程式(2－179)中的系数。式(2－182)可通过迭代法求解。

2.4 基于压气机 S2 反问题理论的对转桨扇气动设计方法

2.4.1 基于压气机 S2 反问题理论的桨扇气动设计原理

GE 公司 Simth[45] 将叶轮机叶片准三维通流设计方法推广用于桨扇的气动反问题设计，并利用缩比模型试验件在高亚声速风洞中对桨扇气动设计技术和噪声水平进行了试验验证。

将压气机内流设计理论进行修改，在压气机径向平衡方程中添加一个反映螺旋桨外流流动特征的径向压力梯度项：

$$\frac{1}{\rho}\frac{\partial \bar{p}}{\partial y} = -\bar{V}_x \frac{\partial \bar{V}_x}{\partial y} \tag{2-183}$$

其中，

$$\bar{V}_x = \frac{\Gamma_h}{a}\left[1 - \frac{2}{\pi}\arccos e^{-\pi\frac{(y_t - y)}{a}}\right] \tag{2-184}$$

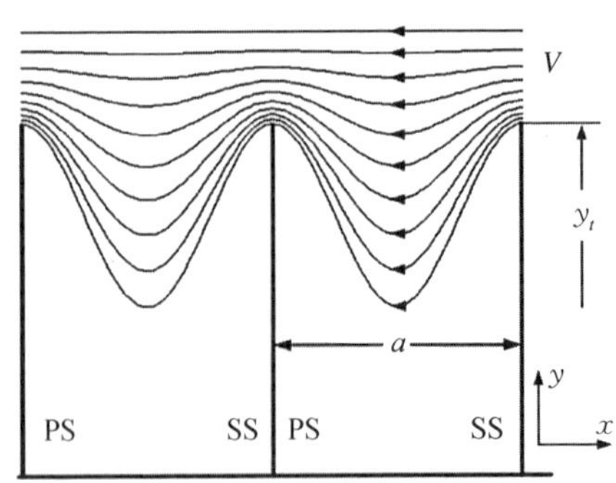

图 2－20 普朗特螺旋桨叶尖流动示意图

该关系式对应的流动模型为图 2－20 所示的普朗特螺旋桨叶尖流动模型，这是把叶轮机内流设计方法推广到无涵道桨扇的关键步骤；同时，把计算域分为内层（轮毂到桨尖之间环形通道）和外层（桨尖以外），在内层采用传统的流线曲率法求解,而在外层采用道格拉斯飞机公司的纽曼问题求解方法求解。从而可通过通流计算得到周向平均流线和流动角。

2.4.2 对转桨扇二维设计基本控制方程

GE 公司公开文献未给出具体的基本控制方程,作者基于一种通流理论模型,结合 GE 公司给出的气动设计理论方法,推导了桨扇二维设计基本控制方程。

1. 压气机 S2 设计方法基本方程

在通流理论模型下,流线曲率法反问题的求解是建立在 4 个基本假设的基础上:① 流动绝热;② 流动定常;③ 运动方程忽略黏性力;④ 流体为完全气体。在这 4 个假设下,沿计算站速度梯度方程式的推导过程如下。

完全径向平衡方程(忽略流体质量力):

$$\frac{\mathrm{d}C_z}{\mathrm{d}t} = -\frac{1}{\rho}\frac{\partial P}{\partial z} \tag{2-185}$$

$$\frac{\mathrm{d}C_r}{\mathrm{d}t} - \frac{C_u^2}{r} = -\frac{1}{\rho}\frac{\partial P}{\partial r} \tag{2-186}$$

速度对时间的导数为

$$\frac{\mathrm{d}C_z}{\mathrm{d}t} = C_m\cos\varphi\frac{\partial C_m}{\partial m} - \frac{\sin\varphi}{r_m}C_m^2 + F_z \tag{2-187}$$

$$\frac{\mathrm{d}C_r}{\mathrm{d}t} = C_m\sin\varphi\frac{\partial C_m}{\partial m} - \frac{\cos\varphi}{r_m}C_m^2 + F_r \tag{2-188}$$

沿计算站方向取压力的导数,有

$$-\frac{1}{\rho}\frac{\partial P}{\partial \nu} = -\frac{1}{\rho}\left(\frac{\partial P}{\partial r}\frac{\mathrm{d}r}{\mathrm{d}\nu} + \frac{\partial P}{\partial z}\frac{\mathrm{d}z}{\mathrm{d}\nu}\right) = \left(-\frac{1}{\rho}\frac{\partial P}{\partial r}\right)\cos\psi - \left(-\frac{1}{\rho}\frac{\partial P}{\partial z}\right)\sin\psi \tag{2-189}$$

将式(2-185)~式(2-188)代入式(2-189)中,推导可得

$$-\frac{1}{\rho}\frac{\partial P}{\partial \nu} = C_m\sin(\varphi-\psi)\frac{\partial C_m}{\partial m} + \frac{\cos(\varphi-\psi)}{r_m}C_m^2 - \frac{C_u^2}{r}\cos\psi + F \tag{2-190}$$

其中, $F = F_r\cos\psi - F_z\sin\psi$, 为完全径向平衡方程中的切向压力梯度项。在实际 S2 流面动量方程的求解过程中,叶排计算站的倾角 ψ 较小, F 基本上代表的是径向叶片力 $F_r = \frac{\tan x}{r}\frac{\mathrm{d}(C_u r)}{\mathrm{d}m}C_m$。

在等熵条件下，把沿计算站 ν 方向的压力变化用该方向的总焓 H 的变化来表示：

$$-\frac{1}{\rho}\frac{\partial P}{\partial \nu}=-\frac{\partial H}{\partial \nu}+C\frac{\partial C}{\partial \nu} \tag{2-191}$$

将上式和 $C=\lambda\cdot C_{cr}$ 代入式(2-190)中，最终得到用以求解的压气机 S2 流面速度梯度方程式：

$$\frac{\mathrm{d}\lambda_j}{\mathrm{d}\nu_j}=\frac{F_1\tau(\lambda)+F_3C_{mj}^2+C_{mj}(F_5+F_4)-F_2}{\lambda_jC_{cr}^2} \tag{2-192}$$

其中，

$$F_1=\frac{k+1}{2k}\times\frac{\partial \ln P^*}{\partial \nu_j}\times C_{cr}^2;\ F_2=\frac{C_u^2\times\cos\psi_j}{r};\ F_3=\cos(\varphi_j-\psi_j)\times\left(\frac{\partial\varphi}{\partial\eta}\right)_j;$$

$$F_4=\sin(\varphi_j-\psi_j)\times\left(\frac{\partial C_m}{\partial\eta}\right)_j;\ F_5=\frac{\mathrm{d}(C_u\cdot r)}{\mathrm{d}\eta}\times\frac{1}{r}\times\tan x$$

流线曲率法中过多地引入人为的假设，方程体现气体真实流动的能力会受影响。但从方程的推导中可以看出，流线曲率法方程中各项的物理意义还是非常明确的，例如，F_1 体现总压梯度对径向线速度分布的影响，F_2 体现空气围绕压气机周向旋转而产生惯性离心力的影响，F_3 为气流沿子午线运动而引起的惯性离心力，F_4 为沿流线方向改变气流速度而产生的惯性力，F_5 表示由于改变空气对压气机轴的动量力矩而引起的叶片作用力。

2. 对转桨扇 S2 设计基本方程

反映螺旋桨桨尖流动的径向压力梯度公式(2-183)可写成

$$-\frac{1}{\rho}\frac{\partial\bar{p}}{\partial r}=\bar{V}_\theta\frac{\partial\bar{V}_\theta}{\partial r} \tag{2-193}$$

其中，$\bar{V}_\theta=\frac{\Gamma_h}{a_t}\left(1-\frac{2}{\pi}\arccos\mathrm{e}^{-\pi\frac{(r_t-r)}{a_t}}\right)$，$a_t=2\pi r_t\cos\beta_{w_t}/N$。

将公式(2-193)叠加到公式(2-186)中，得

$$C_m\sin\varphi\frac{\partial C_m}{\partial m}-\frac{\cos\varphi}{r_m}C_m^2+F_r+\bar{V}_\theta\frac{\partial\bar{V}_\theta}{\partial r}-\frac{C_u^2}{r}=-\frac{1}{\rho}\frac{\partial P}{\partial r} \tag{2-194}$$

通过推导可知，求解对转桨扇内层流动的 S2 流面速度梯度方程式如下：

$$\frac{\mathrm{d}\lambda_j}{\mathrm{d}\nu_j}=\frac{F_1\tau(\lambda)+F_3C_{mj}^2+C_{mj}(F_5+F_4)-F_2+F_6}{\lambda_jC_{\mathrm{cr}}^2} \tag{2-195}$$

与式(2－192)形式相同,反映螺旋桨桨尖流动的梯度项用 F_6 表示,如:

$$F_6 = \bar{V}_\theta \frac{\partial \bar{V}_\theta}{\partial r} \tag{2-196}$$

而 F_1、F_2、F_3、F_4和 F_5 与压气机 S2 流面速度梯度方程式相同。图 2－21 为桨扇桨叶气流通道参数定义示意图。

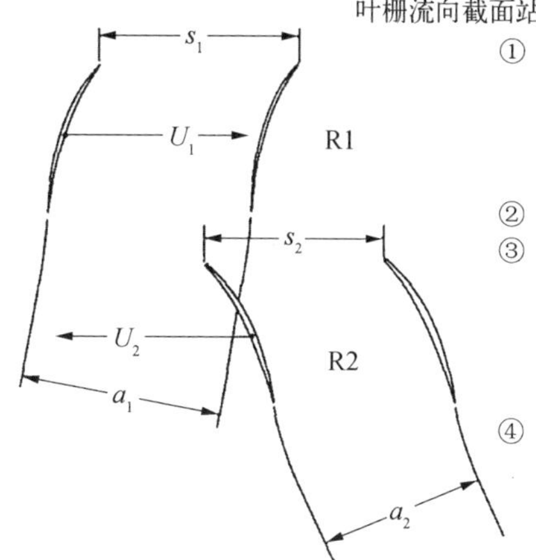

图 2－21　桨扇桨叶气流通道参数定义

另外,公式(2－192)应用于对转桨扇 S2 设计会涉及如下几个问题。

(1) 叶片尾缘 Γ_h 计算。对于前排叶片尾缘,$\Gamma_h = S_{1h} \cdot \Delta C_{u_h} = 2\pi r_h / N_1 \cdot \Delta C_{u_h}$,典型的桨扇设计有 $\Delta C_{u_h} = 0.125 U_h = 0.125\omega \cdot r_h$,$N_1$ 为前排叶片数。后排叶片尾缘 Γ_h 取值与 Γ_2 相关,Γ_2 计算过程如下:

$$\Delta C_u = \Delta C_{u_h} \cdot \frac{2}{\pi} \arccos \mathrm{e}^{-\pi \frac{(r_t - r)}{a_t}} \tag{2-197}$$

$$C_{4_h} = \frac{1}{2}\left(C_1 + \sqrt{C_1^2 + 8\bar{U}\Delta C_{u_h}}\right),\ \bar{U} = (U_1 + U_2)/2 \tag{2-198}$$

$$\beta_{3_t} = \arctan \frac{U_2}{C_1},\ \beta_{4_h} = \arctan \frac{U_2}{C_{4_h}} \tag{2-199}$$

$$W_{4_h} = C_{4_h} / \cos\beta_{4_h} \tag{2-200}$$

$$W_4 = \left\{ W_{4_h}^2 - 4\bar{U}\left(1 - \frac{\Delta C_u}{\Delta C_{u_h}}\right)\Delta C_{u_h} + \left(1 - \frac{\Delta C_u}{\Delta C_{u_h}}\right)^2 \right. \\ \left. [(C_{4_h} - C_1)^2 - (C_1^2 + U_2^2)\sin^2(\beta_{3_t} - \beta_{4_t})] \right\}^{\frac{1}{2}} \tag{2-201}$$

$$\tan\beta_4 = \tan\beta_{4_h} - 0.3\frac{\Delta C_{u_h}}{C_{4_h}}\left(1 - \frac{\Delta C_u}{C_{u_h}}\right) \tag{2-202}$$

式(2－197)~式(2－200)代入式(2－201)和式(2－202)即可得到 Γ_2 沿叶高方向分布。

$$\Gamma_2 = 2\pi r / N_2 \cdot (U_2 + \Delta C_u - W_4 \sin\beta_4) \tag{2-203}$$

$$\Gamma_{2_t} = 2\pi r / N_2 \cdot \sqrt{C_1^2 + U_2^2}\sin(\beta_{3_t} - \beta_{4_t})\cos\beta_{4_t} \tag{2-204}$$

(2) 叶排内。F_6 在叶片内从前缘至尾缘的取值与环量成比例。

(3) 叶排出口。从叶片尾缘至旋涡卷起位置 Δz, F_6 数值线性地减小至 0, Δz 用如下公式计算：

$$\Delta z = 0.56h \frac{W_t h}{\Gamma_h} \cos \beta_t \tag{2-205}$$

其中，h 为叶高。

2.4.3 桨叶落后角及脱轨角的设计方法

对转桨扇由于其桨叶稠度远小于压气机叶片稠度，此时通道平均流动与绕桨叶附近流动差别很大，此时应用叶轮机叶片准三维方法设计桨扇桨叶成功与否的另一关键在于落后角及脱轨角 δ 的给定。为了较准确地给出脱轨角 δ, Simth 根据桨扇推进器的流动特点把脱轨角 δ 分为二维叶栅脱轨角 δ_{2D}、二次流扰动脱轨角 δ_{sc} 和弯掠影响扰动脱轨角 δ_{sw} 的三者之和。在计算对转桨扇叶尖流向涡对脱轨角的影响时，采用压气机计算二次流脱轨角计算方法：

$$\zeta_s = \frac{1}{a}\left(W_{1\perp 1} \frac{\Gamma_A}{W_\infty^2} + \frac{\mathrm{d}\Gamma}{\mathrm{d}n_1}\right)\frac{\mathrm{d}n_1}{\mathrm{d}n_2} \tag{2-206}$$

$$\nabla^2 \psi = \zeta_s \tag{2-207}$$

$$V_x = -\frac{\partial \psi}{\partial y} \tag{2-208}$$

从而进一步可得到二次流扰动脱轨角 δ_{sc}：

$$\delta_{sc} = \frac{180}{\pi} \frac{\bar{V}_x}{W_{TE}} \tag{2-209}$$

在计算叶片弯掠对脱轨角的影响时，先借助升力面理论得到叶片弯掠对下洗流的影响，再进一步得到弯掠影响扰动脱轨角 δ_{sw}：

$$\delta_{sw} = \frac{180}{\pi} \frac{DW_{sw}}{W_\perp} \tag{2-210}$$

其二维叶栅脱轨角 δ_{2D} 亦是通过升力面理论得到。

在得到落后角及脱轨角之后，GE 公司利用压气机叶片造型方法，结合压气机造型设计参数选取经验，完成桨叶三维造型，获得桨叶几何模型。

第三章 对转桨扇气动声学预测理论和方法

与涡扇发动机相比，涡桨发动机有一个明显的弱点，即气动噪声比较显著，这使得涡桨发动机在与涡扇发动机的竞争中处于不利的地位。然而，与螺旋桨相比，对转桨扇增加一排反向旋转桨叶，新增了一个噪声源，且前、后两排桨叶存在气动干扰现象也会导致气动噪声增大，对转桨扇的气动噪声偏大是限制其广泛应用于民用飞机重要限制因素。对转桨扇是其配装飞机各部件系统中最大的声源之一，因此在对转桨扇的气动方案设计阶段就必须非常重视气动噪声问题，评估对转桨扇噪声水平，并采取措施进行噪声优化设计。

对转桨扇气动声学问题是一个物理过程复杂、控制方程无法直接理论求解的科学和工程问题，目前气动设计和声学设计的水平还不足以根据气动性能和噪声指标要求，反设计出对转桨扇，即目前还只能采用求解“正问题”的方法（通过给定几何参数，然后计算其气动性能和噪声级是否满足设计要求），通过对设计参数不断迭代调整和反复迭代计算，最终实现气动声学设计目标。因此，基于气动声学理论的噪声预测方法是对转桨扇噪声优化设计的关键手段，本章主要针对对转桨扇的噪声源及噪声预测理论方法进行阐述。

3.1 对转桨扇的气动声源

为了便于读者更容易理解对转桨扇的噪声源，本节有必要首先对螺旋桨的噪声源进行简单介绍，然后再阐述对转桨扇的噪声源。

3.1.1 螺旋桨的噪声源

图 3-1 为某螺旋桨飞机在飞行中实测的噪声频谱图[4]，螺旋桨的噪声是在宽带噪声的基础上叠加了一系列的离散噪声，又称旋转噪声。因此，螺旋桨噪声可区

分为旋转噪声和宽带噪声。其中,旋转噪声实际上是螺旋桨所辐射的声信号的周期性分量,而宽带(频)噪声则是螺旋桨所辐射的声信号的随机分量。

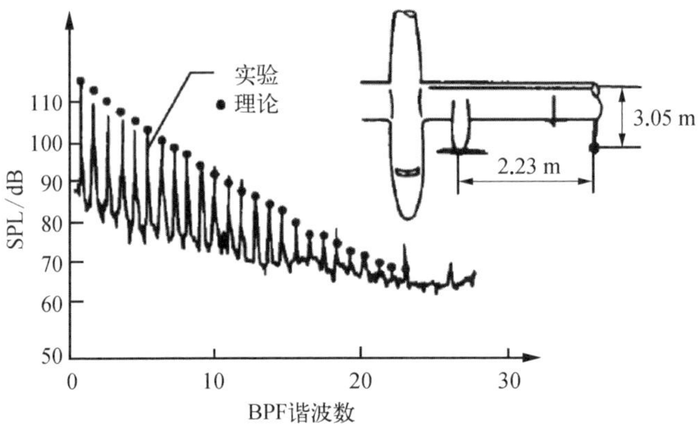

图 3-1 螺旋桨飞机实测频谱

在螺旋桨噪声中,最主要的成分是旋转噪声,可根据声源特征进一步分为厚度噪声、载荷噪声和四极子噪声,其中在亚声速工况下又以厚度噪声和载荷噪声为主。具有一定厚度的螺旋桨桨叶周期性地扫过周围空气介质,并导致空气微团的周期性非定常运动,于是就产生了厚度噪声。载荷噪声是桨叶对周围空气作用力形成的噪声,包括拉力噪声与阻力噪声的组合,是由于桨叶叶面的压力场变化而引起的。四极子噪声包括非线性源和非线性传播两个因素,仅当螺旋桨处于桨尖相对运动超过声速及跨声速运行工况时才变得显著。

宽频噪声则是作用于螺旋桨桨叶的气动力随机分量所产生的,主要来源包括:叶片尾流中漩涡脱落;来流的湍流、随机涡量从桨叶后缘的脱落;桨叶表面的湍流附面层。

3.1.2 对转桨扇的噪声源

对于无涵道开式对转桨扇而言,桨扇所产生的噪声无法再像传统发动机那样采用短舱吸声声衬的方式来减弱,只能通过气动声学设计来加以改善,这突出了气动声学设计在桨扇设计中的重要性。

开式对转桨扇发动机的噪声源非常复杂[2],如图 3-2 所示。一般涡桨发动机尾喷管的喷流速度低,核心机有短舱屏蔽,所以喷流噪声和核心机噪声相对较低,发动机最大的噪声源主要来自对转桨叶。虽然存在一定的宽频噪声,但对转桨扇产生的最大噪声主要来自桨叶的离散纯音噪声,即旋转噪声,这与螺旋桨类似。对转桨扇噪声源远比螺旋桨噪声源复杂,相当于两个旋转的螺旋桨噪声源同轴对转,前/后桨叶各种噪声源相互干涉、相互影响,导致其噪声源和辐射极其复杂。对转桨扇旋转噪声源主要有6种：桨叶的叶尖涡流干涉噪声、黏性尾流干涉噪声、前/后桨叶势场的干涉噪声、单独转子叶片的噪声、气流入射角噪声及稳态畸变噪声。宽频噪声源有3种：桨扇转子叶片自身噪声、转子叶片湍流尾迹干涉噪声、吸入大气湍流与转子叶片的干涉噪声。此外,还有安装效应,即声波在机翼和机身表面反射形成的噪声等。

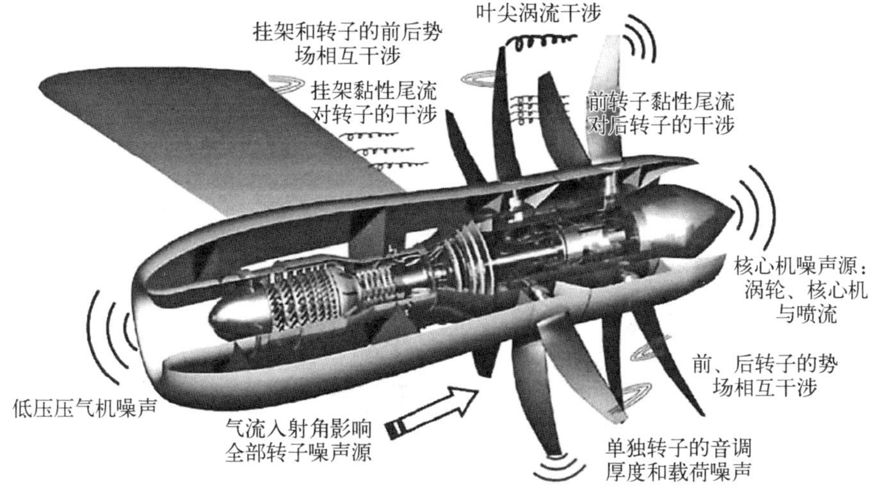

图3-2　对转桨扇发动机噪声源

图3-3展示了两排叶片间干涉效应对桨扇发动机噪声频谱带来的影响[46]。可以很明显地看出,在叶片通过频率上,单转子和对转转子的噪声级非常接近;在叶片通过频率的谐波上,对转转子表现出了更高的声压级。因此,干涉效应对噪声的影响主要表现在中高频的谐波上。此外,气动干涉在低速飞行时是一个显著的噪声源;在巡航状态下气动干涉的影响将会减弱,此时定常声源(如厚度噪声和定常载荷噪声)将成为主要的声源。

目前声学设计的核心手段主要以声学预测和仿真为主,通常对转桨扇的声学预测和仿真方法划分为3个层级：第一层级为经验或半经验预测方法,一般是螺旋桨或飞机制造商将常年积累的大量数据进行提炼和建模而形成,该类方法涉及商业秘密,极少公开发表;第二层级为解析预测方法,国际上开展了大量的研究,已形成一套完整的对转桨扇噪声预测理论,广泛应用于桨扇学术研究中的噪声机理分析和工程研制中的噪声预测评估;第三层级为计算气动声学方法,这类方法在学术界有较多应用,由于需要消耗巨大的计算资源,工程界使用不多。因此,考虑到本书主要是面向工程界的读者,主要阐述目前国际上对转桨扇噪声分析所广泛使用的解析预测方法。

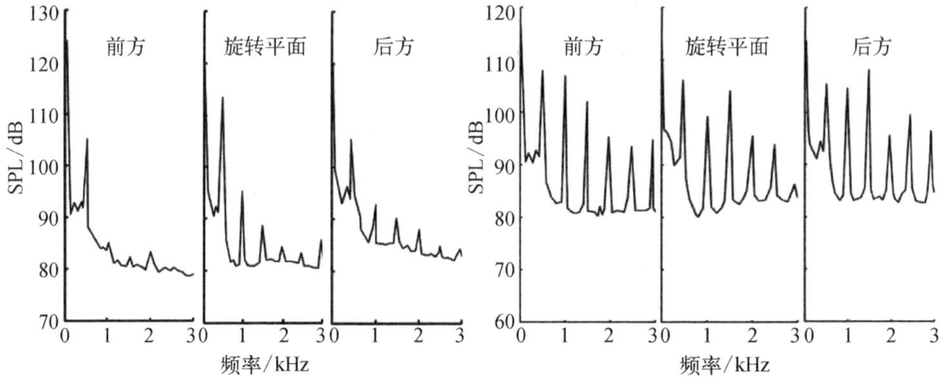

(a) 单转子噪声频谱

(b) 对转转子噪声频谱

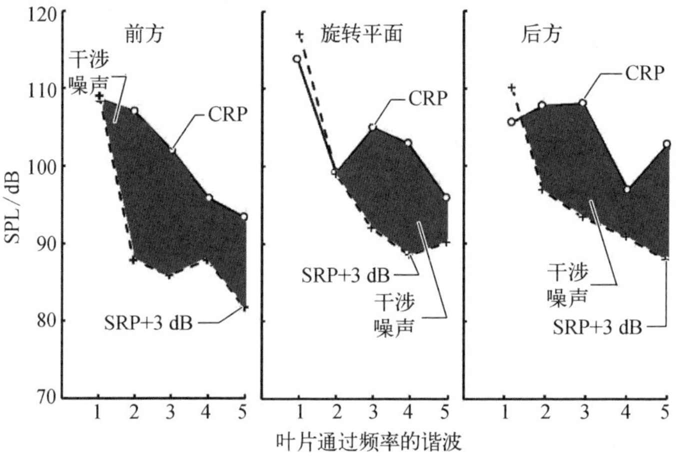

(c) 干涉产生的噪声示意

图 3-3　干涉噪声频谱示意：单转子桨扇与对转桨扇的对比

3.2　现代声学理论的建立——莱特希尔声类比理论

现代对转桨扇声学理论是基于莱特希尔(Lighthill)提出的声类比理论发展而来。1949~1952 年，Lighthill 在当时国际最著名的流体力学家 Taylor 教授指导下，完成了对流动发声问题基本理论的推导，建立了后来以其名字命名的气动声学基本方程——Lighthill 方程，标志一门新兴的流体力学学科分支——气动声学学科的建立。Lighthill 用声类比思想来描述气动发声，声类比理论从流体力学的 Navier-Stokes(N-S)方程出发，左端重组为波动方程，右端为等价的气动声源。Lighthill 方程的建立将流动这一大尺度的扰动和噪声这一小尺度的扰动巧妙联系起来,为气动声学的发展开辟了一个新的方向。本节引用相关书籍[2]对 Lighthill 声类比理论推导过程进行简单介绍。

气动声学方程可以从流体力学的质量守恒和动量守恒方程推导出来,在笛卡儿坐标系下微分形式的质量守恒方程可表示为

$$\frac{\partial \rho}{\partial t}+\frac{\partial \rho v_i}{\partial x_i}=0 \tag{3-1}$$

式中,ρ 为流体密度;v_i 为流动速度矢量。

对应的动量守恒方程可以表示为

$$\rho \frac{\partial v_i}{\partial t}+\rho v_j \frac{\partial v_i}{\partial x_j}=-\frac{\partial p}{\partial x_i}+\frac{\partial \tau_{ij}}{\partial x_j} \tag{3-2}$$

式中,p 为流体压力;τ_{ij} 为流体的黏性应力张量。

Lighthill 针对在均匀静止流体介质包围的小尺度范围内湍流产生的气动噪声问题,推导出了一个描述声波产生的非奇次波动方程,其推导过程如下。

首先用 v_i 乘以式(3-2),并与动量方程相加,可得

$$\frac{\partial \rho v_i}{\partial t}=-\frac{\partial}{\partial x_j}(\rho v_i v_j+\delta_{ij} p-\tau_{ij}) \tag{3-3}$$

取式(3-3)的散度,得

$$\frac{\partial^2 \rho v_i}{\partial x_i \partial t}=-\frac{\partial^2}{\partial x_i \partial x_j}(\rho v_i v_j+\delta_{ij} p-\tau_{ij}) \tag{3-4}$$

并对式(3-1)取时间的导数,即

$$\frac{\partial^2 \rho}{\partial t^2}+\frac{\partial^2 \rho v_i}{\partial x_i \partial t}=0 \tag{3-5}$$

式(3-4)与式(3-5)相减,可以得到

$$\frac{\partial^2 \rho}{\partial t^2}-\frac{\partial^2 p}{\partial x_i^2}=\frac{\partial^2}{\partial x_i \partial x_j}(\rho v_i v_j-\tau_{ij}) \tag{3-6}$$

为了获得有关压力的波动方程,在式(3-6)两边各加上 $\partial^2 p/c_0^2 \partial x_i^2-\partial^2 p/\partial x_i^2$,这样就得

$$\frac{1}{c_0^2}\frac{\partial^2 p}{\partial t^2}-\frac{\partial^2 p}{\partial x_i^2}=\frac{\partial^2}{\partial x_i \partial x_j}(\rho v_i v_j-\tau_{ij})+\frac{1}{c_0^2}\frac{\partial^2}{\partial x_i^2}(p-c_0^2 \rho) \tag{3-7}$$

类似地,在式(3-6)两边各加上 $\partial^2 p/\partial x_i^2-c_i^2 \partial^2 p/\partial x_i^2$,则得到关于密度的波动方程:

$$\frac{\partial^2 \rho}{\partial t^2} - c_0^2 \frac{\partial^2 \rho}{\partial x_i^2} = \frac{\partial^2}{\partial x_i \partial x_j}(\rho v_i v_j - \tau_{ij}) + \frac{\partial^2}{\partial x_i^2}(p - c_0^2 \rho) \tag{3-8}$$

式(3－7)和式(3－8)都是非奇次的波动方程,它们具有如下特性:

(1) 因为在推导过程中仅使用了质量守恒方程和动量守恒方程,c_0^2 作为任意常数引入,因此对于任意 c_0^2,式(3－7)和式(3－8)都是精确的方程;

(2) 如果将流动区域限制在一个湍流区域,而且这个湍流区域是静止的,由无黏流体所包围,c_0^2 取为大气声速,则在湍流区域以外的区域内,式(3－7)和式(3－8)中右端4项就消失了(至少是二次小量);

(3) 在方程右端项为零的区域,这个方程就描述了声速是 c_0^2 的静止均匀流体中声波的传播;

(4) 若流场区域方程的右端项不为零,那么由于湍流存在的所有效应都可以看作是一个等效的声源项。

在原创工作中,Lighthill 应用式(3－8),并且简写成如下形式:

$$\frac{\partial^2 \rho}{\partial t^2} - c_0^2 \frac{\partial^2 \rho}{\partial x_i^2} = \frac{\partial^2 T_{ij}}{\partial x_i \partial x_j} \tag{3-9}$$

式中,T_{ij} 为 Lighthill 应力张量,即

$$T_{ij} = \rho v_i v_j - \tau_{ij} + (p - c_0^2 \rho)\delta_{ij} \tag{3-10}$$

式中,c_0^2 为未受扰动流体的声速;p 为流体中的压力;x_i 为空间固定坐标系,在湍流流动区域外的平均流动速度为零。

式(3－9)就是著名的 Lighthill 方程,它是描述由方程右端的声源分布产生的声传播的控制方程。为了计算声源产生的声辐射,必须首先知道方程右端的声源分布。

Lighthill 原始的气动声学方程是以密度波动的形式给出的,但是由于在声级的描述以及声学实验测量分析中,更普遍使用的是声压 P,因此,在讨论气动声学基本理论时,选用式(3－7)形式的波动方程,它可以简化为

$$\frac{1}{c_0^2}\frac{\partial^2 p}{\partial t^2} - \frac{\partial^2 p}{\partial x_i^2} = q \tag{3-11}$$

式中,q 描述了声源分布,它由下式给出:

$$q = \frac{\partial^2}{\partial x_i \partial x_j}(\rho v_i v_j - \tau_{ij}) - \frac{\partial^2}{\partial x_i^2}\left(\rho - \frac{P}{c_0^2}\right) \tag{3-12}$$

通过对式(3－10)求微分,就会看到,式(3－12)右端第一项与式(3－9)右端

项 $\partial^2 T_{ij}/\partial x_i \partial x_j$ 中的第一项是完全相同的。

式(3－9)和式(3－10)是从准确的流体流动的质量守恒和动量守恒方程推导出的,仔细观察就会发现方程两边的变量相互包含,因此原则上讲,这个变换方程与原流体力学方程并没有本质的不同。但是,Lighthill 指出,如果将方程右端项看成形式是 $\partial^2 T_{ij}/\partial y_i \partial y_j$ 的四极子源项,则 Lighthill 方程就是一个典型的声学波动方程,因此任意真实流动中的密度脉动与由一个四极子源在一个假想的声学介质产生的大气密度脉动之间,具有严格的类比关系。Lighthill 进一步指出,在任意的湍流流动区域外,方程的右端项为零,这时方程描述的是在均匀流体介质中声波的传播;而在湍流流动区域内,右端项不为零,湍流的影响产生的 Lighthill 应力张量项就可看作是一个等效源项,对于这一项,可以通过试验或数值计算的方法取得,这就使得可以应用已经成熟的古典声学的方法研究气动声学问题。

3.3　基于 FW－H 方程的离散噪声解析预测方法

Lighthill 声类比理论方程只考虑了湍流中的四级子声源,而并没有包含在流体中物体的固体边界对声场产生的影响,因此在 1955 年 Curle 应用 Kirchhoff 方法,首先将 Lighthill 气动声学理论推广到考虑静止固体边界上,成功解释了圆柱脱落涡的发声、湍流中静止小物体的发声等问题,但是并不能解决诸如风扇、螺旋桨、桨扇、旋翼等运动固体边界的发声和噪声预测问题。因此,在 Curle 的研究工作基础上,1969 年 Ffowcs Williams 和 Hawkings 应用广义函数的方法,将 Lighthill 气动声类比理论和 Curle 的理论推广到有任意运动固体边界存在的流动发声问题,得到了著名的 Ffowcs Williams-Hawkings(简称 FW－H)方程。

3.3.1　FW－H 方程

FW－H 方程假设流场变量可以表示为声源面外流场变量和声源面内流场变量的组合,将外部流场问题嵌入无边界空间,实现了适用于自由空间的格林函数求解,并通过采用广义函数解决了流场变量不连续和非连续函数的微分问题,方程(3－13)为基于可穿透面作为声源面的 FW－H 方程:

$$\left(\frac{1}{c_0^2}\frac{\bar{\partial}^2}{\partial t^2}-\frac{\bar{\partial}^2}{\partial x_i^2}\right)p'(x,\ t)=\frac{\bar{\partial}}{\partial t}\{[\rho_0 v_n+\rho(u_n-v_n)]\delta(f)\}-\frac{\bar{\partial}}{\partial x_i}\{[\Delta P_{ij}\hat{n}_j+\rho u_i(u_n-v_n)]\delta(f)\}+\frac{\bar{\partial}^2}{\partial x_i x_j}[T_{ij}H(f)] \tag{3-13}$$

式中，$p'(x, t)$ 为在观察点 x 和观察时间 t 上的声压；c_0 为未受扰动介质处的声速。另外 $T_{ij}=\rho u_i u_j + P_{ij} - c_0^2(\rho-\rho_0)\delta_{ij}$，是 Lighthill 应力张量，其中 δ_{ij} 为克罗内克符号。$H(f)$ 为赫维赛德函数，$\Delta P_{ij}\hat{n}_j$ 为作用在单位面积流体上的力，由压力和黏性力产生。通常，黏性力可以被忽略，因此有 $\Delta P_{ij}\hat{n}_j = (p-p_0)\delta_{ij}$。式(3－13)左侧为波动算子，右侧为三个声源项，分别为单极子、偶极子、四极子。单极子和偶极子通常也被称为厚度噪声声源和载荷噪声声源。厚度噪声主要是由叶片运动取代空气体积而产生的，载荷噪声是由声源面作用在流体上的力而产生的。他们都是面声源，作用在声源面 $f=0$ 上。四极子为体积源，作用在声源面 $f=0$ 外的体积内。

如果声源面为不可穿透面(固壁面)，流体速度和声源面速度在声源面外法向上的投影相等 ($u_n=v_n$)，方程(3－13)可简化为

$$\left(\frac{1}{c_0^2}\frac{\bar{\partial}^2}{\partial t^2}-\frac{\bar{\partial}^2}{\partial x_i^2}\right)p'(x, t)=\frac{\bar{\partial}}{\partial t}[\rho_0 v_n\delta(f)]-\frac{\bar{\partial}}{\partial x_i}[\Delta P_{ij}\hat{n}_j\delta(f)]+\frac{\bar{\partial}^2}{\partial x_i x_j}[T_{ij}H(f)] \tag{3-14}$$

3.3.2 基于 FW－H 方程的时域噪声预测方法

Farassat 基于 FW－H 方程给出了解析的时域求解方法，推导了单极子、偶极子和四极子声源的发声公式，并针对亚声速、超声速等工况对公式进行了修正。由 Farassat 推导出的 Formulation 1A[47-49] 是 FW－H 方程解的另一种形式，也是目前最为常用的 FW－H 方程的解。它不考虑四极子项，适用于任意运动下的固壁面发声问题。在 Formulation 1A 公式中，噪声由厚度噪声和载荷噪声相加获得，如下式所示：

$$p'(x, t)=p'_T(x, t)+p'_L(x, t) \tag{3-15}$$

厚度噪声计算公式为

$$p'_T(x, t)=\int_{f=0}\left[\frac{\rho_0(v_n+\overset{*}{v}_n)}{r|1-Ma_r|^2}\right]_{\text{ret}}\mathrm{d}S+\int_{f=0}\left[\frac{\rho_0 v_n(c_0 Ma_r - c_0 Ma^2 + r\overset{*}{Ma}_r)}{r^2|1-Ma_r|^3}\right]_{\text{ret}}\mathrm{d}S \tag{3-16}$$

其中，$\overset{*}{v}_n=(\partial v/\partial\tau)\hat{n}$；$v_n=v(\partial\hat{n}/\partial\tau)$；$Ma_r=(\partial Ma/\partial\tau)\hat{r}$，$Ma$ 为声源面马赫数(矢量)的模，$Ma=|Ma|$。

载荷噪声计算公式为

$$4\pi p'_L(x,\ t) = \frac{1}{c_0}\int_{f=0}\left(\frac{\overset{*}{l}_r}{r|1-Ma_r|^2}\right)_{\text{ret}}\mathrm{d}S + \int_{f=0}\left(\frac{l_r - l_{Ma}}{r^2|1-Ma_r|^2}\right)_{\text{ret}}\mathrm{d}S + \frac{1}{c_0}\int_{f=0}\left[\frac{l_r(c_0Ma_r - c_0Ma^2 + r\overset{*}{Ma}_r)}{r^2|1-Ma_r|^3}\right]_{\text{ret}}\mathrm{d}S \tag{3-17}$$

其中，$l_r = l\hat{r}$，为作用在流体上的载荷在辐射方向的投影；$\overset{*}{l}_r = l\hat{r} = (\partial l/\partial\tau)\hat{r}$；$l_{Ma} = l_rMa$。

另外，噪声计算同样适用于可穿透声源面。基于可穿透声源面的噪声计算与不可穿透声源面类似，噪声由厚度噪声和载荷噪声两部分组成。当声源面为可穿透面时，噪声积分计算结果包含可穿透面内所有单极子、偶极子和四极子的贡献。其中，单极子和偶极子位于可穿透面内的固壁上，四极子位于可穿透面与固壁间的空间内。式(3－18)和式(3－19)为采用可穿透声源面的噪声计算公式：

$$U_i = [1-(\rho/\rho_0)]v_i + (\rho u_i/\rho_0) \tag{3-18}$$

$$L_i = \Delta P_{ij}\hat{n}_j + \rho u_i(u_n - v_n) \tag{3-19}$$

$$4\pi p'_T(x,\ t) = \int_{f=0}\left[\frac{\rho_0(U_n + \overset{*}{U}_n)}{r|1-Ma_r|^2}\right]_{\text{ret}}\mathrm{d}S + \int_{f=0}\left[\frac{\rho_0U_n(c_0Ma_r - c_0Ma^2 + r\overset{*}{Ma}_r)}{r^2|1-Ma_r|^3}\right]_{\text{ret}}\mathrm{d}S \tag{3-20}$$

$$4\pi p'_L(x,\ t) = \frac{1}{c_0}\int_{f=0}\left[\frac{\overset{*}{L}_r}{r|1-Ma_r|^2}\right]_{\text{ret}}\mathrm{d}S + \int_{f=0}\left[\frac{L_r - L_{Ma}}{r^2|1-Ma_r|^2}\right]_{\text{ret}}\mathrm{d}S + \frac{1}{c_0}\int_{f=0}\left[\frac{L_r(c_0Ma_r - c_0Ma^2 + r\overset{*}{Ma}_r)}{r^2|1-Ma_r|^3}\right]_{\text{ret}}\mathrm{d}S \tag{3-21}$$

时域 FW－H 方程预测方法虽然被应用于飞机螺旋桨、直升机旋翼、开式转子等旋转叶片的发声问题。但近年来，在开式转子、对转桨扇噪声预测领域应用更多的是频域 FW－H 方程预测方法。

3.3.3　基于频域 FW－H 方程的开式转子噪声预测方法

频域预测方法较时域预测方法具有公式物理意义明显、计算快捷等优点，公式中各种设计参数（诸如叶片后掠、倾斜、厚度分布、载荷分布等）对噪声的影响能明显地表现出来，非常易于进行声学机理分析和降噪设计。从计算角度讲，虽然频域公式需要处理复杂的特殊函数，但它避免了时域法中的数值差分和延迟时间方程求解，公式中也不存在奇异积分问题，而且频域法易于计入四极子项的影响。因此，频域方法被推广应用到对转桨扇的噪声预测中。

近年来，研究人员在频域方法的基础上，发展了多种形式的求解方法，其中有代表性的为 NASA 的 Envia 等[50,51]建立的基于频域 FW－H 方程的开式转子噪声预测方法。该方法从 Goldstein 形式的广义气动声学方程出发，以旋转叶片表面的谐波压力作为声源，推导了对转桨扇干涉噪声频域表达式，建立了从声源到声辐射的频域对应关系式，解释了对转桨扇中前后排叶片相互干涉产生的周向模态，且周向模态的表达式与 Tyler 和 Sofrin 在压气机中转静干涉机制完全一致。Envia 发展的频域方法最终应用于 NASA 的 F31/A31 开式转子桨叶气动噪声预测，该方法在远场声辐射指向性上展示出了非常好的预测能力，对工程应用具有重要意义。

由于声场的线性，式(3－22)可分别针对每个转子进行评估：

$$p'(x,\ t) = \int_{-\infty}^{\infty}\int_{S(\tau)} \rho_0 v_n \frac{D_0 G}{D_\tau} \mathrm{d}S(y)\,\mathrm{d}\tau + \int_{-\infty}^{\infty}\int_{S(\tau)} f_i \frac{\partial G}{\partial y} \mathrm{d}S(y)\,\mathrm{d}\tau + \int_{-\infty}^{\infty}\int_{V(\tau)} T_{ij} \frac{\partial^2 G}{\partial y_i \partial y_j} \mathrm{d}y\mathrm{d}\tau \tag{3-22}$$

式中，$f_i = -(p - p_0)n_i$；$T_{ij} = \rho u_i u_j + \delta_{ij}[(p - p_0) - c_0^2(\rho - \rho_0)]$。

对于对转桨，两个转子的叶片数用 B_1 和 B_2 表示，转速用 N_1 和 N_2 表示，其中下标“1”和“2”分别表示前转子和后转子。利用右手准则，让两个转子的旋转轴与 x 轴对齐，假设前转子顺时针旋转，后转子逆时针旋转，前飞方向（逆来流方向）为 x 轴正方向。前转子产生的单音声场具有以下表达式：

$$p'(x,\ t) = \sum_{m=-\infty}^{\infty} p'_{T_m}(x) \mathrm{e}^{-\mathrm{i}mB_1\Omega_1 t} + \sum_{m=-\infty}^{\infty}{}' \sum_{k=-\infty}^{\infty} [p'_{L_{m,k}}(x) + p'_{Q_{m,k}}(x)]\, \mathrm{e}^{-\mathrm{i}(mB_1\Omega_1 + kB_2\Omega_2)t} \tag{3-23}$$

式中，p'_{T_m}、$p'_{L_{m,k}}$ 和 $p'_{Q_{m,k}}$ 分别表示厚度、载荷和四极子噪声源的谐波振幅；$\Omega_1 = 2\pi N_1$ 和 $\Omega_2 = 2\pi N_2$ 表示两个转子的旋转频率。厚度噪声的频率是前转子叶片通过频率 $mB_1 = m\mathrm{BPF}_1$ 的倍数，载荷噪声和四极子噪声的频率是前后转子叶片通过频率倍频的组合频率 $mB_1\Omega_1 + kB_2\Omega_2 = m\mathrm{BPF}_1 + k\mathrm{BPF}_2$。由于两个转子之间存在气动干扰，$m$ 和 k 分别表示前后转子声学和非定常流的谐波数。

推导式(3－23)中谐波振幅的详细表达式需要使用 FW－H 方程，该表达式需关联转子几何结构和流场相关空间与时间积分，谐波振幅最终表达式如下：

$$p'_{T_m}(x) = \mathrm{i}B_1 \sum_{n=1}^{2} \int_{\tilde{S}_{B_1}} \frac{A_{T_m}^{(n)}}{R^n} \mathrm{e}^{mB_1(\mu - \mathrm{i}\Psi)} \left\{ d_{0,n} \frac{Ai[(mB_1)^{2/3}\gamma^2]}{(mB_1)^{1/3}} + d_{1,n} \frac{Ai'[(mB_1)^{2/3}\gamma^2]}{(mB_1)^{1/3}} \right\}_T \mathrm{d}S(\tilde{y}) \tag{3-24}$$

$$p'_{L_{m,k}}(x) = \mathrm{i}B_1 \sum_{n=1}^{2} \int_{S_{B_1}} \frac{A_{L_{m,k}}^{(n)}}{R^n} \mathrm{e}^{(mB_1 - kB_2)(\mu - \mathrm{i}\Psi)} \left\{ d_{0,n} \frac{Ai[(mB_1 - kB_2)^{2/3}\gamma^2]}{(mB_1 - kB_2)^{1/3}} + d_{1,n} \frac{Ai'[(mB_1 - kB_2)^{2/3}\gamma^2]}{(mB_1 - kB_2)^{2/3}} \right\}_L \mathrm{d}S(\tilde{y}) \tag{3-25}$$

如果 $mB_1 - kB_2 \neq 0 \rightarrow \Psi = \frac{1}{\beta_{0_1}} \eta_{\mathrm{CFR}} Ma_{\mathrm{tip}_1} Ma_{0_1} \chi_s + (\varphi_s - \varphi)$，$\eta_{\mathrm{CFR}} = \frac{mB_1 + kB_2 \Omega_2/\Omega_1}{mB_1 - kB_2}$。

如果 $mB_1 - kB_2 = 0 \rightarrow \Psi = \frac{1}{\beta_{0_1}} \eta_{\mathrm{CFR}} Ma_{\mathrm{tip}_1} Ma_{0_1} \chi_s$，$\eta_{\mathrm{CFR}} = 1 + \frac{\Omega_2}{\Omega_1}$。

$$p'_{Q_{m,k}}(x) = \mathrm{i}B_1 \sum_{n=1}^{3} \int_{V_{B_1}} \frac{A_{Q_{m,k}}^{(n)}}{R^n} \mathrm{e}^{(mB_1 - kB_2)(\mu - \mathrm{i}\Psi)} \left\{ d_{0,n} \frac{Ai[(mB_1 - kB_2)^{2/3}\gamma^2]}{(mB_1 - kB_2)^{1/3}} + d_{1,n} \frac{Ai'[(mB_1 - kB_2)^{2/3}\gamma^2]}{(mB_1 - kB_2)^{2/3}} \right\}_Q \mathrm{d}\tilde{y} \tag{3-26}$$

如果 $mB_1 - kB_2 \neq 0 \rightarrow \Psi = \frac{1}{\beta_{0_1}} \eta_{\mathrm{CFR}} Ma_{\mathrm{tip}_1} Ma_{0_1} \chi_s + (\varphi_s - \varphi)$，$\eta_{\mathrm{CFR}} = \frac{mB_1 + kB_2 \Omega_2/\Omega_1}{mB_1 - kB_2}$。

如果 $mB_1 - kB_2 = 0 \rightarrow \Psi = \frac{1}{\beta_{0_1}} \eta_{\mathrm{CFR}} Ma_{\mathrm{tip}_1} Ma_{0_1} \chi_s$，$\eta_{\mathrm{CFR}} = 1 + \frac{\Omega_2}{\Omega_1}$。

其中，$Ma_{\mathrm{tip}_1} = \frac{\Omega_1 R_{\mathrm{tip}_1}}{c_0}$ 为前转子的叶尖切线马赫数，参数 γ、μ、$d_{0,n}$ 和 $d_{1,n}$ 由以下表达式给出：

$$\mu = \frac{1}{2}[\Phi(v^+) + \Phi(v^-)], \quad \gamma^3 = \frac{3}{4}[\Phi(v^+) + \Phi(v^-)]$$

$$d_{0,n} = \frac{[\Gamma_n(\gamma) + \Gamma_n(-\gamma)]}{2}$$

$$d_{1,n} = \frac{[\Gamma_n(\gamma) - \Gamma_n(-\gamma)]}{2\gamma}$$

$$\Gamma_n(\xi) = \frac{A^{(n)}[V(\xi)]\,\mathrm{d}v}{R^{(n)}[V(\xi)]\,\mathrm{d}\xi}$$

$$\frac{\mathrm{d}v}{\mathrm{d}\xi}=\frac{\gamma^2-\xi^2}{\Phi'[v(\xi)]} \tag{3-27}$$

式中，$\Phi(\theta)=i(\theta+a_s\sqrt{1-b_s\cos\theta})$，$\theta=\Omega_1\tau+\varphi_s-\varphi$，$b_s=\dfrac{2rr_s}{\chi_s^2+r^2+r_s^2}$，$\chi_s=\dfrac{1}{\beta_{0_1}}(x_1-y_1)$，$a_s=\dfrac{Ma_{\text{tip}_1}}{\beta_0}\sqrt{\chi_s^2+r^2+r_s^2}$（厚度源），$a_s=\dfrac{1}{\beta_0}\eta_{\text{CFR}}Ma_{\text{tip}_1}\sqrt{\chi_s^2+r^2+r_s^2}$（载荷和四极子源）；$v^{\pm}$ 是相函数 $\Phi(\theta)$ 的极小值点，其中 $v=\theta+\mathrm{i}\sigma$ 是实变量 θ 的复数形式。Ai 和 Ai' 表示艾里函数及其导数，系数 $A_{T_m}^{(n)}$、$A_{L_m}^{(n)}$、$A_{Q_m}^{(n)}$ 由下式给出：

$$\begin{gathered}A_{T_m}^{(1)}=\frac{\mathrm{i}mB_1\Omega_1}{4\pi\kappa}\left[1+\frac{1}{\kappa}(g_cMa_{0_i}Ma_{0_i}-Ma_{0_R})\right]\rho_o v_n\\A_{T_m}^{(2)}=\frac{c_0}{4\pi\kappa^3}Ma_{0_R}[\beta_{0_1}^2+Ma_{0_i}Ma_{0_i}]\rho_o v_n\end{gathered} \tag{3-28}$$

$$\begin{gathered}A_{T_{m,k}}^{(1)}=-\frac{\mathrm{i}(mB_1\Omega_1+kB_2\Omega_2)}{4\pi c_0\kappa^2}\hat{p}_k(g_cMa_{0_i}-e_i)n_i\\A_{T_{m,k}}^{(2)}=-\frac{1}{4\pi\kappa^3}\hat{p}_k(\beta_0^2e_i+Ma_{0_R}Ma_{0_i})n_i\end{gathered} \tag{3-29}$$

$$A_{Q_{m,k}}^{(1)}=-\frac{(mB_1\Omega_1+kB_2\Omega_2)^2}{4\pi c_0^2\kappa^3}[e_ie_j+g_c^2Ma_{0_i}Ma_{0_j}-g_c(Ma_{0_i}e_j+Ma_{0_j}e_j)]\hat{T}_{ij_k} \tag{3-30}$$

$$\begin{aligned}A_{Q_{m,k}}^{(2)}=&\frac{\mathrm{i}(mB_1\Omega_1+kB_2\Omega_2)}{4\pi c_0\kappa^3}[\kappa^2\delta_{ij}-3\beta_0^2e_ie_j+(1+2g_cMa_{0_R})Ma_{0_i}Ma_{0_j}\\&-(3Ma_{0_R}-\kappa)(Ma_{0_i}e_j+Ma_{0_j}e_i)]\hat{T}_{ij_k}\\A_{Q_{m,k}}^{(3)}=&\frac{1}{4\pi\kappa^5}[-\beta_0^2\kappa^2\delta_{ij}+3\beta_0^4e_ie_j+(3Ma_{0_R}^2-\kappa^2)Ma_{0_i}Ma_{0_j}\\&+3\beta_0^2Ma_{0_R}(Ma_{0_i}e_j+Ma_{0_j}e_j)]\hat{T}_{ij_k}\end{aligned} \tag{3-31}$$

式中，δ_{ij} 为克罗内克符号，在上述推导过程中，只考虑了非定常气动流场的周期性部分，其气动流场的表达式如下：

$$\begin{gathered}f(\tau)=-\left[\sum_{k=-\infty}^{\infty}\hat{p}_k\mathrm{e}^{-\mathrm{i}kB_2(\Omega_1+\Omega_2)}-p_0\right]\\\rho(\tau)=\sum_{k=-\infty}^{\infty}\hat{p}_k\mathrm{e}^{-\mathrm{i}kB_2(\Omega_1+\Omega_2)}\\u_i(\tau)=\sum_{k=-\infty}^{\infty}\hat{u}_{i_k}\mathrm{e}^{-\mathrm{i}kB_2(\Omega_1+\Omega_2)}\end{gathered} \tag{3-32}$$

这些等式表明，与前转子一起旋转的参考系中，在后转子叶片通过频率 $B_2(\Omega_1+\Omega_1)$ 处，流场会出现谐波特性。值得注意的是，由于流场非线性依赖于原始流动变量，式(3－22)中 Lighthill 张量的雷诺应力分量必须展开并重新组合，可以用如下形式的单个傅里叶级数表示：

$$T_{ij}(\tau)=\sum_{k=-\infty}^{\infty}\hat{T}_{ij_k}\mathrm{e}^{-\mathrm{i}kB_2(\Omega_1+\Omega_2)} \tag{3-33}$$

只有在原始流动变量中考虑有限数量的傅里叶项时，这才是有效可行的。例如，如果将式(3－32)中的级数限制在-3≤k≤3 时，在 T_{12} 的傅里叶展开中，k=0 项的结果展开和重新组合如下形式：

$$\begin{aligned}\hat{T}_{12_0}=&\hat{\rho}_0(\hat{u}_0\hat{v}_0+\hat{u}_1\hat{v}_{-1}+\hat{u}_{-1}\hat{v}_1+\hat{u}_2\hat{v}_{-2}+\hat{u}_{-2}\hat{v}_2+\hat{u}_3\hat{v}_{-3}+\hat{u}_{-3}\hat{v}_3)\\&+\hat{\rho}_1(\hat{u}_0\hat{v}_{-1}+\hat{u}_{-1}\hat{v}_0+\hat{u}_1\hat{v}_{-2}+\hat{u}_{-2}\hat{v}_1+\hat{u}_2\hat{v}_{-3}+\hat{u}_{-3}\hat{v}_2)\\&+\hat{\rho}_{-1}(\hat{u}_0\hat{v}_{01}+\hat{u}_1\hat{v}_0+\hat{u}_2\hat{v}_{-1}+\hat{u}_{-1}\hat{v}_2+\hat{u}_3\hat{v}_{-2}+\hat{u}_{-2}\hat{v}_3)\\&+\hat{\rho}_2(\hat{u}_{-1}\hat{v}_{-1}+\hat{u}_0\hat{v}_{-2}+\hat{u}_{-2}\hat{v}_0+\hat{u}_1\hat{v}_{-3}+\hat{u}_{-3}\hat{v}_1)\\&+\hat{\rho}_{-2}(\hat{u}_1\hat{v}_1+\hat{u}_0\hat{v}_2+\hat{u}_2\hat{v}_0+\hat{u}_{-1}\hat{v}_3+\hat{u}_3\hat{v}_{-1})\\&+\hat{\rho}_3(\hat{u}_0\hat{v}_{-3}+\hat{u}_{-3}\hat{v}_0+\hat{u}_{-1}\hat{v}_{-2}+\hat{u}_{-2}\hat{v}_{-1})\end{aligned} \tag{3-34}$$

对于在 T_{12} 的傅里叶展开式中 k=±1、±2、±3 的项，Lighthill 张量的其他 8 个分量也有类似表达式。为了保留叶片形状和流场的准确性，可以利用正交格式对式(3－24)~式(3－26)进行空间积分。需要注意的是，FW－H 方程中转子表面及其体积周围上(即 S 和 V)的空间积分已简化为单个叶片及其体积周围上(即 S_{B_1} 和 V_{B_1})的空间积分。此外，也将积分从静止参照系转换为旋转参考系 $(y\rightarrow\tilde{y})$，这样会使得积分更加容易计算。

后转子单音噪声表达式与前转子相同，但是在式(3－33)和式(3－34)中 (B_1,Ω_1) 需与 (B_2,Ω_2) 互换，而 m 和 k 是不互换的。此外，由于前后排叶片旋转方向相反，式中 $(\varphi_s-\varphi)$ 需替换为 $-(\varphi_s-\varphi)$，整个开式转子噪声为前后排转子噪声叠加之和。

3.3.4　基于频域 FW－H 方程的对转桨扇噪声预测方法

北京航空航天大学柬王坚等[33,34]，依然从 Goldstein 广义气动声学方程出发，发展了一套频域下对转桨扇干涉纯音噪声自由场辐射的解析表达式。

固体边界存在且介质运动时的声场表达式如下广义 Lighthill 方程的解：

$$p(x,t)=\int_{-T}^{T}\int_{S(\tau)}f_i\frac{\partial G}{\partial y_i}\mathrm{d}S(y)\,\mathrm{d}\tau \tag{3-35}$$

式中，$S(\tau)$ 代表叶片表面积；T 为声波的周期；f_i 单位面积作用给流体的力；y_i 表示声源点；τ 表示声源发射的时间；$G = G(y, \tau \mid x, t)$ 为非齐次对流波动方程的格林函数，其满足：

$$\nabla^2 G - \frac{1}{c_0^2}\frac{\mathrm{D}^2 G}{\mathrm{D}\tau^2} = -\delta(t-\tau)\delta(x-y) \tag{3-36}$$

式中，x 是观察点；c_0 为声速；δ 为狄拉克函数。$G_\omega(y \mid x)$ 为 $G = G(y, \tau \mid x, t)$ 对 $(t-\tau)$ 的傅里叶变换项，即

$$G = \frac{1}{2\pi}\int_{-\infty}^{+\infty} \mathrm{e}^{-\mathrm{i}\omega(t-\tau)} G_\omega \mathrm{d}\omega \tag{3-37}$$

式中，ω 为声波的角频率，将式(3－36)对 $(t-\tau)$ 做傅里叶变换可得

$$\nabla^2 G_\omega - \frac{1}{c_0^2}\left(-\omega^2 G_\omega + 2\mathrm{i}\omega U\frac{\partial^2}{\partial x_1}G_\omega + U^2\frac{\partial^2 G_\omega}{\partial x_1}\right) = -\delta(x-y) \tag{3-38}$$

式中，U 为前飞速度；x_1 表示坐标系的轴向方向，式(3－38)在圆柱坐标系下可以表示为

$$\begin{aligned}&\left[\frac{1}{r}\frac{\partial}{\partial r}\left(r\frac{\partial}{\partial r}\right) + \frac{1}{r^2}\frac{\partial^2}{\partial\theta^2} + \beta^2\frac{\partial^2}{\partial x_1^2} + k_0^2 - 2\mathrm{i}Mak_0\frac{\partial}{\partial x_1}\right]G_\omega \\ &= -\delta(r-r_y)\delta(x_1-y_1)\frac{1}{r}\delta(\theta-\theta_y)\end{aligned} \tag{3-39}$$

式中，$k_0 = \dfrac{\omega}{c_0}$ 为波数；$Ma = \dfrac{U}{c_0}$ 为来流马赫数；$\beta = \sqrt{1 - Ma^2}$ 为拉伸系数；r、θ、y_1 分别为柱坐标系下的径向、周向和轴向。采用变量代换，$Y_1 = \dfrac{y_1}{\beta}$，$X_1 = \dfrac{x_1}{\beta}$，$\kappa = \dfrac{k_0}{\beta}$，$G_\omega = A\mathrm{e}^{\mathrm{i}\kappa MaX_1}$，$A$ 为格林函数 G_ω 的拉伸系数，根据狄拉克函数性质：

$$\delta(\theta-\theta_y) = \frac{1}{2\pi}\sum_{m=-\infty}^{+\infty}\mathrm{e}^{\mathrm{i}m(\theta-\theta_y)} \tag{3-40}$$

式(3－39)可以转换为一个非齐次对流波动方程：

$$\begin{aligned}&\left[\frac{1}{r}\frac{\partial}{\partial r}\left(r\frac{\partial}{\partial r}\right) + \frac{1}{r^2}\frac{\partial^2}{\partial\theta^2} + \frac{\partial^2}{\partial X_1^2} + \kappa^2\right]A \\ &= -\frac{1}{r}\frac{1}{\beta}\delta(r-r_y)\delta(X_1-Y_1)\mathrm{e}^{-\mathrm{i}\kappa MaX_1}\frac{1}{2\pi}\sum_{m=-\infty}^{+\infty}\mathrm{e}^{\mathrm{i}m(\theta-\theta_y)}\end{aligned} \tag{3-41}$$

而三维非齐次对流波动方程的格林函数可以表示为

$$G=\frac{\mathrm{e}^{-\mathrm{i}\kappa R}}{4\pi R} \tag{3-42}$$

式中，$R=\sqrt{r'^2+r^2-2r'r\cos(\theta-\theta')+(X_1-X')^2}$。式(3-42)的解可通过格林函数的卷积方法求得：

$$\begin{aligned}A&=\frac{-1}{8\pi^2\beta}\int_r^{+\infty}\frac{1}{r'}\delta(r'-r_y)r'\mathrm{d}r'\int_{X'=-\infty}^{+\infty}\delta(X'-Y_1)\mathrm{e}^{-\mathrm{i}\kappa MX'}\mathrm{d}X'\int_{\theta'}^{2\pi}\sum_{m=-\infty}^{+\infty}\mathrm{e}^{-\mathrm{i}m\theta_y}\frac{\mathrm{e}^{\mathrm{i}m\theta'}\mathrm{e}^{-\mathrm{i}\kappa R}}{R}\mathrm{d}\theta'\\&=\frac{-1}{8\pi^2\beta}\mathrm{e}^{-\mathrm{i}\kappa MaY_1}\sum_{m=-\infty}^{+\infty}\mathrm{e}^{-\mathrm{i}m\theta_y}\int_{\theta'=0}^{2\pi}\frac{\mathrm{e}^{\mathrm{i}m\theta'}\mathrm{e}^{-\mathrm{i}\kappa R}}{R}\mathrm{d}\theta'\end{aligned}$$

式(3-37)可以写成

$$G=-\frac{1}{16\pi^3\beta}\int_{\omega=-\infty}^{+\infty}\mathrm{e}^{\mathrm{i}\kappa Ma\frac{x_1}{\beta}}\mathrm{e}^{-\mathrm{i}\kappa Ma\frac{y_1}{\beta}}\mathrm{e}^{-\mathrm{i}\omega(t-\tau)}\sum_{m=-\infty}^{+\infty}\mathrm{e}^{-\mathrm{i}m\theta_y}\int_{\theta'=0}^{2\pi}\frac{\mathrm{e}^{\mathrm{i}m\theta'}\mathrm{e}^{-\mathrm{i}\kappa R}}{R}\mathrm{d}\theta'\mathrm{d}\omega \tag{3-43}$$

在柱坐标系下，式(3-35)可以写成

$$p(x,\ t)=\int_{-T}^{T}\int_{S(\tau)}\left(\frac{\partial G}{\partial r_y}f_r+\frac{1}{r_y}\frac{\partial G}{\partial\theta_y}f_\theta+\frac{\partial G}{\partial y_1}f_{y_1}\right)\mathrm{d}S(y)\mathrm{d}\tau' \tag{3-44}$$

格林函数在柱坐标系下对径向、周向和轴向的偏导数可以表示为

$$\begin{cases}\dfrac{\partial G}{\partial r_y}=\dfrac{1}{16\pi^3\beta}\displaystyle\int_{\omega=-\infty}^{+\infty}\mathrm{e}^{\mathrm{i}\kappa Ma\frac{x_1}{\beta}}\mathrm{e}^{-\mathrm{i}\kappa Ma\frac{y_1}{\beta}}\mathrm{e}^{-\mathrm{i}\omega(t-\tau)}\sum_{m=-\infty}^{+\infty}\mathrm{e}^{-\mathrm{i}m\theta_y}K_2\mathrm{d}\omega\\\dfrac{\partial G}{\partial\theta_y}=\dfrac{1}{16\pi^3\beta}\displaystyle\int_{\omega=-\infty}^{+\infty}\mathrm{e}^{\mathrm{i}\kappa Ma\frac{x_1}{\beta}}\mathrm{e}^{-\mathrm{i}\kappa Ma\frac{y_1}{\beta}}\mathrm{e}^{-\mathrm{i}\omega(t-\tau)}\sum_{m=-\infty}^{+\infty}\mathrm{i}m\mathrm{e}^{-\mathrm{i}m\theta_y}K_1\mathrm{d}\omega\\\dfrac{\partial G}{\partial y_1}=\dfrac{1}{16\pi^3\beta}\displaystyle\int_{\omega=-\infty}^{+\infty}\mathrm{e}^{\mathrm{i}\kappa Ma\frac{x_1}{\beta}}\mathrm{e}^{-\mathrm{i}\kappa Ma\frac{y_1}{\beta}}\mathrm{e}^{-\mathrm{i}\omega(t-\tau)}\sum_{m=-\infty}^{+\infty}\mathrm{e}^{-\mathrm{i}m\theta_y}\left(\frac{\mathrm{i}\kappa Ma}{\beta}K_1+K_3\right)\mathrm{d}\omega\end{cases} \tag{3-45}$$

其中各核函数具体表示为

$$\begin{cases}K_1=\displaystyle\int_{\theta'=0}^{2\pi}\frac{\mathrm{e}^{\mathrm{i}m\theta'}\mathrm{e}^{-\mathrm{i}\kappa R}}{R}\mathrm{d}\theta'\\K_2=\displaystyle\int_{\theta'=0}^{2\pi}\frac{(1+\mathrm{i}\kappa R)[r_y-r\cos(\theta-\theta')]\mathrm{e}^{-\mathrm{i}\kappa R}\mathrm{e}^{\mathrm{i}m\theta'}}{R^3}\mathrm{d}\theta'\\K_3=\displaystyle\int_{\theta'=0}^{2\pi}\frac{(1+\mathrm{i}\kappa R)(y_1-x_1)\mathrm{e}^{-\mathrm{i}\kappa R}\mathrm{e}^{\mathrm{i}m\theta'}}{R^3\beta^2}\mathrm{d}\theta'\end{cases} \tag{3-46}$$

以前排转子对后排转子的干涉为例，其气动干涉的二维结构如图 3-4 所示。

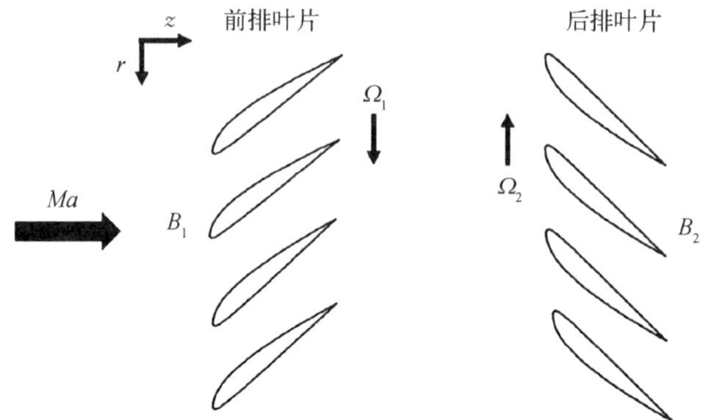

图 3-4 对转螺旋桨气动干涉二维结构

图 3-4 中，B_1、B_2 分别为前排转子和后排转子的叶片数，Ω_1、Ω_2 表示前排转子和后排转子的转速，后排转子受到来自前排叶片扰动的非定常气动载荷可以表示为

$$f_\alpha^1 = \sum_{s_1=0}^{+\infty} F_\alpha^{s_1} \mathrm{e}^{-\mathrm{i}s_1 B_1(\Omega_1+\Omega_2)\tau} \quad (\alpha = r,\ \theta,\ y_1) \tag{3-47}$$

其中，非定常载荷对应的频率为 $s_1 B_1(\Omega_1 + \Omega_2)$，$s_1 = 1, 2, 3, \cdots$，$s_1$ 为前排转子对应的谐波数，$F_\alpha^{s_1}$ 为对应 f_α^1 的傅里叶系数，下标 α 表示方向，上标 1 则表示定义的第一个叶片。当转子叶片完全相同时，其他叶片受到的非定常力幅值相同且第一个叶片仅存在自身转速引起的相位差，对于标号为 j 的叶片，该相位差为 $\dfrac{2\pi(j-1)}{B_2(\Omega_1+\Omega_2)}$，其受到的非定常载荷可以表示为

$$f_\alpha^j = \sum_{s_1=0}^{+\infty} F_\alpha^{s_1} \mathrm{e}^{-\mathrm{i}s_1 B_1(\Omega_1+\Omega_2)\left[\tau + \frac{2\pi}{B_2(\Omega_1+\Omega_2)}(j-1)\right]} \quad (\alpha = r,\ \theta,\ y_1) \tag{3-48}$$

所有转子叶片受到的非定常载荷可以表示为

$$f_\alpha = \sum_{j=1}^{B_2} \sum_{s_1=0}^{+\infty} F_\alpha^{s_1} \mathrm{e}^{-\mathrm{i}s_1 B_1(\Omega_1+\Omega_2)\left[\tau + \frac{2\pi}{B_2(\Omega_1+\Omega_2)}(j-1)\right]} \quad (\alpha = r,\ \theta,\ y_1) \tag{3-49}$$

由上述关系式得到的轴向力产生的声压可以表示为

$$p_{y_1} = \int_{-T}^{T}\int_{S(\tau)} \frac{\partial G}{\partial y_1} f_{y_1} \mathrm{d}S(y)\,\mathrm{d}\tau = \frac{1}{16\pi^3\beta}\int_{-T}^{T}\int_{S(\tau)}\int_{\omega=-\infty}^{+\infty} \mathrm{e}^{\mathrm{i}\kappa Ma\frac{x_1}{\beta}} \mathrm{e}^{-\mathrm{i}\kappa Ma\frac{y_1}{\beta}} \mathrm{e}^{-\mathrm{i}\omega(t-\tau)} \cdot \sum_{m=-\infty}^{+\infty} \mathrm{e}^{\mathrm{i}m\theta_y}\left(\frac{\mathrm{i}\kappa Ma}{\beta}K_1 + K_3\right) F_{y_1}^{s_1} \mathrm{d}\omega \mathrm{d}S(y)\,\mathrm{d}\tau \tag{3-50}$$

在相对坐标系下，有 $\theta_{\text{ref}} = \theta_y - \Omega_2 \tau$，叶片表面的积分上下限相对于声源发射时间 τ 独立，因此可以交换积分顺序，式(3－50)可以转化为

$$p_{y_1} = \frac{1}{16\pi^3 \beta} \sum_{m=-\infty}^{+\infty} \sum_{s_1=0}^{+\infty} \sum_{j=1}^{B_2} \mathrm{e}^{-\mathrm{i}(m+s_1 B_1)\frac{2\pi}{B_2}(j-1)} \int_{\omega=-\infty}^{+\infty} \mathrm{e}^{\mathrm{i}\kappa Ma \frac{x_1}{\beta}} \mathrm{e}^{-\mathrm{i}\kappa Ma \frac{y_1}{\beta}} \mathrm{e}^{-\mathrm{i}\omega t} \mathrm{e}^{-\mathrm{i}m\theta_y} \cdot F_{y_1}^{s_1} \left(\frac{\mathrm{i}\kappa Ma}{\beta} K_1 + K_3 \right) \mathrm{d}S(y) \int_{-T}^{T} \mathrm{e}^{\mathrm{i}(\omega - m\Omega_2 - s_1 B_1 [\Omega_1 + \Omega_2])\tau} \mathrm{d}\tau \mathrm{d}\omega \tag{3-51}$$

考虑到积分公式：

$$\sum_{j=1}^{B_2} \mathrm{e}^{-\mathrm{i}(m+s_1 B_1)\frac{2\pi}{B_2}(j-1)} = \begin{cases} B_2, & m + s_1 B_1 = s_2 B_2 \\ 0, & m + s_1 B_1 \neq s_2 B_2 \end{cases} \quad (s_1, s_2 = 0, 1, 2\cdots) \tag{3-52}$$

当且仅当 $m = s_2 B_2 - s_1 B_1$，由谐波压力所产生的轴向声压存在，此处的 m 为周向模态，与 Tyler 和 Sofrin 在压气机中推导的周向模态理论完全一致，且由狄拉克函数性质有

$$\lim_{Tt0 \to +\infty} \int_{-T}^{T} \mathrm{e}^{\mathrm{i}[\omega - m\Omega_2 - s_1 B_1 (\Omega_1 + \Omega_2)]\tau} \mathrm{d}\tau = 2\pi \delta(\omega - s_1 B_1 \Omega_1 - s_2 B_2 \Omega_2) \tag{3-53}$$

根据以上的推导，采用相同的方式，可分别得到径向力和周向力的发声，三个方向力发声的表达式可以写为

$$\begin{cases} p_{y_1} = \dfrac{B_2}{8\pi^2 \beta} \displaystyle\sum_{m=-\infty}^{+\infty} \sum_{s_1=0}^{+\infty} \mathrm{e}^{\mathrm{i}\kappa Ma \frac{x_1}{\beta}} \mathrm{e}^{-\mathrm{i}\omega_t t} \int_{S(y)} \mathrm{e}^{-\mathrm{i}\kappa Ma \frac{y_1}{\beta}} \mathrm{e}^{-\mathrm{i}m\theta_{\text{ref}}} F_{y_1}^{s_1} \cdot \left(\dfrac{\mathrm{i}\kappa Ma}{\beta} K_1 + K_3 \right) \mathrm{d}S(y) \\ p_{r_y} = \dfrac{B_2}{8\pi^2 \beta} \displaystyle\sum_{m=-\infty}^{+\infty} \sum_{s_1=0}^{+\infty} \mathrm{i}m \mathrm{e}^{\mathrm{i}\kappa Ma \frac{x_1}{\beta}} \mathrm{e}^{-\mathrm{i}\omega_t t} \int_{S(y)} \mathrm{e}^{-\mathrm{i}\kappa Ma \frac{y_1}{\beta}} \mathrm{e}^{-\mathrm{i}m\theta_{\text{ref}}} F_r^{s_1} \cdot K_2 \mathrm{d}S(y) \\ p_{\theta_y} = \dfrac{B_2}{8\pi^2 \beta} \displaystyle\sum_{m=-\infty}^{+\infty} \sum_{s_1=0}^{+\infty} \mathrm{e}^{\mathrm{i}\kappa Ma \frac{x_1}{\beta}} \mathrm{e}^{-\mathrm{i}\omega_t t} \int_{S(y)} \dfrac{1}{r_y} \mathrm{e}^{-\mathrm{i}\kappa Ma \frac{y_1}{\beta}} \mathrm{e}^{-\mathrm{i}m\theta_{\text{ref}}} F_\theta^{s_1} K_1 \mathrm{d}S(y) \end{cases} \tag{3-54}$$

式中，$\omega_t = m\Omega_2 + s_1 B_1 (\Omega_1 + \Omega_2) = s_1 B_1 \Omega_1 + s_2 B_2 \Omega_2$，对应的干涉噪声的频率表示为

$$f_t = \frac{\omega_t}{2\pi} = s_1 \mathrm{BPF}_1 + s_2 \mathrm{BPF}_2 \tag{3-55}$$

综上所述，对转桨扇干涉噪声在频域的表达式可以写为

$$p_L(x, t) = \sum_{s_1=0}^{+\infty} \sum_{s_2=0}^{+\infty} [\tilde{p}_{r_y(s_1, s_2)}(x) + \tilde{p}_{\theta_y(s_1, s_2)}(x) + \tilde{p}_{y1(s_1, s_2)}(x)] \mathrm{e}^{-\mathrm{i}(s_1 B_1 \Omega_1 + s_2 B_2 \Omega_2)t} \tag{3-56}$$

式中，$\tilde{p}_{r_y(s_1,\,s_2)}$、$\tilde{p}_{\theta_y(s_1,\,s_2)}$ 和 $\tilde{p}_{y1(s_1,\,s_2)}$ 分别为径向力、周向力和轴向力发声的谐波压力幅值，该方法为解析方法，对于已知的叶片表面谐波压力，通过式(3－56)即可求得自由场任一观察点的声压幅值。值得注意的是，后排叶片的非定常载荷由前排叶片的扰动产生，其角频率为 $s_1B_1(\Omega_1+\Omega_2)$，$s_1=1,\ 2\cdots$，而对应的干涉噪声的角频率为 $s_1B_1\Omega_1+s_2B_2\Omega_2$，$s_1=1,\ 2\cdots$，$s_2=0,\ 1,\ 2\cdots$，即由单个频率的谐波压力会产生多个频率的噪声，该理论对于前排叶片同样成立，且前后排叶片各自的周向模态均为 $m=s_2B_2-s_1B_1$，其表达式中谐波数的正负号并没有交替。

3.4 对转桨扇的宽频噪声预测方法

值得说明的是，无论是早期基于顾金理论[52,53]建立的螺旋桨噪声预测方法，还是基于莱特希尔声类比理论的 FW－H 方程建立起来的对转桨扇气动噪声预测方法，所预测都是旋转噪声，即我们所说的单音噪声。然而，对转桨扇还有另一种由湍流所引起的宽频噪声，这类噪声由于在对转桨扇噪声频谱中常常不占主导地位，甚至常常不计入总噪声。只有在对转桨扇发动机工作在相对较低的状态时，宽频噪声声强度才会体现出来。考虑到对转桨扇噪声理论的完整性，本章接下来对 Nikolas 等[54]宽频噪声理论的最新研究成果进行阐述。

Blandeau 的研究表明对转桨扇宽频噪声源主要有两种：① 转子尾迹干涉宽频噪声(BRWI)；② 转子尾缘宽频噪声(BRTE)。两个噪声源中前者是由于前转子叶片脱落的湍流尾迹撞击后转子叶片前缘而产生的噪声，而后者是由于前后排转子叶片上的边界层湍流与其尾缘相互干扰而产生的噪声。图 3－5 给出了宽频噪声源产生机制，以及具有 B_1+B_2 桨叶数组合的开式转子关键几何和流动参数。

BRWI 和 BRTE 噪声源模型是基于噪声源的旋转自由辐射场的 FW－H 方程。适用于 BRWI 和 BRTE 噪声的近似模型，主要做出如下假设：

(1) 转子叶片沿展向离散成厚 Δr 的翼型微元，微元中心截面半径为 $\bar{r}$，其叶片几何形状和流动参数均被假设为恒定的；

(2) 微元翼型流动是典型的二维翼型流动；

(3) 忽略叶片排中相邻叶片之间的噪声干涉(稠度低)；

(4) 观测点假设处于噪声远场位置；

(5) 忽略安装效应对宽频噪声辐射的影响。

以下所求的声压公式都是功率谱密度(power spectral density, PSD)，对应的辐射半径和角度坐标为 $(r_e,\ \theta_e)$，对于 $(r_0,\ \theta_0)$ 位置的观测者来说，声压需进行对流放大修正。以上坐标位置定义均是以转子轮毂中心线为轴线，其与后转子桨叶角变距轴线的交点为原点作为极坐标的基准，r_e 定义为原点与观测点的距离，θ_e 定义

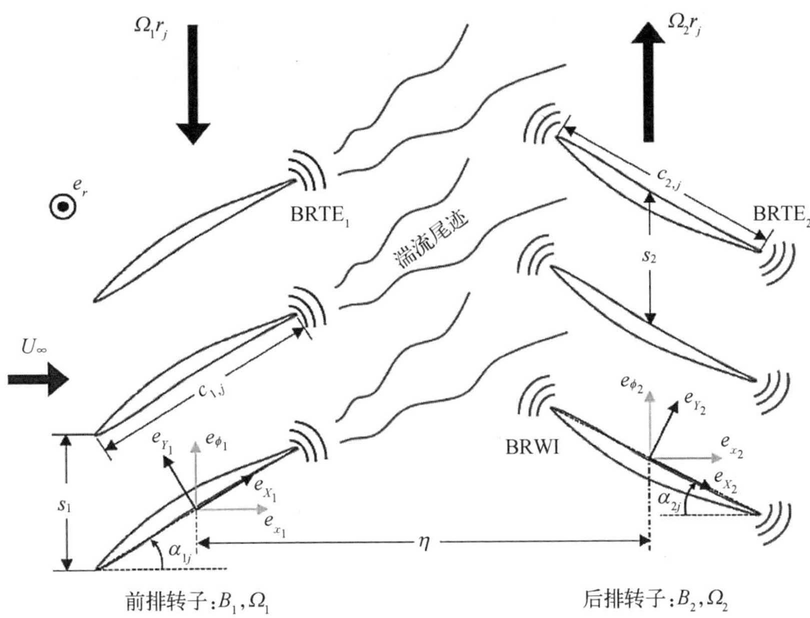

图 3－5　宽频噪声源产生机制和 B_1+B_2 桨叶组合的对转桨扇几何和流动参数

为：0°为逆气流方向，90°为垂直气流方向，180°为顺气流方向。

3.4.1　转子尾迹干涉宽频噪声

开式转子中 BRWI 噪声预测方法是在 Blandeau 等的研究基础上得来的。在观测点的时间和空间坐标下，BRWI 噪声预测方法，基于后排转子叶片因上游来流湍流而产生的压力突变的时域表达式，推导得到时间和空间坐标系下的表达式，并将压力突变表达式进行傅里叶变换。其中，第 j 个展向叶片微元 BRWI 声源的远场声压 PSD 表达式为

$$
\begin{aligned}
S_{pp,j}^{\mathrm{BRWI}}(r_e,\ \theta_e,\ \omega) = \frac{\pi}{2}\left[\frac{B_1\rho_0 k_0 b_{2,j}}{r_e(1 - Ma_x\cos\theta_e)}\right]^2 B_2 U_{X2,j}\sum_{l=-\infty}^{\infty}\sum_{m=-\infty}^{\infty}\Phi_{\omega\omega}(0,\ K_{X,j,ml}) \\
\mid L^{\mathrm{LE}}(0,\ K_{X2,j,l}k_{2,j,l})\mid^2\int_{\bar{r}_j-\frac{\Delta r}{2}}^{\bar{r}_j+\frac{\Delta r}{2}} f_m^2(\alpha_1,\ j,\ r_j) \\
\cdot J_l^2\left(\frac{k_0 r_j\sin\theta_e}{1 - Ma_x\cos\theta_e}\right)\left(\frac{l}{k_0 r_j}\cos\alpha_{2,j} - \frac{\cos\theta_e\sin\alpha_{2,j}}{1 - Ma_x\cos\theta_e}\right)^2\mathrm{d}r_j
\end{aligned}
\tag{3-57}
$$

式(3－57)是基于后转子不同桨叶之间的非定常载荷不存在相关性的假设而

得到的简化表达式。式中，$k_0 = \omega/c_0$ 为声波数；Ma_x 为轴向飞行马赫数；m 为前转子散射指数；J_l 为第一类贝塞尔函数；L^{LE} 为前缘干扰作用下的非定常载荷项；$U_{Xi,j}$ 为第(i, j)个桨叶截面的相对入流速度。对于满足以下表达式条件的对转桨扇来说,这种简化是可以接受的。

$$\frac{2b_{W,j}}{s_2} < 1 \tag{3-58}$$

式中，$b_{W,j}$ 表示前转子叶片第 j 个微元产生的尾迹半宽度。"尾迹准则"表明,前转子叶片微元产生的尾迹宽度必须小于后转子中相邻叶片的微元之间的栅距。

式(3-57)中最重要的基本假设之一是尾流湍流具有各向同性的特点,可以利用波数谱 $\Phi_{\omega\omega}$ 进行说明。von Karman 和 Liepmann 模型是两种常见的各向同性湍流模型,本节使用的是 Liepmann 湍流模型,之所以选择该模型,是因为它模拟了更高频率下的声学特性,更能代表实验数据中的观察点。Liepmann 湍流模型中二维湍流速度谱的简化式为

$$\Phi_{\omega\omega,L}(0, k_X) = \frac{3\overline{\omega^2}}{4\pi}L^2\frac{L^2k_X^2}{(1+L^2k_X^2)^{5/2}} \tag{3-59}$$

式中,L 为湍流积分长度；$\overline{\omega^2}$ 是尾迹湍流的均方速度。非定常载荷项由以下表达式给出：

$$|L^{LE}(0, K_{X,l,k_l})|^2 = \frac{1}{b_2^2}\left|\int_{-b_2}^{b_2} g^{LE}(X_2, 0, K_{X,l}, Ma_{X_2})\mathrm{e}^{-\mathrm{j}k_lX_2}\mathrm{d}X_2\right|^2 \tag{3-60}$$

式中，$b_2 = c_2/2$ 为后转子叶片微元的半弦长；g^{LE} 是由前缘干扰作用引起的平板响应函数,可由 Amiet 推导的模型计算得到。此外,平均尾迹剖面的傅里叶分量如下：

$$f_m(\alpha_1, r) = \frac{1}{B_1\sigma\sqrt{2\pi}}\exp\left[-\frac{1}{2}\left(\frac{m}{\sigma}\right)^2\right] \tag{3-61}$$

式中，$\sigma = r\cos\alpha_1\sqrt{2\ln 2}/B_1b_W$。值得注意的是,式(3-61)中包含了一个高斯湍流尾流剖面,相应可以假设所关注的湍流仅在叶片上产生,而其他地方可以忽略不计。最后,湍流波数 $K_{X,j,ml}$、$K_{Xi,j,l}$ 及气动声学耦合波数 $k_{i,j,l}$ 分别定义为

$$K_{X,j,ml} = \frac{\omega - l\Omega_2 + mB_1(\Omega_1+\Omega_2)}{U_{X2,j}},\ K_{Xi,j,l} = \frac{\omega - l\Omega_i}{U_{Xi,j}} \tag{3-62}$$

$$k_{i,j,l} = \frac{l}{\bar{r}_j}\sin\alpha_{i,j} + \frac{k_0\cos\alpha_{i,j}\cos\theta_e}{1-Ma_x\cos\theta_e} \tag{3-63}$$

3.4.2 转子尾缘宽频噪声

对于第 i 个转子的第 j 个展向微元,BRTE 声源远场声压 PSD 表达式为

$$S_{pp,j}^{\mathrm{BRTE}_i}(r_e,\theta_e,\omega)=\frac{B_i}{8\pi}\left[\frac{k_0 b_{i,j}}{r_e(1-Ma_x\cos\theta_e)}\right]^2\sum_{l=-\infty}^{\infty}S_{qq}(0,K_{X,l,i,j})$$
$$\cdot|L^{\mathrm{TE}}(0,K_{Xi,j,l}k_{i,j,l})|^2\int_{\bar{r}_j-\frac{\Delta r}{2}}^{\bar{r}_j+\frac{\Delta r}{2}}J_l^2\left(\frac{k_0 r_j\sin\theta_e}{1-Ma_x\cos\theta_e}\right)$$
$$\cdot\left(\frac{l}{k_0 r_j}\cos\alpha_{i,j}-\frac{\cos\theta_e\sin\alpha_{i,j}}{1-Ma_x\cos\theta_e}\right)^2\mathrm{d}r_j \tag{3-64}$$

式(3-64)在前、后相邻转子叶排的叶片微元之间不存在相关性的假设下成立,L^{TE} 为尾缘干扰作用下的非定常载荷项。叶片表面压力波数的交叉谱可进一步定义为

$$S_{qq}(0,k_x)=\frac{1}{\pi}l_r(k_X U_c)\Phi_{pp}(k_X U_c) \tag{3-65}$$

式中,$\Phi_{pp}(\omega)$ 为桨叶尾缘附近的叶片表面压力谱;l_r 为展向长度;U_c 为涡旋对流速度。$\Phi_{pp}(\omega)$ 是基于 Kim 和 George 模型计算得到的。此外,对于任意(i,j)的转子叶片微元,尾缘非定常载荷项与上文中提到的前缘非定常载荷项类似,其公式为

$$|L^{\mathrm{TE}}(0,K_{X,l,k_l})|^2=\frac{1}{b^2}\left|\int_{-b}^{b_2}g^{\mathrm{TE}}(X,0,K_{X,l},U_c)\mathrm{e}^{-\mathrm{j}k_l X}\mathrm{d}X\right|^2 \tag{3-66}$$

式中,g^{TE} 为尾缘干扰作用下的平板响应函数。

3.4.3 流动和尾迹参数的评估

在上文提出的公式中,有几个关键参数必须根据经验确定。对于 BRWI 噪声,包括沿后排桨叶弦长方向的总速度 $U_{X2,j}=U_{2\mathrm{res},j}\cos(A_0A_{2,j})$,前转子叶片产生的尾迹半宽度 $b_{W,j}$,湍流积分长度 L,尾迹湍流均方速度 $\overline{\omega^2}$。后排桨叶相对速度是诱导速度的函数,该诱导速度是由转子叶片产生的推力、叶片本身的旋转速度和前转子尾迹产生的诱导速度切向分量共同作用的结果。湍流长度尺度与尾迹半宽度关系式如下:

$$L=0.42b_W \tag{3-67}$$

根据风扇叶片靠近尾缘处的尾迹测量结果,进一步可将尾迹半宽度定义为

$$\frac{b_W}{\theta_{MT,1}} = \sqrt{0.158X_\Theta + 2.494} \tag{3-68}$$

式中,$\theta_{MT,1} = C_d b_1$ 为前桨叶片微元的动量厚度;$X_\Theta = X_\eta / 2\theta_{MT,1}$。最后,尾流均方脉动速度定义为

$$\frac{\sqrt{\overline{\omega^2}}}{u_0} = 0.004\,52X_\Theta + 0.3553 \quad X_\Theta < 65 \tag{3-69}$$

要注意的是,中心线速度亏损 u_0 可以采用以下表达式进行计算:

$$\frac{U_{X1}}{u_0} = \sqrt{2.133X_\Theta + 7.458} \tag{3-70}$$

上述研究的 BRTE 噪声模型的频谱特性由式(3-65)的波数交叉频谱所决定,主要参数包括叶片展向长度 l_r 和叶片边界层位移厚度 δ^*。叶片展向长度以分段的方式进行定义:

$$l_r(\omega) = \frac{b_c U_c}{\omega} \tag{3-71}$$

其中,

$$b_c = \begin{cases} 1.56 & r/R_i \leqslant 0.85 \\ 0.90 & r/R_i > 0.85 \end{cases} \tag{3-72}$$

对叶片展向长度的评估是基于湍流“冻结”假设,这就意味着湍流只是在局部平均流动中进行简单的对流运动。此处,涡流对流速度定义为 $U_c = 0.6U_X$。

第四章 对转桨扇气动性能和声学设计

对转桨扇这种高速、对转、无外机匣的叶轮机械，其流动特点与传统的螺旋桨和风扇均存在明显差异，因此，常规的螺旋桨和风扇设计方法均无法处理桨扇构型的设计问题，中国航发动研所将第 2.3 节所述的桨扇可压升力面理论气动设计方法推广应用于实际的桨扇工程研制；在此基础上，进一步发展了桨扇三维定场和非定场数值仿真方法，以及基于时域和频域 FWH 方程的桨扇噪声仿真方法，形成了整套设计工具集；基于此，开展大量气动方案设计研究和参数影响规律研究，并采用第五章所述的方法完成试验验证，形成一套完整的对转桨扇气动性能和声学设计技术。

中国航发动研所对转桨扇气动性能和声学设计包括：桨扇气动性能设计、三维数值计算和桨扇气动噪声计算三个步骤，基于流程图如图 4－1 所示。

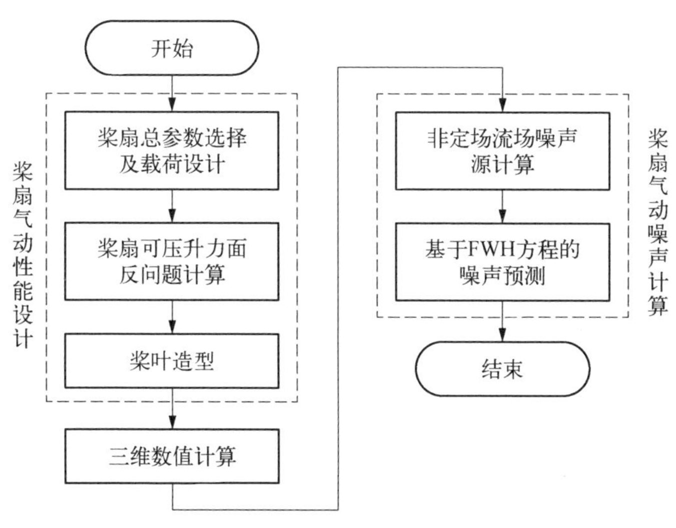

图 4－1　对转桨扇气动性能和声学设计流程

4.1 对转桨扇气动性能设计

对转桨扇的几何特征、流动特点和总体性能均介于螺旋桨与风扇之间，国际上对于这类推进器的气动设计方法，采用螺旋桨的外流设计方法还是风扇的内流设计方法，很难形成一致的结论。第二章对几种常见的对转桨扇气动设计理论和方法进行了讨论，其中可压升力面法可严格处理对转桨扇高速流动中的空气压缩性、旋转、宽弦大后掠桨叶、桨叶间相互作用的影响，非常符合对转桨扇的流动特点。中国航发动研所采用第 2.3 节所述的基于升力面理论的对转桨扇气动设计方法开展了大量气动方案设计研究，本节用具体案例对桨扇气动方案的设计过程进行说明[31]。

4.1.1 设计参数选择

对转桨扇设计参数选择主要是根据一些限定条件确定一些基本参数。对转桨扇气动设计中设计自由度大，包括总体设计参数、几何设计参数、载荷设计参数等，这些参数的选择对桨扇设计性能的优劣具有直接决定作用。表 4－1 为国际上现

表 4－1　国际上主要高速螺旋桨和对转桨扇的总体参数选取

型　号	状态	功率 /kW	功率比	转速 /(r/min)	直径 /m	轮毂直径 /m	桨盘载荷 /(kW/m²)	叶片数
TP400[55-58]	起飞	7 830	—	842	5.3	—	278.7	8
	巡航	5 500	—	730		—	195.8	
D－27[55-58]	起飞	10 400	55：45	1 000	4.5	0.9	514	8+6
	巡航	5 030	55：45	850		0.9	248	
AI－PX7[37]	起飞	10 300	55：45	1 032	4.27	1.5	—	11+9
	巡航	—	55：45	795		1.5	—	

型　号	状态	飞行马赫数	切线速度 /(m/s)	飞行速度 /(m/s)	桨尖相对速度 /(m/s)	相对马赫数
TP400	起飞	0.2	233.7	70	243.4	0.72
	巡航	0.72	202.6	216	298.1	0.99
D－27	起飞	0.2	235.6	70	245.7	0.72
	巡航	0.72	200	216	294.4	0.98
AI－PX7	起飞	0.2	230.7	70	241	0.71
	巡航	0.75	177.7	221.25	283.8	0.96

当代主要螺旋桨型号和对转桨扇的总体设计参数。对转桨扇的总体设计参数的选择，是各个单一参数在局部利弊及总体利弊之间折中选取的结果。如大直径可减轻桨盘单位面积载荷（P/D^2）、功率系数，有利于获得高推进效率，但直径的选择需综合考虑诸如噪声、桨叶强度、飞机上的安装空间等众多非气动方面提出的限制要求；若直径确定之后，转速与桨尖切线速度存在正比关系，高转速、高切线速度会引起桨尖超声速，会造成较大的激波损失和噪声水平的急剧增大，因此，巡航状态桨尖相对马赫数一般不能超声速，虽然起飞状态来流马赫数低，桨尖合成马赫数不会超声速，但从噪声角度来考虑，切线速度选择也是越低越好。桨叶数过多或过少都会带来不利的影响，桨叶数过多则整个转子的流动湿表面积大，附面层内摩擦损失大、流动损失大，会降低推进效率，同时，整个桨的质量也会增加，也不利于变桨距机构的结构布局；桨叶数过少，则单片桨叶上负荷大，负荷大则有不利于减小叶型损失。目前国际上唯一投入使用的桨扇发动机 D－27 的巡航飞行马赫数为 0.72，为了兼顾桨盘载荷和噪声，其直径为 4.5 m，转速选取为 850 r/min，此时桨尖相对马赫数可达 0.98，几乎达到了声速限制下的极致。

在几何参数方面，国外高亚声速巡航的螺旋桨和对转桨扇，桨叶通常采用大后掠角的设计，如图 4－2 所示子午面积叠线，后掠角对桨扇推进效率的影响较为明显，后掠角增大，可降低桨叶的有效相对来流马赫数，缓解高速来流带来的流动损失，提高推进效率。如图 4－3 所示，给出了对转桨扇设计的一种厚度和弦长分布。对于桨叶厚度分布，通常采用桨叶基元叶型最大厚度的径向分布来定义。从气动性能角度来看，桨叶厚度对桨扇性能的影响很大，薄桨叶有利于获得更高推进效率；从工程实际来考虑，则桨叶不能太薄，尤其是桨根应有足够的厚度，确保桨叶有足够的强度裕度。对于桨叶弦长，在一定范围内增大弦长可降低叶片负荷，有利于

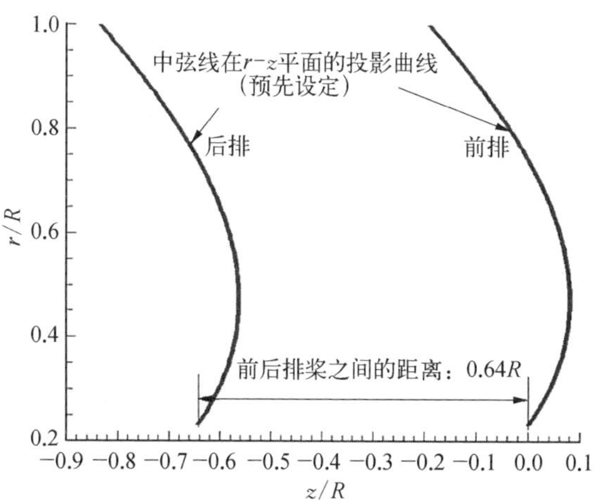

图 4－2　典型的对转桨扇积叠线几何

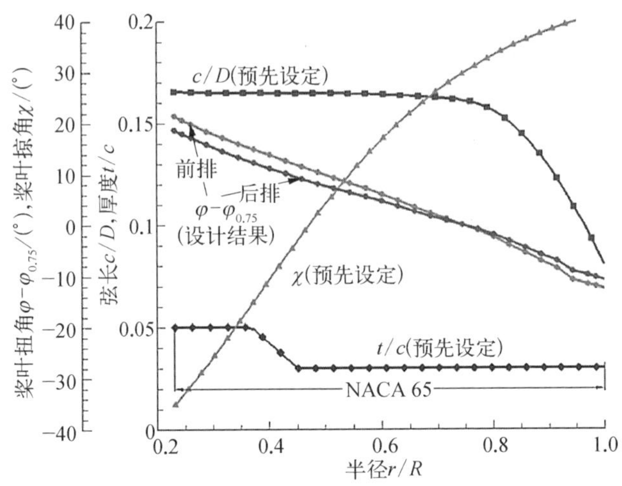

图 4-3　典型的对转桨扇桨叶弦长分布、厚度分布

提高桨叶推进效率并降低噪声,但是过大的弦长会导致摩擦损失增加,反而会使推进效率降低。因此桨叶几何参数的选择是综合各种因素后,反复迭代设计计算的折中结果。

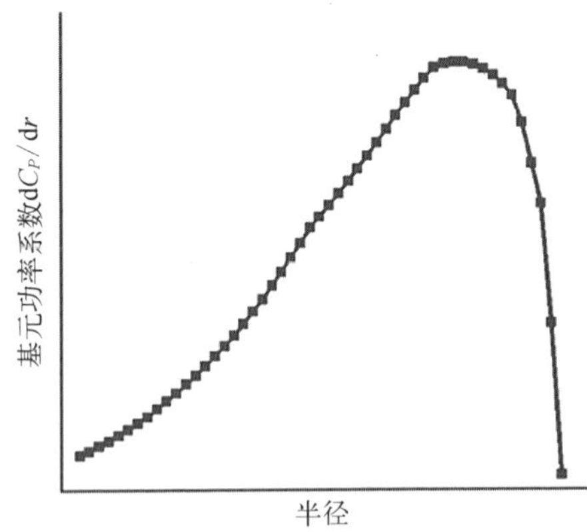

图 4-4　典型的满足最佳分布条件基元功率系数径向分布

此外,桨扇设计中还需给定前、后排桨叶的载荷系数分布,桨叶载荷系数分布的给定应满足功率指标,载荷系数分布的给定包括两个部分:一是根据理想螺旋桨理论 Betz 最佳分布条件及 Prandtl 有限桨叶数桨尖绕流模型确定基元功率系数的径向分布,当然,该最佳分布条件是在轻载荷的理想螺旋桨模型下得到的,如图 4-4 所示,应用于重载荷的桨扇推进器只是一种近似,且实际工程设计中考虑到降噪的问题,最佳分布未必是最佳的形式,还需根据具体的设计问题对载荷径向分布进行优化调整;二是通过"三段式"分段函数表达式给出载荷系数的弦向分布,如图 4-5 所示,且需对各弦向最大载荷系数进行控制,载荷系数过大则相应的叶型弯角过大,容易产生较强的激波而增大损失,此时可增加基元弦长来减小基元最大载荷系数。由于前桨来流为远前方未受扰动来流,而后桨来流为前桨后的滑流,来流条件的不同会导致桨扇前、后桨基元功率系数径向分布和载荷系数弦向分布存在一定的差异。

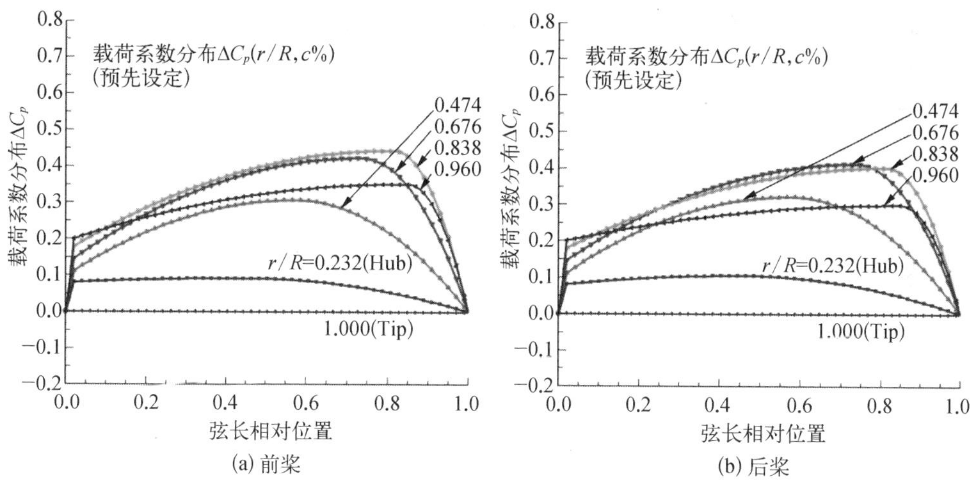

图 4-5 对转桨扇模型反问题给定的桨叶载荷系数分布

4.1.2 可压升力面法反问题计算

基于指定的总体设计参数、主要几何设计参数和载荷系数分布,可通过可压升力面核函数在螺旋参考面上的积分得到各控制点处诱导的下洗角 α, 如图 4-6 所示。核函数为基于旋转坐标系下可压缩升力面理论得到的本排桨载荷诱导核函数、本排桨厚度诱导核函数、邻排桨载荷诱导核函数、邻排桨厚度诱导核函数。反问题计算中,先计算相应物理模型对应的特性值、特征函数,再进行核函数的升力面积分。升力面积分分为弦向积分和径向积分：核函数的弦向积分采用解析的方

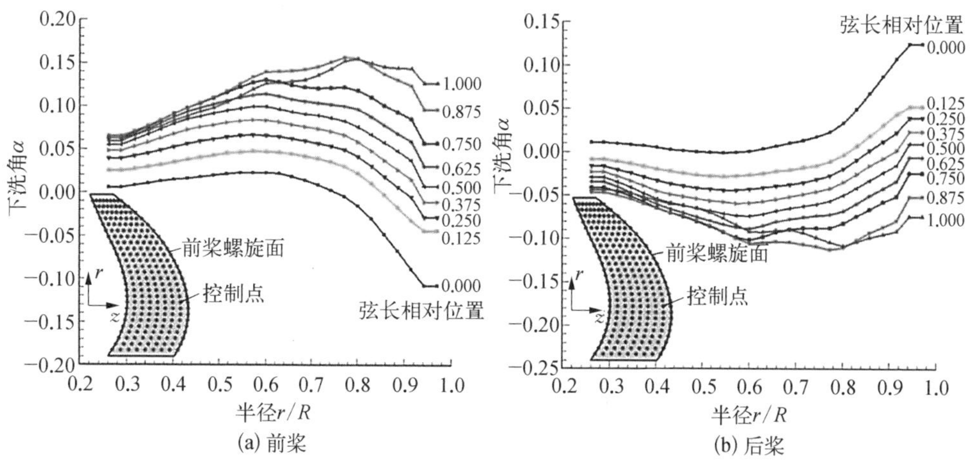

图 4-6 升力面积分得到的控制点下洗角

式处理;径向积分则分为奇异区间和非奇异区间分别处理。反问题计算中,需指定不同桨叶位置的基元对称叶型,桨扇基元对称叶型常采用厚度较薄、最大厚度相对位置靠后的高速叶型。图 4-6 为通过核函数的升力面积分得到的前、后桨螺旋参考面上控制点的下洗角 α, 图中前、后桨控制点上的下洗角正、负的差别为坐标系的选择所致。

4.1.3 桨叶造型设计

桨叶造型设计是利用可压升力面法反问题计算得到的桨叶螺旋参考面各控制点处的下洗角,通过流动切向条件先进行中弧面造型,再进一步叠加叶型厚度分布得到桨叶压力面、吸力面型线,并输出桨叶几何的 xyz 坐标。由于桨叶下洗角分布在某些径向位置处可能存在不光顺的现象,在中弧面造型前,需先进行下洗角光顺,以免引起桨叶型面的不光顺。图 4-7 为桨叶造型后获得的典型对转桨扇几何模型。

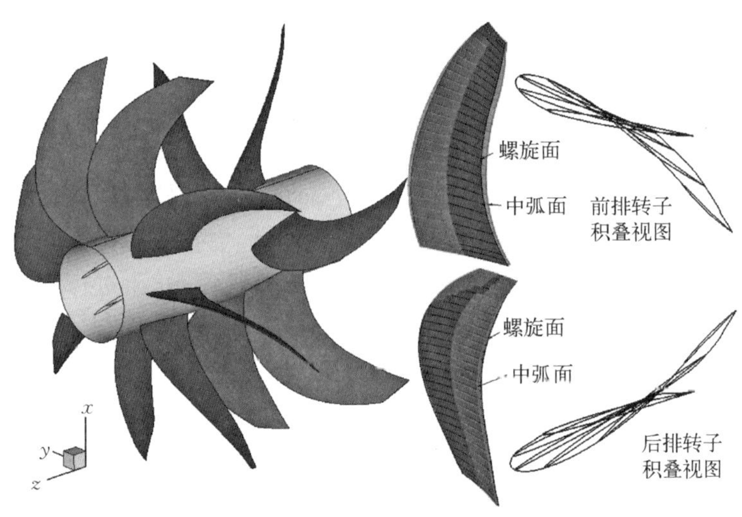

图 4-7 典型的对转桨扇几何及其桨叶中弧面

4.2 对转桨扇三维数值计算分析

三维数值计算能够较为准确地模拟对转桨扇的流动,并获取三维流场特征,主要包括总性能参数、各排叶片气动参数的展向分布、叶片表面的压力分布、极限流线图、马赫数云图、速度矢量图等,是试验前较为准确获得对转桨扇气动性能的重要手段，可以为对转桨扇的迭代优化和改进设计提供详细的流场信息，是对转桨扇气动设计过程中的一个重要环节，本节以某典型对转桨扇案例对桨扇三维数值计算分析过程进行阐述[28]。

4.2.1　三维数值计算方法

三维数值模拟计算方法有多种，包括雷诺平均（RANS）方法、直接数值模拟（DNS）方法、大涡模拟（LES）方法，非线性谐波（NLH）方法等。但工程界应用最广泛的仍是 RANS 方法，本节基于该方法对三维数值计算分析方法进行阐述。三维数值计算一般由三部分组成：前处理、求解器和后处理。前处理用于计算域的离散，主要包括网格的划分、边界条件和数学模型的给定。求解器是在基于前处理的设置基础上，进行数值迭代计算。后处理将计算结果进行图形化显示、分析和处理。

三维数值计算中计算域的选取、网格划分、边界条件的定义及湍流模型的选取等都对计算结果有很大的影响，需要重点关注。

1. 网格划分

与螺旋桨相比，对转桨扇的构型要更为复杂，若在计算区域整体生成多块网格，需耗费大量的人力和时间成本，而且由于网格拓扑结构复杂，网格的正交性和网格间的尺寸过渡难以保证，造成了网格质量降低。此外，为了提高计算精度，往往会在物理量梯度较大的区域及我们感兴趣的区域进行网格加密。此时，整体网格会导致拓扑对应的本不需要加密的位置也被连带加密，使网格量大幅增加。因此在对转桨扇网格划分中，通常采用面搭接的方式，将整个计算区域划分成若干个没有重叠部分的子区域，各子区域单独生成网格，再通过插值实现不同子区域交界面两侧的流场信息传递。采用这种方法可以使网格拓扑得到简化，提高网格质量，降低网格生成难度，进而提高计算的精度和收敛速度。总体而言，对于 RANS 方法，网格和计算域的设计原则如下。

（1）对转桨扇的网格可以按照流动特点划分为前桨旋转域、后桨旋转域和远场静止域三个部分。

（2）为节省计算资源，对转桨扇通常采用单通道计算，对每一级包含单个叶片的单一通道进行网格划分。若进行桨扇全通道计算，可在生成单通道周期性网格之后进行旋转复制，这样可以保证每个叶片通道的网格保持一致。

（3）商业软件 NUMECA/Autogrid 中提供了用于开式转子叶片的标准化网格划分模块，可以非常方便地对桨扇前桨旋转域和后桨旋转域进行网格划分，每个叶片旋转域网格均包含一个叶片通道区域和一个小远场区域，叶片旋转域采用六面体结构化网格。为了保证周期边界条件的插值精度，即流动通道左右两侧的网格应具有周期性空间匹配关系,网格节点可以一一对应。

(4) 叶片表面、轮毂、桨尖及桨尖小远场区域的网格密度需要尽量保证,以确保能够很好地分辨固壁表面边界层中流场变量的梯度,以及捕捉桨尖区域旋涡流动结构。网格加密程度与选择的湍流模型有关,在经验不足时,计算完成后应当检查壁面第一层网格 y^+ 的大小是否满足湍流模型的要求。

(5) 对叶片前尾缘、叶片根部间隙等细节结构,在几何建模上应尽量与实际结构一致,同时计算网格应保证对细节结构及其周围的流场有足够的空间分辨率。

(6) 在流动梯度较大的区域尽量保证网格正交性和局部加密程度,例如激波区域、叶片排尾迹区、桨尖涡区域及前后转子的交界面区域等。另外,网格密度和质量应当与流场求解器中具体的空间离散格式相匹配,以降低网格质量对格式精度的影响。

(7) 远场静止域通常采用 ANSYS/ICEM 或者其他网格划分软件进行网格划分,为尽量减少计算域边界条件对计算结果带来的影响,根据外流螺旋桨数值计算经验,远场静止域的径向边界为桨盘半径的 5~20 倍,远场进出口到叶片的距离也为桨盘半径的 5~20 倍,远场静止域也采用六面体结构化网格。在靠近旋转域附近的区域,远场静止域网格也要适当加密。

(8) 计算网格应当方便在进出口边界、周期性边界、远场边界及转-转交界面、静止域-旋转域交界面、固壁表面等处定义边界条件。

(9) 此外,为了适配后续的气动声学计算,声源区域的网格尺度需要满足声学信号分析的要求。一般来说,一个声波波长范围内需要包含 18~24 个网格点。此处的声波波长为所关注的主导噪声的波长,如典型桨扇叶片噪声问题中,一倍叶片通过频率所对应的波长。

图 4-8 和图 4-9 为对转桨扇计算域和计算网格示意图。

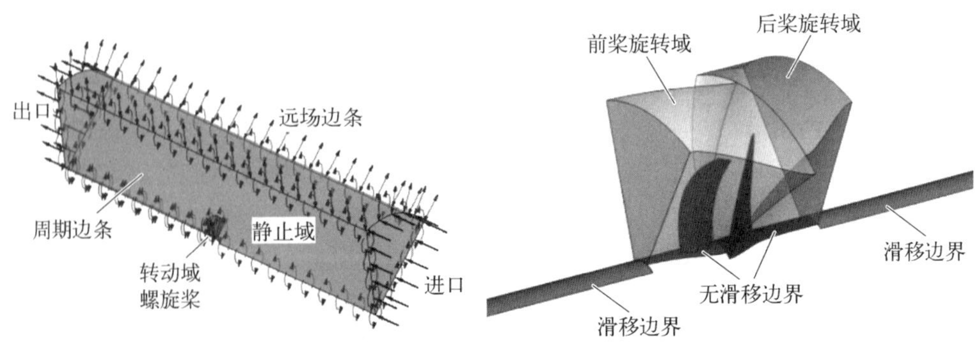

图 4-8　对转桨扇计算域示意图

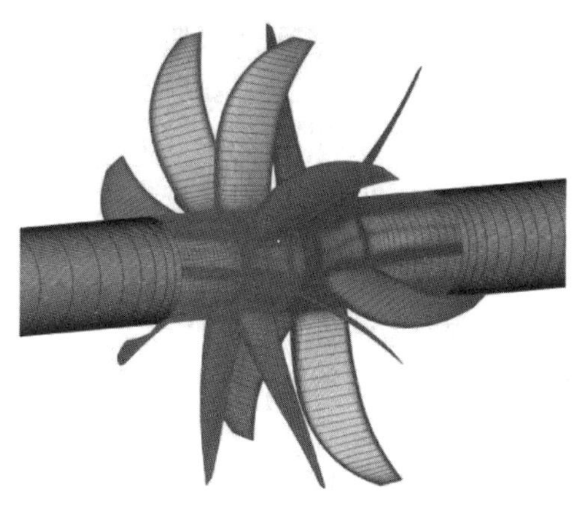

(a) 桨叶表面网格分布

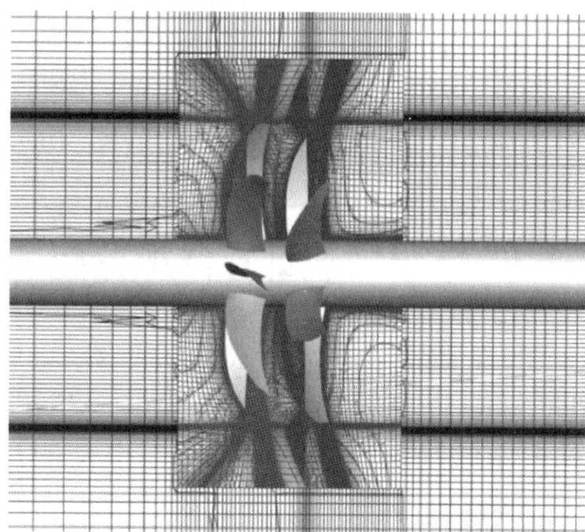

(b) 空间截面网格分布

图 4-9 对转桨扇计算网格

2. 三维数值计算求解设置

在利用求解器对桨扇定常三维流场进行数值计算之前,需对计算域和边界进行定义,以及求解器参数进行设置,包括如下内容。

(1) 计算域求解设置:桨叶通道设置为旋转计算域,转速为桨扇实际物理转速,两排桨叶转速方向相反,旋转速度的正负由右手定则确定。远场域设置为静止计算域。由于高亚声速流动涉及气体的压缩性,因此选用理想空气为流动介质。计算域参考压力为桨扇飞行高度当地大气压。

(2) 求解器设置:定常计算时,控制方程为 RANS 方程,时间推进使用基于物理时间步的方式,空间离散使用基于有限元的有限体积法,对流项离散采用高分辨率(high resolution)格式,湍流模型建议选择 SST(shear stress transport)模型进行相关湍流变量的求解。

(3) 进口边界条件:由于来流马赫数小于 1,通常是给定进口相对速度、静温、周向和径向气流角四个参数。

(4) 出口边界条件:当子午流场亚声速时,通常给定压力出口边界条件。

(5) 远场边界条件:给定 opening 边界,并给定速度和静温条件。

(6) 壁面边界条件:壁面包括桨帽、桨毂和桨叶,均为旋转壁面,采用无滑移和绝热壁面条件。桨盘下游远场还存在一个假想的轮毂壁面,将其设置为滑移边界,以消除附面层发展对主流的影响。

(7) 周期性边界条件:一般在单通道计算域的两侧设置旋转周期性边界条件,即周向上一侧边界处的流场变量等于对面一侧的流场变量。

(8) 交界面边界条件:对于桨扇而言,不同计算域的网格之间既有前、后桨旋转域间的动-动交接面，也有旋转域和静止域之间的动-静交接面，需要通过交接面边界处理来进行流场的统一模拟，网格交接面通常设置为冻结转子模型。

(9) 数值计算监控参数设置：进行对转桨扇求解设置时，建议设置监控参数，监控前桨和后桨的推力、扭矩、效率，以及前后桨总的推力、扭矩、效率等参数。

4.2.2 三维数值计算结果分析

三维数值计算需要对流场参数进行监控，以判断数值模拟是否收敛。收敛性判断标准：当前计算步的前桨推力和扭矩、后桨推力和扭矩与100步前的量之差小于“10^{-5}”时认为计算收敛；四个性能参数的变化趋势或残差下降三个数量级认为计算收敛；四个性能参数的残差维持在一个值的附近波动或基本平直，且推力和扭矩波动幅值小于±0.5%。常规计算三者判据满足其一认为收敛，对于存在特殊情况的计算可以考虑适当放宽标准。

当计算收敛之后，需要通过后处理模块检查流场壁面的 y^+ 值是否满足湍流模型的要求，若不满足，需返回修改网格，重新生成网格后计算。

检查流场参数的连续性，若有压力或速度矢量的分布存在不连续的层次跳跃情况(激波位置除外)，说明该位置网格分布出现问题，需返回网格划分修改。

当三维数值计算经分析确认不存在以上所述的问题之后，可认为计算结果有效，可进一步开展详细的三维数值计算结果分析。在桨扇工程实际设计过程中，工程师最关心的还是对转桨扇的总性能和各叶片排的性能，然后才进行具体流场分析。

从三维数值计算结果中，提取前、后桨的拉力和扭矩，以计算对转桨扇的推进效率、拉力系数和功率系数，将这些参数作为纵坐标，以前进比为横坐标，可以绘制对转桨扇气动特性。如图4-10所示为某对转桨扇方案的气动特性，通常将不同飞行高度下，对应的不同马赫数下的等马赫数特性(改变桨扇转速)绘制在同一张图上，可以获得桨扇在不同高度以及对应马赫数下的总性能。要注意的是，不同飞行高度不同飞行马赫数下，对应的转速和功率要与发动机输出功率匹配，这就要求在数值模拟过程中，调整桨叶几何角度，以及前后桨角度匹配的组合，确保总消耗功率与发动机平衡，前后桨的功率比也要满足减速器的设计指标。另外，拉力系数特性或者拉力特性也要进行分析，确定各状态下拉力大小是否满足飞机的要求。

对于桨扇的三维流场分析，常用的有S1流面流场分布、S3流面流场分布、沿流向的法向方向截面上的流场分布、叶片表面压力分布和极限流线、每排叶片进出口气动参数沿径向分布等。本节以某对转桨扇三维流动分析为例进行阐述。

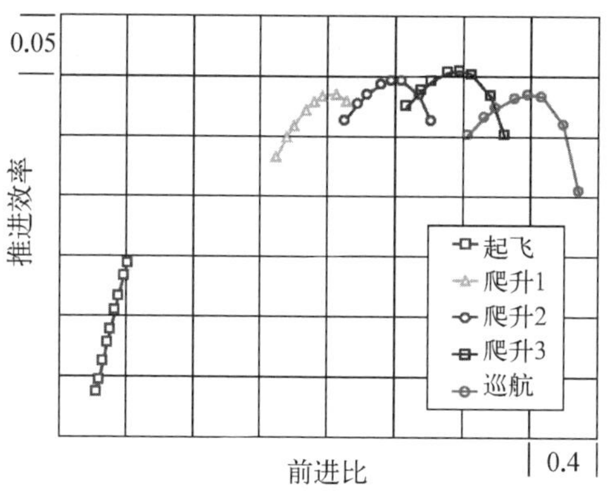

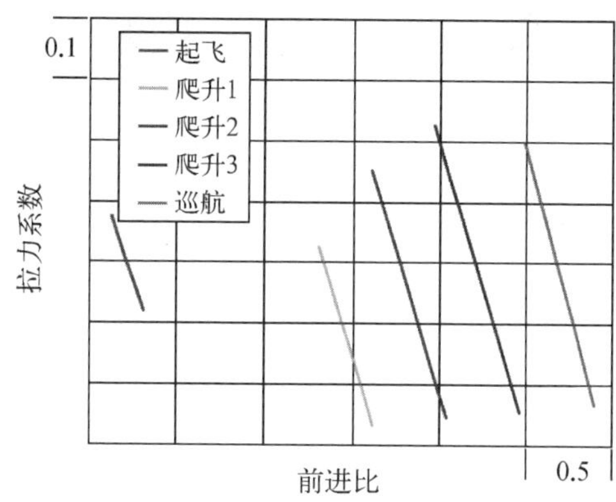

图 4－10　对转桨扇气动特性曲线

图 4－11 给出了前、后桨单片桨叶的载荷径向分布。前、后桨的载荷均集中在外侧，最大载荷出现桨叶展向 90%半径处，而中内段载荷偏低，可以通过载荷内移来发挥桨叶中段的潜力。图 4－12 给出了前、后桨吸力面的压力云图，图 4－13 为前、后桨吸力面的表面流线图，巡航状态前、后桨叶外段均存在很强的激波，起飞状态前桨存在很明显的前缘分离泡，这会降低桨叶的气动效率，同时分离区域的非定常变化还会对叶片的振动造成影响。图 4－14 给出了前桨前缘附近的流线图，巡航状态桨叶工作在 0°攻角附近，而起飞状态由于大推力的需求，桨叶攻角处于 4°左右，巡航和起飞状态桨叶迎角相差过大，难以协调。

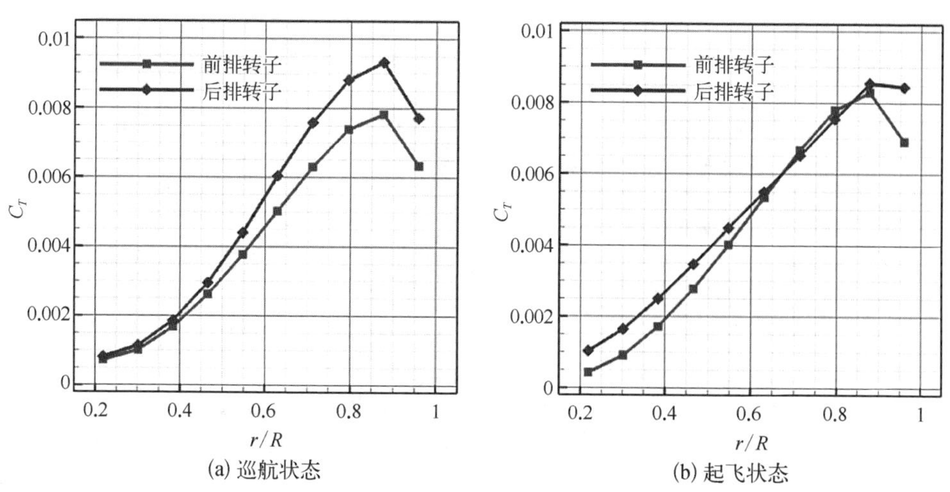

(a) 巡航状态　　(b) 起飞状态

图 4－11　前、后桨单片桨叶载荷径向分布

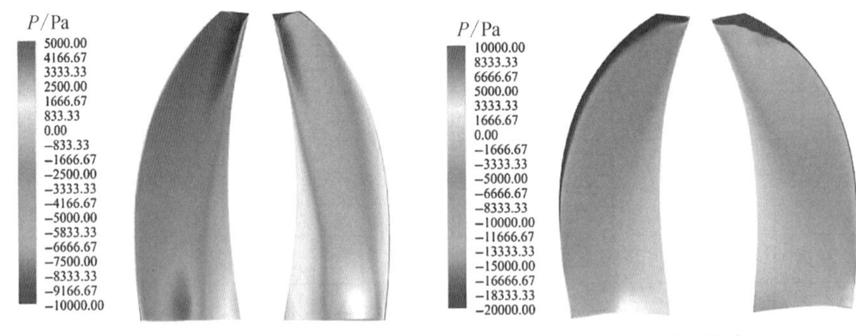

(a) 巡航状态　　(b) 起飞状态

图 4－12　前、后桨吸力面压力云图

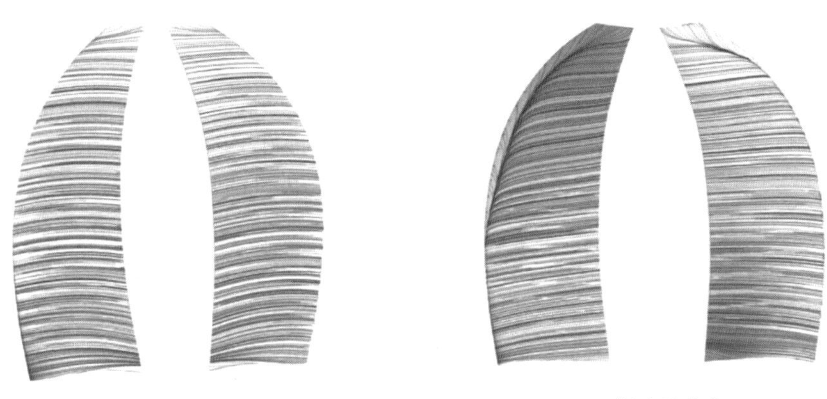

(a) 巡航状态　　(b) 起飞状态

图 4－13　前、后桨吸力面的表面流线图

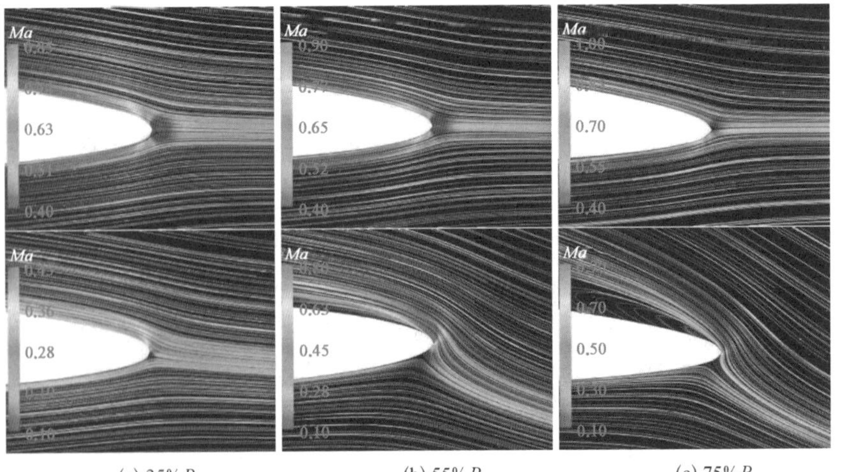

(a) 35%R　　(b) 55%R　　(c) 75%R

图 4－14　前桨前缘附近流线图(上排为巡航状态，下排为起飞状态)

图 4－15 给出了前桨尾迹的熵云图，相比于巡航状态，起飞状态前桨的桨尖涡和尾迹强度明显增加，这主要是由于起飞状态的桨叶载荷较大，此外，由于桨叶为后掠形状，起飞状态前桨的前缘分离泡产生的低能量气流会沿展向汇聚到桨尖，形成较强的尾迹和桨尖涡，这会导致前、后桨间的干扰噪声增加。图 4－16 给出了桨叶尾迹的涡量等值面图，由于滑流收缩效应，在巡航和起飞状态前桨的桨尖涡均会打到后桨桨尖，导致桨间干扰噪声增加。

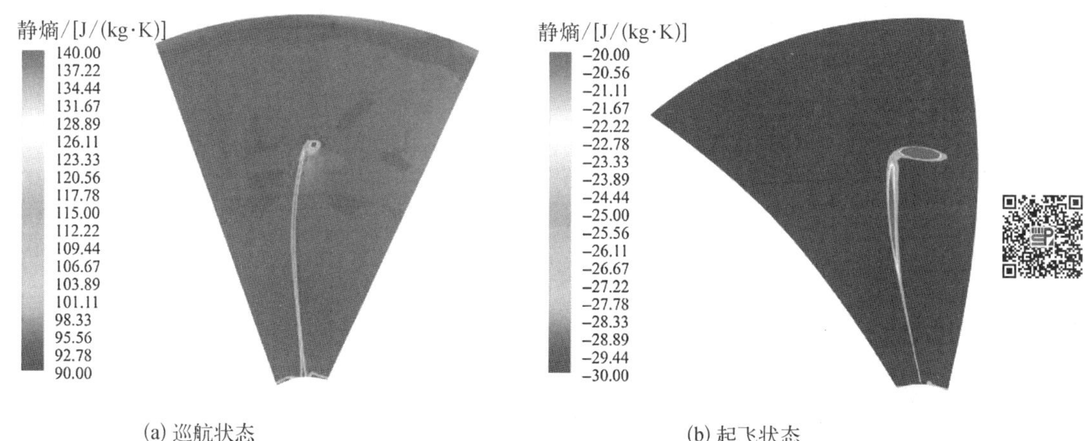

(a) 巡航状态　　(b) 起飞状态

图 4－15　前桨尾迹熵云图

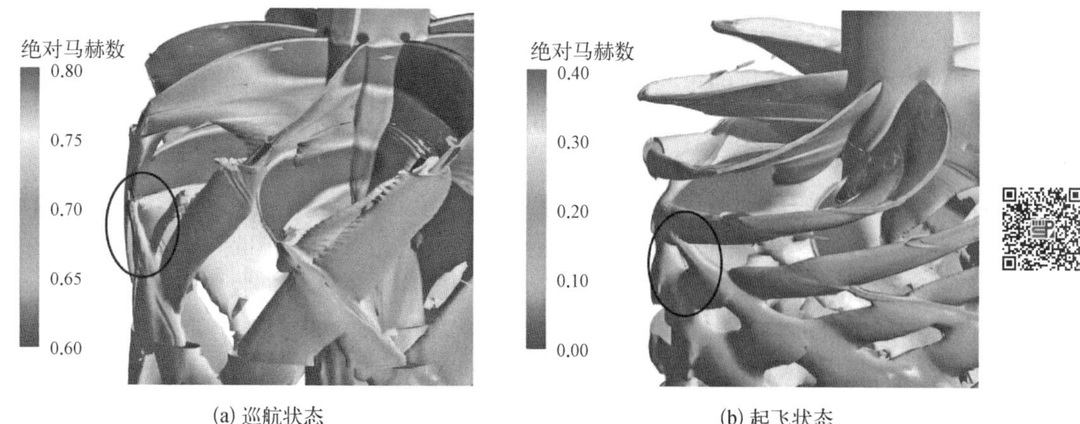

(a) 巡航状态　　(b) 起飞状态

图 4－16　桨叶尾迹的涡量等值面

4.3 对转桨扇噪声预测分析

越来越严苛的噪声适航条款使得螺旋桨和桨扇在设计阶段就不得不进行噪声预测分析，评估噪声水平，并采取有效的降噪措施进行噪声优化设计，以满足飞机对涡桨发动机提出的噪声要求。由第三章可知，对转桨扇噪声预测目前主要是采用基于 FW－H 方程的噪声辐射声场计算方法，当然，这有一个前提就是噪声源必须已知。目前来说，利用非定常数值模拟方法，特别是频域非定常流场求解方法，如非线性谐波方法，来获取桨叶表面非定常压力变化并将其作为噪声源，成为目前螺旋桨和桨扇噪声源预测的主要方法。

本节采用 NUMECA 商业软件，以某对转桨扇模型为例，阐述对转桨扇噪声预测方法，以及噪声预测结果分析[59-61]。当然国内也有自主开发的非定常流场 CFD 软件及基于 FW－H 的自主噪声辐射声场计算软件。

4.3.1 对转桨扇噪声预测方法

基于 NUMECA 商业软件的对转桨扇气动噪声预测分为两个步骤：① 采用商业 CFD 软件 NUMECA 的非线性谐波法对桨扇非定常流场进行仿真，获得噪声源；② 采用 NUMECA 气动声学模块 Fine/Acoustics 的 FW－H 方程对桨扇声场进行求解，获得桨扇噪声辐射特性。

1. 基于非线性谐波方法的噪声源预测

如图 4－17 所示，桨扇的计算区域尺寸选取远前方边界和远后方边界到桨盘的距离为 10 倍桨尖半径，径向远场边界处的半径选为 6 倍桨尖半径。由于两排叶片对转，前、后叶片排的中间面作为转-转交界面，将桨扇计算域划分为前、后两个对转的计算域，并采用 AutoGrid 对计算域进行结构化网格划分。

转-转交界面设置为掺混面，计算域采用周期边界条件，前后桨均只计算单个通道；进口、出口和远场设置远场边界条件，给定静压、速度和静温；桨盘轮毂为旋转壁面，桨盘上下游轮毂壁面设置为滑移边界；选用 Spalart-Allmaras 湍流模型，采用非线性谐波法（NLH）进行频域非定常流场计算。流场计算收敛后，提取桨叶表面静压的各阶谐波量作为 FW－H 辐射噪声场计算的噪声源。与 4.2 节定常数值计算方法相比，本节所采用的非定常数值模拟方法所采用的计算域选取等方面是有所不同的。

2. 基于 FW－H 方程的辐射噪声预测

将非线性谐波法非定常计算获得的叶片表面前三阶静压谐波作为噪声计算的

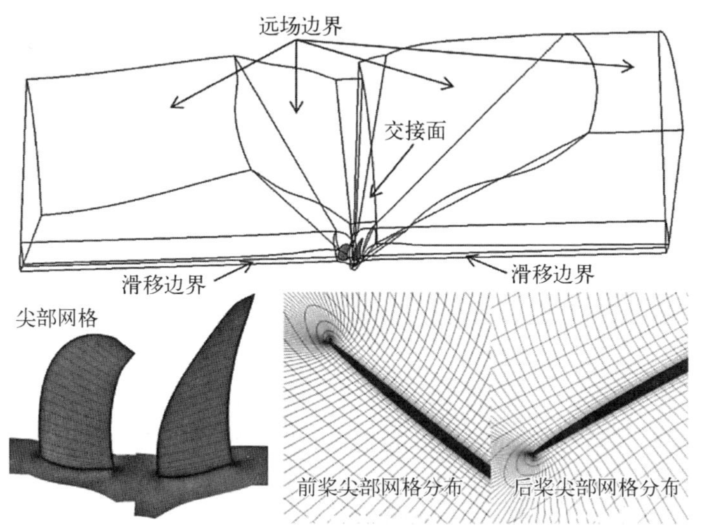

图 4－17　计算网格及边界条件

声源数据，导入 Fine/Acoustics 软件。由于桨扇在起飞状态下，叶尖马赫数低于0.9，在噪声求解设置中，声源包络面选取为叶片表面，将静压谐波数据映射到声源包络面。以前桨桨盘中心为原点，在半径 $R=50$ m 的远场布置半圆观察点阵列，如图 4－18 所示，0°位置为桨扇下游正后方，180°位置为桨扇上游正前方，在 0°～180°范围内每隔 2.5°布置一个观察点，总共布置 73 个点。采用 FW－H 方程进行远场噪声辐射求解，获得每个点上的噪声数据。

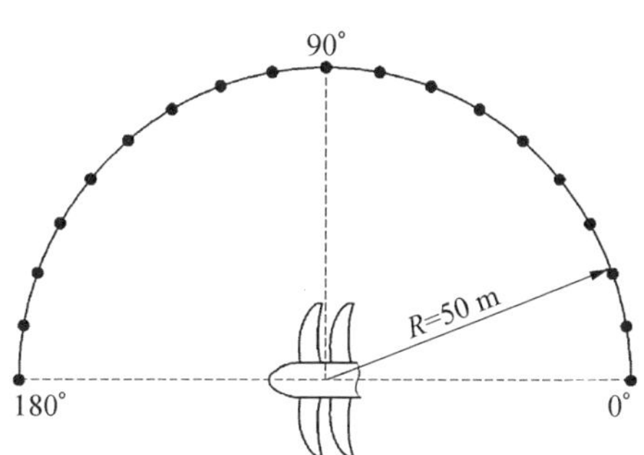

图 4－18　虚拟麦克风测点布置

4.3.2　对转桨扇噪声预测结果分析

1. 基于非线性谐波方法的噪声源预测结果分析

以定常数值模拟结果为初场，采用非线性谐波方法对桨扇非定常流场进行数值模拟。图 4－19 为后掠角 10°模型在起飞状态下的叶片表面静压的 1 阶谐波分量的幅值分布，前桨的 1 阶谐波分量对应的频率为后桨叶片通过频率的 2 倍(2 倍反映的是前、后排桨叶对转的影响)，后桨的 1 阶谐波频率为前桨叶片通过频率的 2 倍，2 阶、3 阶谐波频率分别为 1 阶谐波的 2 倍和 3 倍频，静压的各阶谐波分量的幅值代表着前、后桨的相互干扰的脉动程度。其主要流动特征表现为：后桨叶吸力面的80%叶高至桨尖区域及吸力面前缘附近区域的脉动量较大，主要是受前桨桨尖涡流和尾迹流的影响；另外，前桨的压力面50%叶高至桨尖区域脉动也较为明显，主要是后桨对前桨的位势作用；此外，后桨的压力面也略受前桨尾迹的影响，前桨吸力面压力脉动并不显著。实际上，脉动量较大的区域体现了桨扇前桨与后桨的相互干扰的影响程度。如图 4－20 所示，随着后掠角的增大，后桨叶吸力面的压力脉动量明显减小。对于前桨压力面，压力脉动同样具有减小趋势。

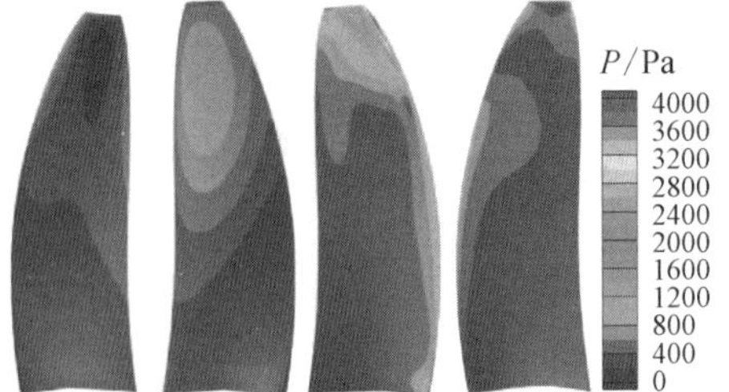

(a) 前桨吸力和压力面　(b) 后桨吸力和压力面

图 4－19　起飞状态桨叶表面静压的 1 阶谐波

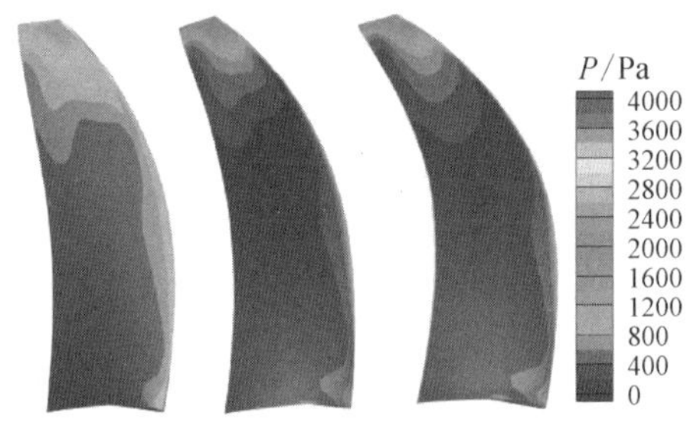

(a) 后掠角20°　(b) 后掠角30°　(c) 后掠角40°

图 4－20　起飞状态后桨吸力面静压的 1 阶谐波

对于静压的 2 阶谐波分布，如图 4－21 所示，后桨叶吸力面前缘附近的脉动量较大，随着后掠角增大，明显减小。静压的 3 阶谐波脉动量主要集中在后桨吸力面，如图 4－22 所示，靠近前缘区域最大，随着后掠角的增大，后桨吸力面脉动整体明显减小。

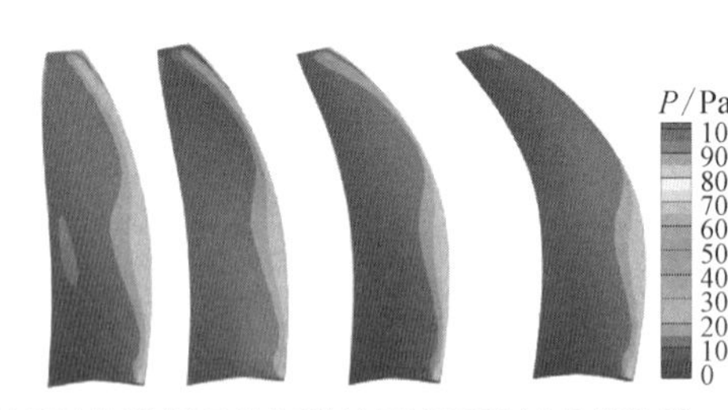

(a) 后掠角10° (b) 后掠角20° (c) 后掠角30° (d) 后掠角40°

图 4－21　起飞状态后桨吸力面静压的 2 阶谐波

P/Pa
200
180
160
140
120
100
80
60
40
20
0

(a) 后掠角10° (b) 后掠角20° (c) 后掠角30° (d) 后掠角40°

图 4－22　起飞状态后桨吸力面静压的 3 阶谐波

对比图 4－20~图 4－22 桨叶表面的 1、2、3 阶静压谐波分量分布，其中 1 阶谐波脉动量最为显著，2 阶次之，3 阶与 1 阶相比小一个量级。

2. 基于 FWH 方法的辐射噪声频谱和指向性特征

利用第 4.3.1 小节所述方法，将非线性谐波非定常数值模拟获得的叶片表面静压的前 3 阶谐波分量作为声源，对远场噪声辐射进行计算，可获得图 4－18 中阵列测点的噪声数据。

对 90°位置声学测点进行分析，获得如图 4－23 所示声压级频谱分布，图中横坐标数值为转频的倍数，纵坐标为不同频率下声压级大小。根据桨扇频谱分布，超过 50 阶的频率分量幅值已经比较小，因此频谱分析仅针对前 50 阶进行分析。如图 4－23 所示，噪声频率分量非常丰富（未开展宽频噪声计算），桨扇噪声频谱属于典型的螺旋桨类纯音噪声频谱。图中频率分量包含两类：第一类为前、后桨叶片通过频率及其倍频；第二类为前、后桨的噪声干扰频率分量，可用 $m\times f_{bp1}+n\times f_{bp2}$ 表示，f_{bp1} 为前桨叶片通过频率，f_{bp2} 为后桨叶片通过频率，m、n 取正整数（取负值时噪声幅值为小量，本节不做分析）。其中，幅值最高的为前、后桨的叶片通过频率 f_{bp1} 和 f_{bp2}，干扰噪声频率分量虽然幅值也比较显著，但不会超过 f_{bp1} 和 f_{bp2} 的幅值。

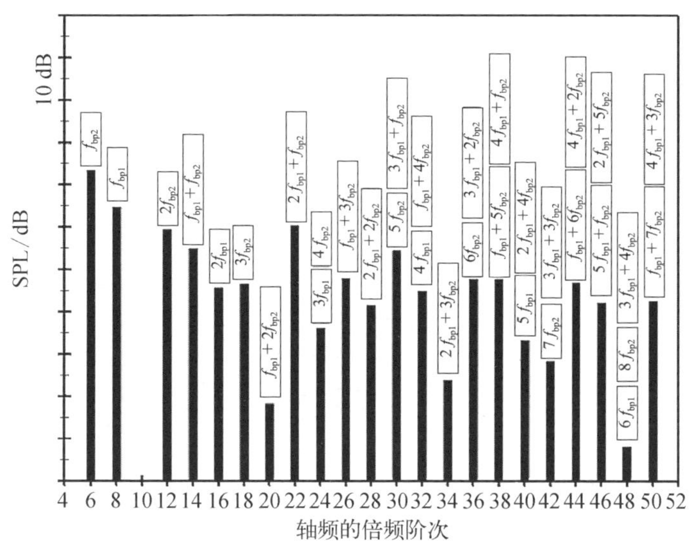

图 4－23　对转桨扇噪声频谱

对每一个测点的频谱分布进行声压级求和，可获得图 4－24 所示的总声压级指向性分布。从总声压级指向性分布来看，除桨扇正前方、正后方之外，桨扇噪声在整个角向范围内均非常显著，声压级最大位置发生在桨扇桨平面（90°位置）后方 70°～80°的角向位置，前方 160°位置、后方 20°～30°的角向位置声压级次之，正前方和正后方位置声压级最小。

总噪声由载荷噪声和厚度噪声组成，载荷噪声指向性与总噪声指向性几乎重合，由此可知，载荷噪声在桨扇噪声中占主导地位，厚度噪声要比载荷噪声小一个量级。

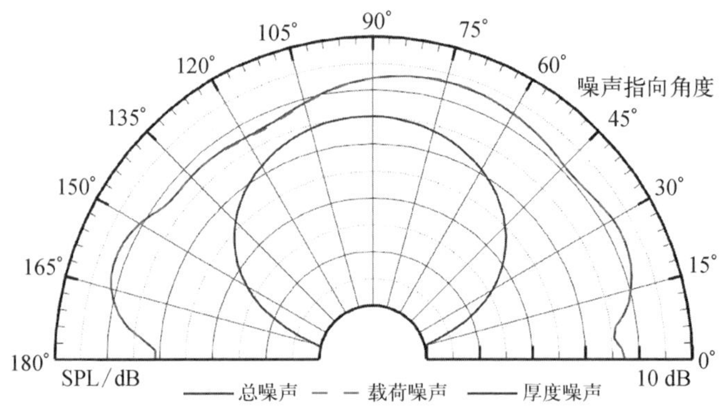

图 4-24 对转桨扇声压级指向性

3. 基于 FW-H 方程的桨扇声学机理分析

图 4-25 所示为不同后掠角下桨扇噪声指向性分布。随着桨扇后掠角增大，总声压级整体降低，这与前文叶片表面静压谐波脉动随后掠角增大而降低的趋势一致。在角向 75°位置，后掠角从 0°增至 20°声压级降低 1 dB，再增至 40°声压级降低 2.6 dB。随后掠角增大，厚度噪声同样具有逐渐减小的趋势，厚度噪声最大值均出现在 90°位置，整体上厚度噪声与总声压级相比要小一个量级。

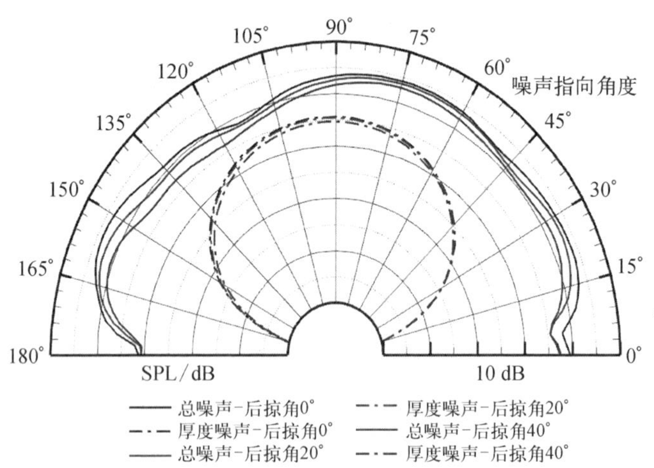

图 4-25 不同后掠角下桨扇声压级指向性

在总声压级最大的 75°位置附近，将不同后掠角下噪声的频谱进行对比分析。如图 4-26 所示，对于大部分轴频谐波频率分量，0°后掠桨扇要比 20°和 40°后掠桨扇的噪声要大。频谱图中，声压级比较显著的有 6 阶、8 阶转频对应的 f_{bp2}、f_{bp1}，22

阶和 26 阶转频对应的 $2f_{bp1}+f_{bp2}$、$f_{bp1}+3f_{bp2}$，30 阶转频对应的 $3f_{bp1}+f_{bp2}$，38 阶转频对应的 $f_{bp1}+5f_{bp2}$、$4f_{bp1}+f_{bp2}$ 和 $3f_{bp1}+2f_{bp2}$，以及 44 阶转频对应的 $f_{bp1}+6f_{bp2}$、$4f_{bp1}+2f_{bp2}$ 和 $3f_{bp1}+3f_{bp2}$。从这些频率分量来看，可发现一个比较重要的特征，后排桨对应 6 阶轴频谐波频率分量比前排桨对应的 8 阶的幅值大接近 10 dB，22 阶转频对应的 $2f_{bp1}+f_{bp2}$ 要比 8 阶频率分量的幅值更大，比 6 阶低约 5 dB。从图 4－27 中 f_{bp2} 指向性分布来看，其幅值最大的区域位于 75°位置，而图 4－28 中 $2f_{bp1}+f_{bp2}$ 指向性分布所示，幅值最大区域位于 60°角向位置。由此可知，75°角向位置桨扇噪声主要是由 f_{bp2} 分量贡献，前后桨干扰 $2f_{bp1}+f_{bp2}$ 分量次之。

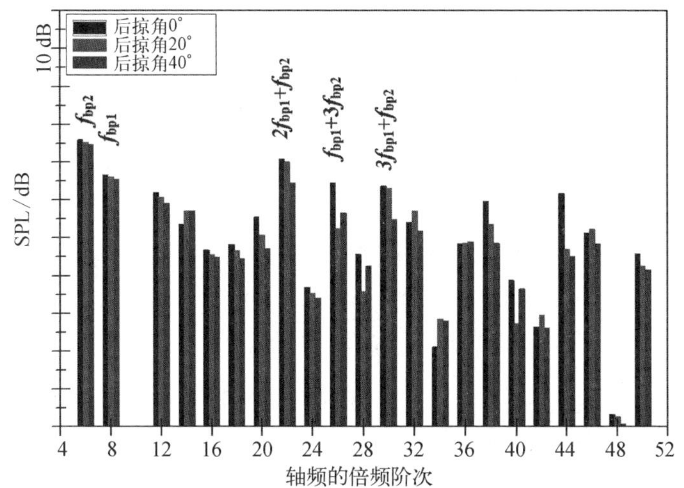

图 4－26　不同后掠角 75°位置桨扇噪声频谱

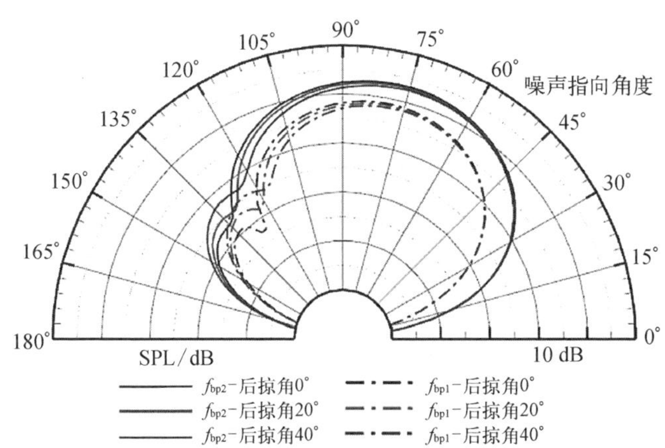

图 4－27　不同后掠角桨叶通过频率噪声指向性

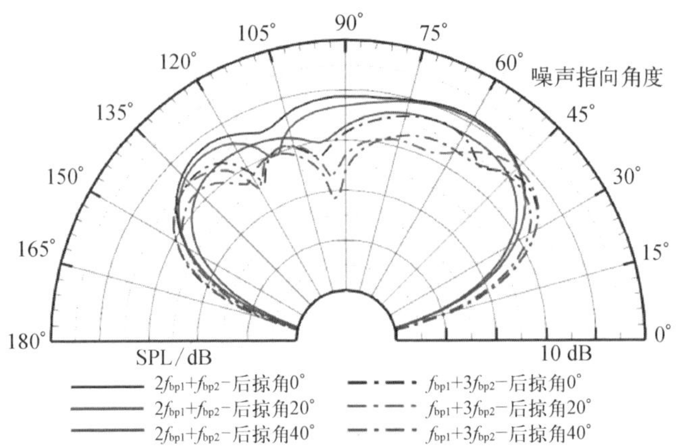

图 4-28　不同后掠角前后桨干涉噪声指向性

在图 4-24 和图 4-25 所示的 160°和 25°位置附近，桨扇噪声也非常显著，同样将不同后掠角下噪声的频谱进行对比分析，如图 4-29 和图 4-30 所示。对于大部分频率分量，0°后掠角桨扇要比 20°和 40°后掠角桨扇的噪声要大。频谱图中，声压级比较显著的有 14 阶和 20 阶转频对应的 $f_{bp1}+f_{bp2}$、$f_{bp1}+2f_{bp2}$，28 阶和 34 阶转频对应的 $2f_{bp1}+2f_{bp2}$、$2f_{bp1}+3f_{bp2}$，以及 40 阶转频对应的 $5f_{bp1}$ 和 $2f_{bp1}+4f_{bp2}$。

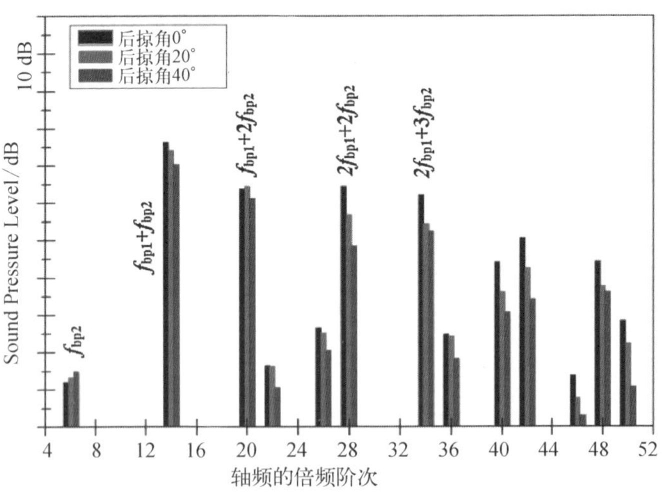

图 4-29　不同后掠角 160°位置桨扇噪声频谱

从这几个前后桨的干涉噪声指向性分布来看，如图 4-31 所示，$f_{bp1}+f_{bp2}$ 在 160°和 25°角向位置幅值最大，$f_{bp1}+2f_{bp2}$ 次之，小 10 dB 左右，另外，$2f_{bp1}+3f_{bp2}$ 对应的前后桨干涉噪声的高幅值影响区域更靠近 0°和 180°区域。

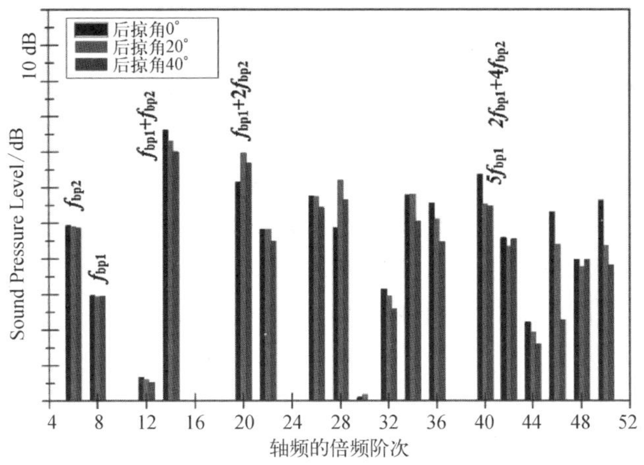

图 4-30　不同后掠角 30°位置桨扇噪声频谱

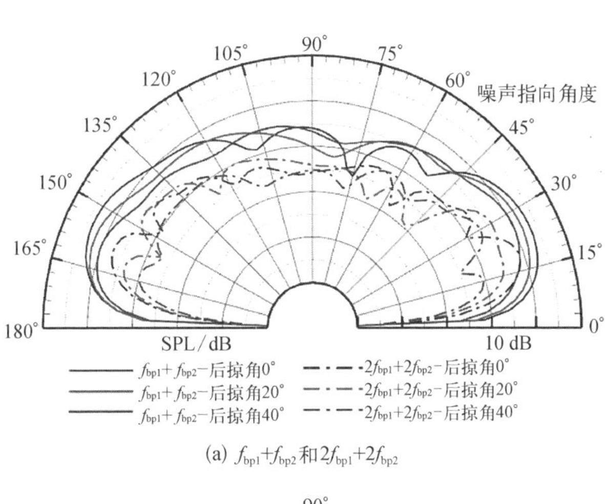

(a) $f_{bp1}+f_{bp2}$和$2f_{bp1}+2f_{bp2}$

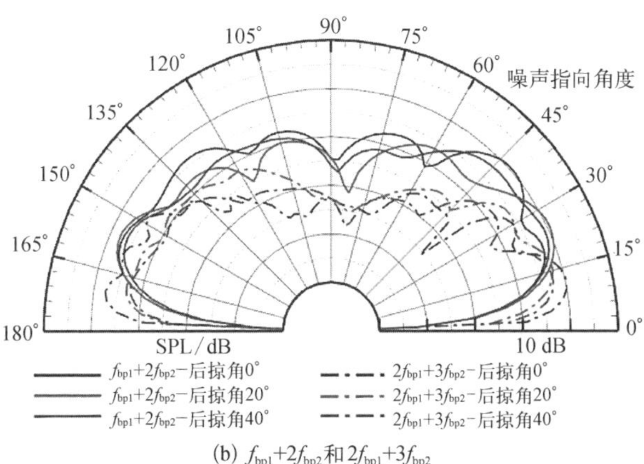

(b) $f_{bp1}+2f_{bp2}$和$2f_{bp1}+3f_{bp2}$

图 4-31　不同后掠角下前后桨干涉声压级指向性

4.4 参数对桨扇气动性能影响规律分析

在对转桨扇气动设计中,气动和几何设计参数众多,这些参数选择合理与否直接决定了对转桨扇所能达到的性能水平和噪声水平,并对后期的结构、强度设计及制造工艺产生很大影响。本节所要选取的对转桨扇设计参数包括:安装位置、桨叶轮毂比、桨叶叶片数、桨叶直径、桨叶弦长、桨叶后掠角、前后桨转子直径比、桨间轴向距离、转速、功率比等。

4.4.1 安装位置

拉进式对转桨扇通常采用翼吊方式安装于机翼下方,而推进式对转桨扇则采用尾撑的方式安装于机身尾部两侧。拉进式翼吊安装布局对机舱内的辐射噪声相对较大,尾撑布置推进式布局的噪声困扰要相对小很多。然而,由于受机翼上洗气流的影响,拉进式布局的对转桨扇进气攻角更高,推进式对转桨扇则受机翼下洗气流的影响,其进气攻角较小。

(1) 从推进器性能来看,拉进式对转桨扇的推进效率要高于推进式对转桨扇。更大直径的拉进式对转桨扇可获得更高的推进效率。

(2) 从飞机性能来看,推进式对转桨扇发动机安装更容易,机身不受桨扇下游滑流的影响;而拉进式对转桨扇桨盘后的气流可流过机翼的吸力面,故在保证所需升力的情况下,可减小机翼面积,从而减少飞机阻力。

(3) 从发动机结构来看,拉进式布局可借鉴涡桨发动机技术基础,而且现有绝大多数螺旋桨发动机均采用拉进式布局,配装桨扇发动机对飞机布局改动也最小。

4.4.2 桨叶轮毂比

对转桨扇桨叶的轮毂比需根据对转桨扇的布局来选择:

(1) 拉进式布局:受到发动机进气道的布局影响,一般轮毂比较小,如 D27 桨扇发动机,D_{hub}/D_{tip}的选取范围为 0.2~0.3。

(2) 推进式布局:受齿轮箱直径和排气段的影响,一般轮毂比稍大,取 D_{hub}/D_{tip}的选取范围为 0.25~0.40;若发动机高温尾气流道隐藏于轮毂内部,如 GE36 发动机和赛峰桨扇发动机,取 D_{hub}/D_{tip}的选取范围为 0.35~0.40;若桨叶位于发动机排气口下游,如 578 - DX 桨扇发动机,取 D_{hub}/D_{tip}的选取范围为 0.25~0.30。

以某拉进式布局对转桨扇为例,分析桨叶轮毂比对桨扇气动性能的影响。

图 4-32 为几种不同轮毂比下对转桨扇设计点性能参数变化曲线。增大轮毂比一方面使前、后排桨叶负荷增大,另一方面也会缓解桨根堵塞的影响。因此,总的来看,前后排桨叶推进效率变化幅值相对较小,轮毂比在一定范围内变化并不会明显改变桨扇气动性能。

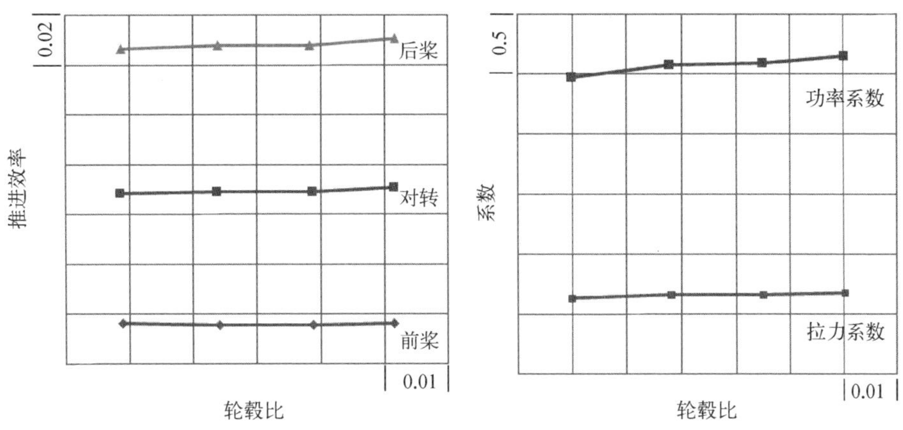

图 4-32　桨扇性能随轮毂比变化曲线

4.4.3　桨叶叶片数以及前后桨叶片数组合

桨叶叶片数对桨扇的气动性能、噪声及结构均有很大的影响,而前后叶片数的组合亦非常重要。为明确桨叶叶片数单独的影响规律,选取对转桨扇前排桨叶为基准,开展桨叶叶片数的影响分析。结果表明,当桨叶数选为 6~8 时,对桨扇推进效率的影响很小,而随着桨叶数的进一步增加,如达到 10 时,桨扇推进效率迅速降低,可降低 3 个点。

对于一定功率和转速,桨叶数决定了每片桨叶上的负荷大小,桨叶数多则负荷减少。从不同桨叶数情况对应的桨叶上的载荷系数弦向分布图中可以看到,桨叶数为 6 时,桨叶载荷系数最高,最大值达到 0.7,其设计几何的叶型弯角也最大。

桨叶数对流动损失的影响:一方面,桨叶数多则单片桨叶上负荷小,负荷小则有利于减小叶型损失;另一方面,桨叶数多则整个桨扇转子的流动湿表面积大,附面层内的摩擦损失大,则不利于减小整个的流动损失;再者,桨扇轮毂比小,桨根处厚实,过多的桨叶数容易造成桨根处的流动接近压气机叶栅通道流动,损失急剧增大,也不利于提高推进效率(图 4-33)。

由此可知,桨叶叶片数过多或过少都是不利的。从气动上来说,可建议把桨叶最大载荷系数置于最佳载荷范围内作为选择桨叶数的一个参考,桨叶数过多或过少气动上都将不利。同时,应注意到,桨叶数的选取也直接影响到整个桨的质量,桨叶数过多也不利于变桨距结构的设计。因此，桨扇设计问题中，桨叶数的选取要多方面权衡考虑（图 4－34 和图 4－35）。

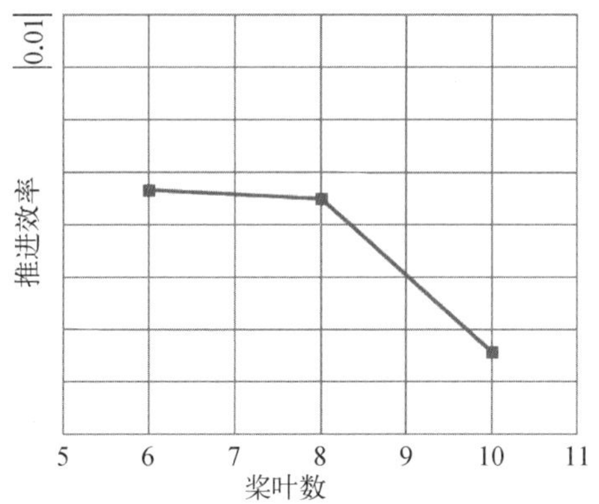

图 4－33　不同桨叶数下设计的桨叶设计点推进效率

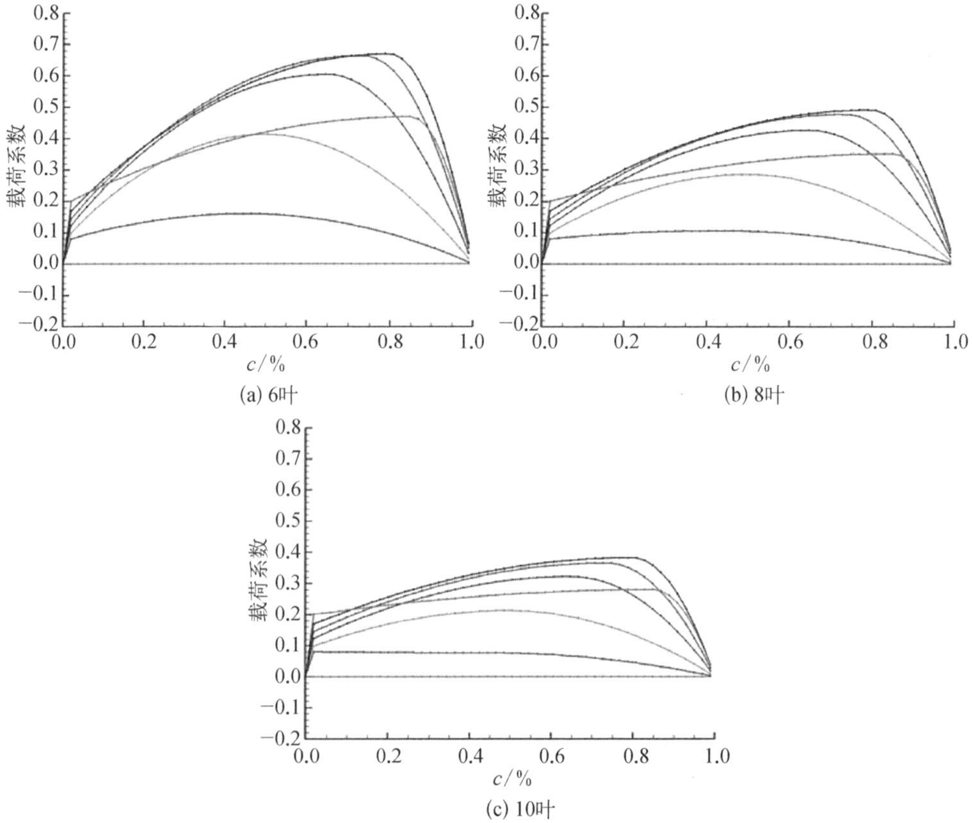

(a) 6叶

(b) 8叶

(c) 10叶

图 4－34　不同桨叶数设计的桨叶载荷系数弦向分布

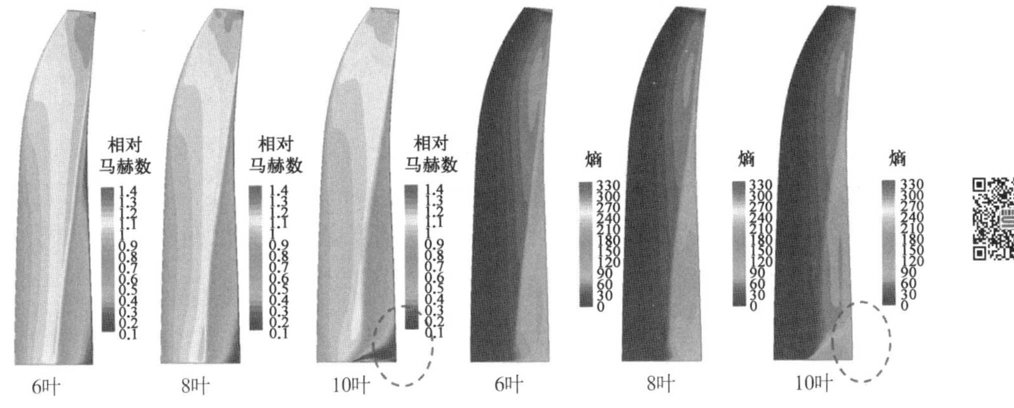

图 4-35　不同桨叶数下桨叶近吸力面流场云图

对转桨扇存在两排桨叶，前后桨叶片数组合的选取，从噪声控制方面考虑，桨扇最好采用前后数目不同的叶片数组合。基于错频考虑，也建议前后桨叶片数选择不同的数目。例如可选为后桨桨叶数比前桨略少。

4.4.4　桨叶直径

桨叶直径受到对转桨扇的气动性能、噪声及结构等方面因素的限制。因此，选定的桨叶直径需要满足巡航状态性能及最大起飞推力，并且需要保证机舱和外界允许噪声不超限。

一般来说，大的桨叶直径有利于降低桨盘负荷，从而有利于提升推进效率和减小推进器的噪声。但是，过大的桨叶直径使得桨叶尖部切线速度过大，桨叶尖部出现强激波，带来很大的流动损失，且产生的噪声也大幅增加。图 4-36 为吸收相同

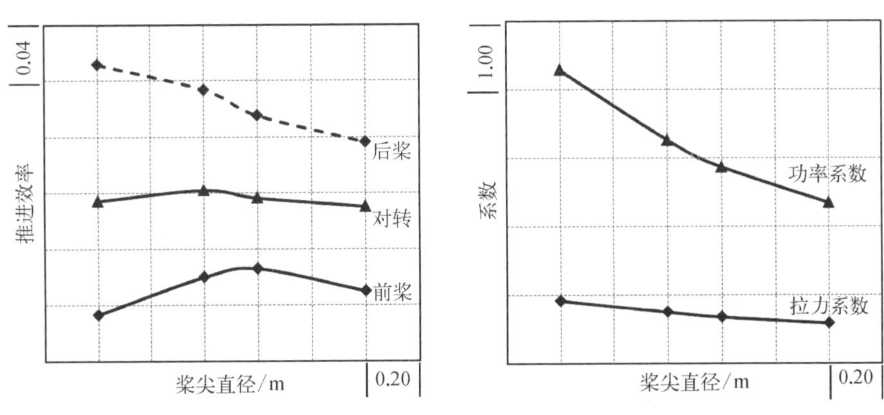

图 4-36　桨扇性能随桨叶直径变化曲线

功率的桨叶采用几种不同直径下的性能变化。可以看到,桨尖直径的增大,使前桨推进效率先增大后减小,后桨推进效率逐渐减小,总推进效率先增大后减小。这表明存在性能最优的桨叶直径。

另外,桨叶直径选取还与对转桨扇-飞机的安装布局有关。对于拉进式布局,除了桨叶直径受与地面的距离的限制,另外当每侧机翼上布局不止一个桨扇发动机时,桨叶直径将同时受到桨扇与桨扇之间,以及桨扇与机身之间距离的限制。对于推进式布局,桨叶直径仅受桨扇与机身之间距离的限制。

4.4.5 桨叶弦长

对转桨扇由于桨盘载荷比常规螺旋桨更大,为了提高桨叶做功能力,合理组织流场结构,往往采用宽弦设计。图 4-37 为几种不同弦长的桨扇模型,图 4-38 为不同弦长叶型的气动性能对比,其中桨叶相对弦长定义为弦长与桨叶直径的比值。可以看到,在一定范围内,增大前、后桨叶片相对弦长,可在提高对转桨扇吸收功率的能力,推进效率、功率系数和拉力系数均会提高。因为弦长增加可降低基元截面负荷,高转速、高相对马赫数下,有利于维持流动状态,减少损失。低转速时桨叶负荷轻,弦长增加对桨叶做功能力影响不大,基元截面摩擦损失增加,反而增大了流动损失。在工程研制中,除了推进效率方面的考虑外,还应考虑尺寸限制问题,过大的弦长使得桨叶宽度增加,质量增大,且为使前桨滑流充分发展,两排桨叶之间的轴向间隙也应增大,使得对转桨扇部件的整体长度大大增加。因此,桨叶弦长的选取需要综合考虑桨叶气动负荷和尺寸限制。

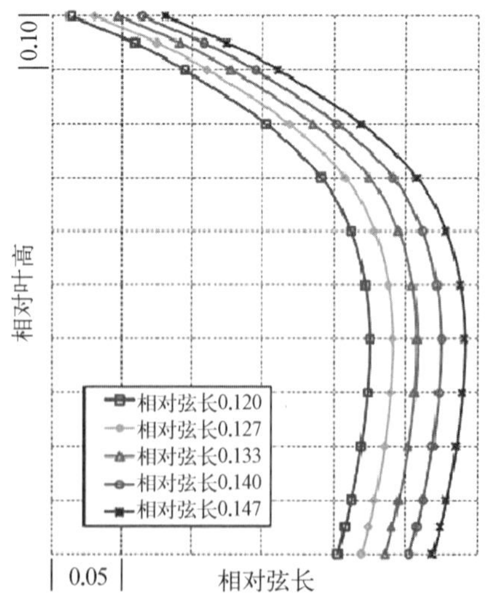

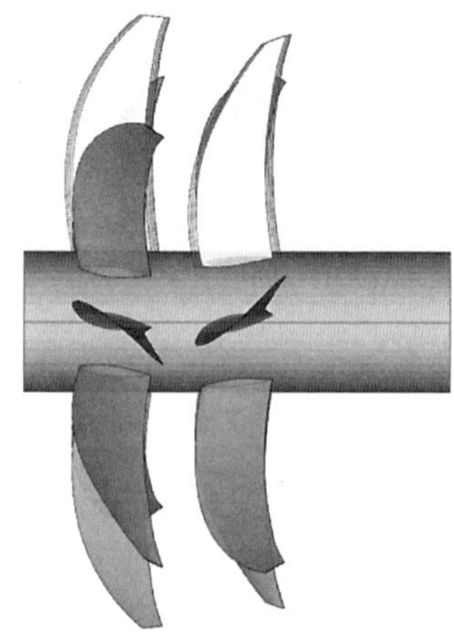

图 4-37 对转桨扇相对弦长变化示意图

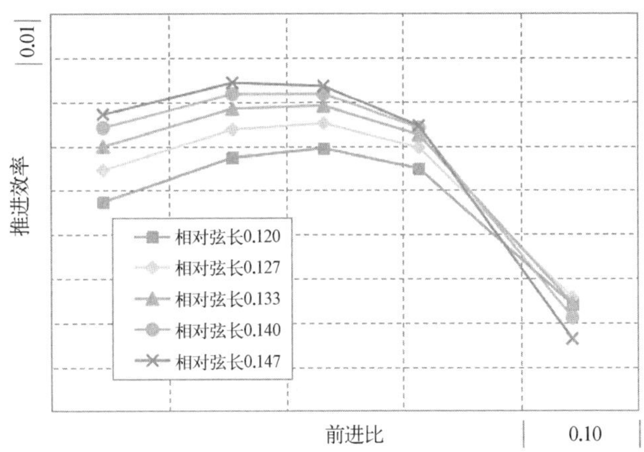

图 4－38　桨扇性能随桨叶相对弦长变化曲线

4.4.6　桨叶后掠角

大后掠桨叶是高效率桨扇设计的关键参数之一。后掠角增大,可减小桨叶的有效相对来流马赫数,缓解高速来流带来的流动损失,提高推进效率。然而,过大的后掠角则会给桨叶的变形控制、结构强度和稳定性带来挑战,颤振发生的风险也大大增加。图 4－39 为几种不同后掠角的桨扇模型,图 4－40 为不同后掠角的桨扇在巡航马赫数下推进效率随前进比变化的特性线。可以看到,巡航条件下,掠角越大推进效率越高。后掠角从 0°增大到 10°,再增大到 20°,推进效率略有提高,幅度不大;从 20°增大至 30°,推进效率明显提高,最高效率点提高 0.5 个百分点以上;从 30°增大至 40°,推进效率显著提升,最高效率点进一步可提高 1 个百分点以上。

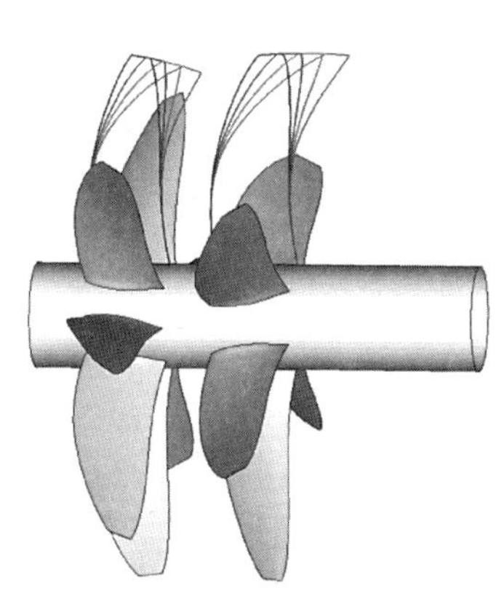

图 4－39　对转桨扇掠形示意图

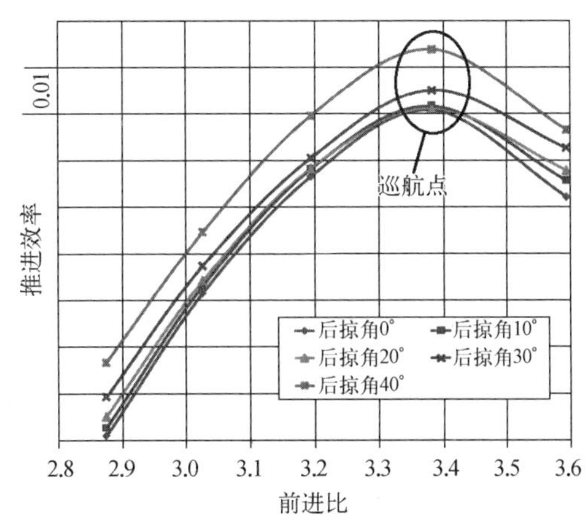

图 4－40　桨扇性能随后掠角变化曲线

4.4.7 前后桨转子直径比

对转桨扇的后排桨叶处于前排桨叶的滑流收缩区中，工作时后排桨叶的气动性能受到前排桨叶的影响比较大。前排桨叶的尾迹与尖部旋涡对后排桨叶的流场有较大影响，在后排桨叶片上会产生连续的激振力，进而产生非定常载荷噪声。另外，前排桨叶片的某些区域与后排桨叶片的干涉影响也会产生这种非定常载荷噪声。这种噪声主要发生在低转速情况下，也是桨扇发动机最大的缺点之一。

为减小前桨滑流对后桨的气动干扰，通常后排桨叶外径比前排桨叶小，如图 4-41 所示。图 4-42 为不同前后桨转子直径比对桨扇性能的影响，由图中可见，在一定范围内，随着后桨外径的降低，前桨推进效率基本不变，后桨推进效率渐升，总推进效率不断提高。当直径比达到某一值后，总推进效率已达到较高的水平，继续减小后桨外径则吸收功率能力降低较多。这表明降低后桨直径后，后桨尖逐渐避开前桨的桨尖涡，从而减小后桨损失，可使得推进效率进一步提高。

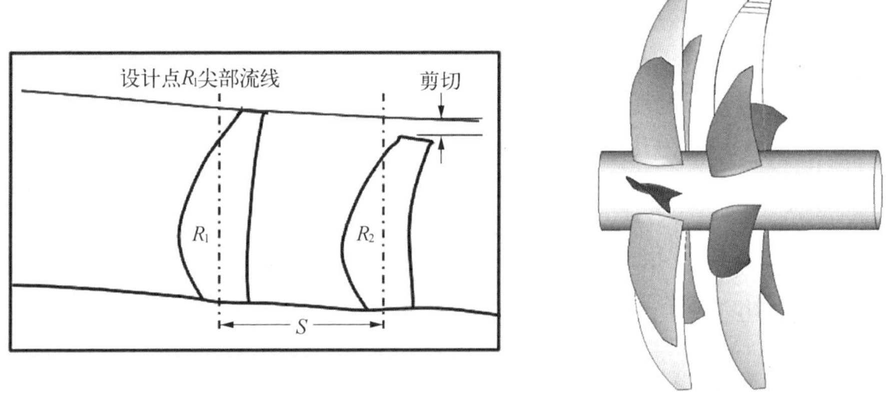

图 4-41　对转桨扇后桨半径变化示意图

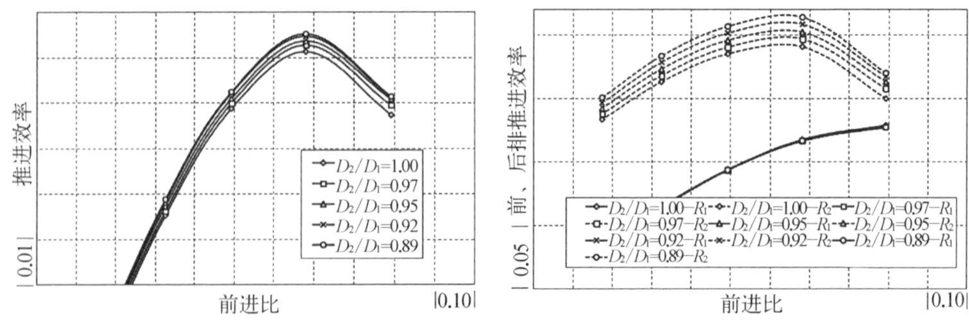

图 4-42　桨扇性能随后桨半径变化曲线

4.4.8 桨间轴向距离

与螺旋桨相比,对转桨扇存在对转的两排桨叶,桨叶间轴向距离对前桨滑流的发展和前后桨的干涉都会产生影响。前后桨干涉作用也会产生较大的干涉噪声。图 4－43 为几种不同轴向距离的桨扇模型,图 4－44 为不同桨间轴向距离下桨扇性能。在一定范围内增大前后桨轴向距离,可维持功率系数和拉力系数基本不变时提高总推进效率。轴向距离过小,后桨对前桨的干涉作用增强,使前桨推进效率降低,后桨仍可充分利用滑流,推进效率基本不变。轴向距离过大,前桨滑流对后桨的增升作用减弱,后桨推进效率降低,逐渐与前桨推进效率增加相抵消。同时,桨间轴向距离增大,也会导致对转桨扇轴向长度明显增加。可见,桨间轴向距离有一个最优值,在实际的工程研制过程中,对具体的设计方案,需开展类似的计算分析进行迭代优化。

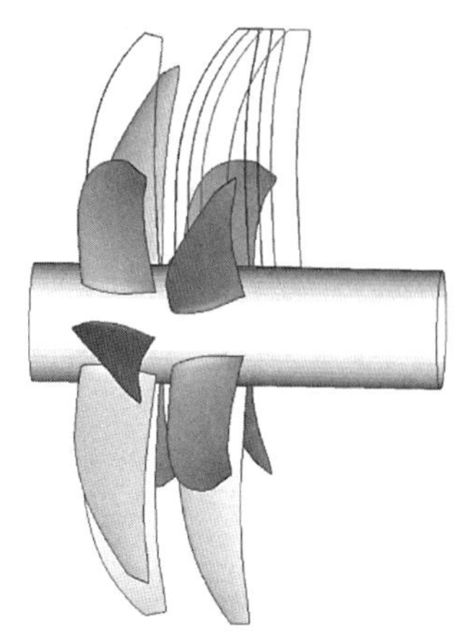

图 4－43　对转桨扇轴向距离变化示意图

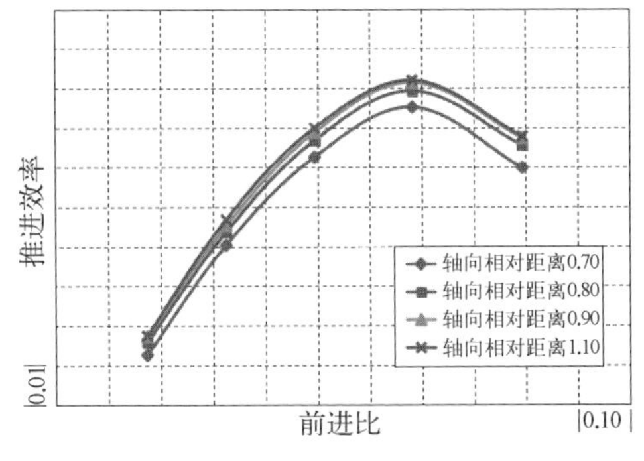

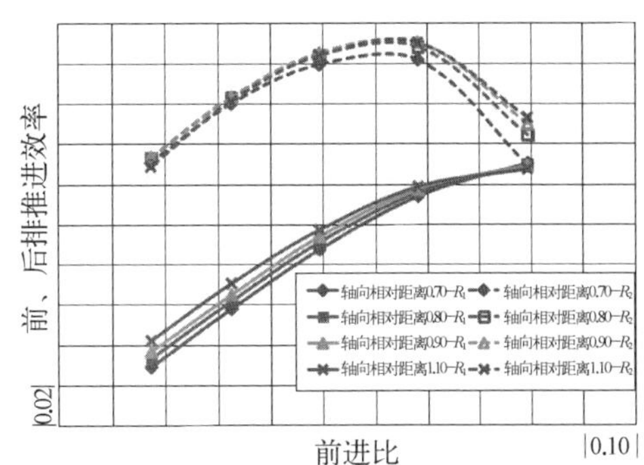

图 4－44　桨扇性能随前、后桨间轴向距离变化曲线

4.4.9 转速及转速比

在理想螺旋桨理论中,随转速增加,桨盘功率系数减小、诱导损失减小,从而理想推进效率是增加的。但在实际研究中发现,随着设计转速的增加,设计桨扇的推进效率不断降低,如当设计转速从 850 r/min 到 1 150 r/min,推进效率的降幅可超过 2%(图 4－45)。这说明在桨扇流动问题中,设计转速对流动损失的影响程度比对诱导损失的影响程度要大得多：更高的设计转速，桨叶相对来流马赫数越高，引起流动损失的增加比诱导损失的减小大得多(图4-46)。因此，设计转速的选取应主要从减小流动损失方面来考虑，建议按总体给定的转速限制值的下限来选取。

前后桨转速比的影响分析表明，转速低推进效率高，无论前桨还是后桨，增加转速都将带来推进效率的显著降低；后桨工作于前桨的滑流中，流速更高，后桨转速的增加更易引起流动损失的增加；不同的前后桨转速比，其转速本身的变化带来的影响要大于转速比的不同带来的影响。对于前后桨直径相同的对转桨扇，前、后桨转速比值小于1或大于1，推进效率均会降低，因此，转速比一般选为1.0(图4-47)。

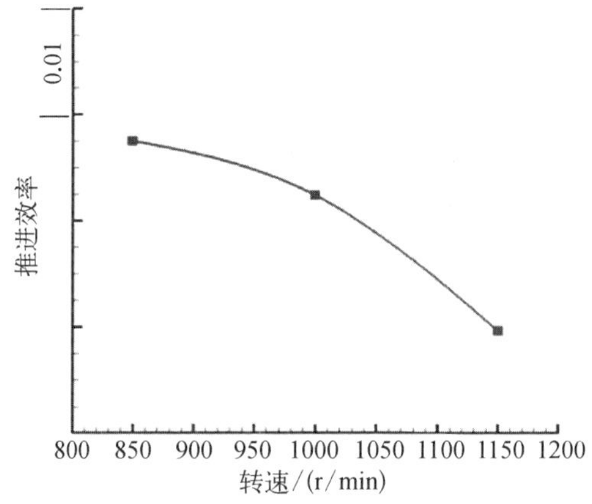

图4-45　不同转速下设计的桨叶设计点推进效率

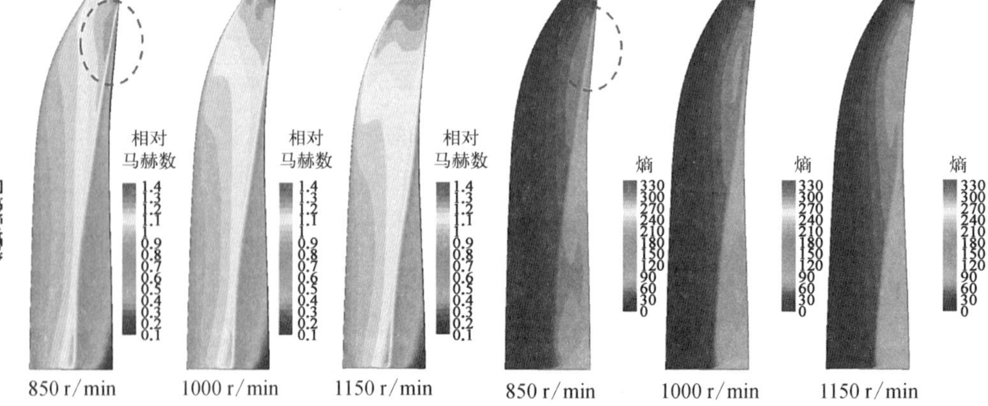

图4-46　不同转速下桨叶近吸力面流场云图

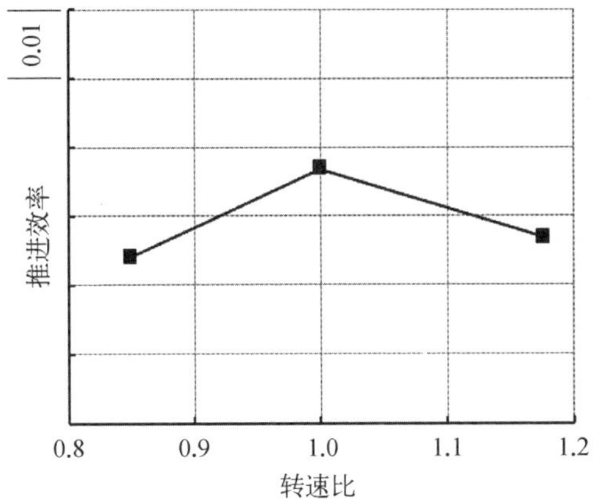

图 4－47　不同前后桨转速比下设计的对转桨扇的设计点推进效率

4.4.10　功率比

前后桨功率比体现前桨与后桨之间的功率分配方式，对于单排螺旋桨，只要螺旋桨叶型及设计参数确定，在同样的工作条件下，输入螺旋桨的轴功率相同，推力也是不变的。对于对转桨扇，推力还与前后桨的功率比有关。研究表明，前后桨功率比在小范围内变化时，前后桨的功率分配对桨扇推进效率的影响很小，大约只有0.1%的量级，说明桨功率比不是影响推进效率的主要因素（图 4－48 左图）。

从对转桨扇下游滑流中的流动切向角变化可以看到，对转桨扇通过后桨的反旋作用，大幅度消除了滑流中的环向动能，前后桨功率比在小范围内变化时，引起的下游滑流环向速度变化也不大，因此功率比对推进效率的影响并不敏感（图 4－48 右图）。受机械结构的限制，对转桨扇的行星齿轮箱的扭矩配比通常有最优值，一般为 55/45。

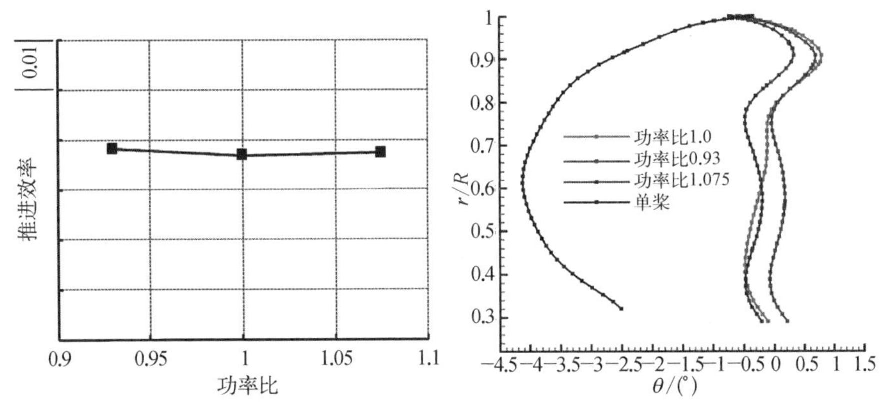

图 4－48　不同功率比下设计的对转桨扇的设计点推进效率及下游滑流流动方向的径向分布

4.4.11 对转桨扇气动设计规律提炼与分析

进一步分析参数对气动性能的影响,可提炼形成桨扇气动设计规律,获得一些定性的准则,为桨扇气动设计中参数的权衡选取提供思路,具体如下:

(1) 桨扇两种安装位置各具优势,需结合装机对象的需求完成桨扇发动机构型选取;

(2) 桨叶数增加有利于降低叶片负荷,但是过多的桨叶数会增加流动损失和质量,且不利于变距机构设计,应当以满足桨叶吸收功率时使每个桨叶的负荷相当为原则进行桨叶数选取,且考虑错频后桨桨叶数一般比前桨略少;

(3) 大的桨叶直径有利于获得高推进效率,但桨叶直径的选择需综合考虑桨叶强度、气动噪声、桨扇在飞机上的安装布局等其他方面的要求,权衡给出桨扇尺寸约束范围,取约束范围的上限,后桨直径适当小于前桨,以减小桨尖涡干扰;

(4) 宽弦、大后掠桨叶是高性能桨扇设计的关键,适当宽弦和后掠可以增强桨叶的流动控制能力,提高桨叶推进效率,但过宽的弦长会增加桨扇部件整体长度和重量,过大的后掠则会带来较大的强度风险,均不利于桨叶的结构设计;

(5) 轴向间距的选择存在一个平衡点,过大或过小的轴向间距均不利于前桨滑流和前后桨干涉作用的控制。

4.5 参数对桨扇气动噪声影响规律分析

由于两排桨叶对转,气动上相互干涉,导致气动噪声明显高于常规螺旋桨,这是桨扇发动机进入型号研制的重要限制因素。本节要重点分析的参数包括:前后排桨叶叶片数、直径、弦长、后掠角、前后桨直径比、前后桨轴向距离、厚度、载荷等。

在第 4.3.1 节中,图 4-18 所示布置的 73 个远场麦克风观测点足够捕捉获得桨扇噪声指向性特征。在本节参数对桨扇气动噪声影响规律研究中,也采用了相同的麦克风阵列布置,本节不妨再次列出声学测点布置,如图 4-49 所示,0°位置为桨扇下游正后方,180°位置为桨扇上游正前方,在 0°~180°范围内每隔 2.5°布置一个观察点。

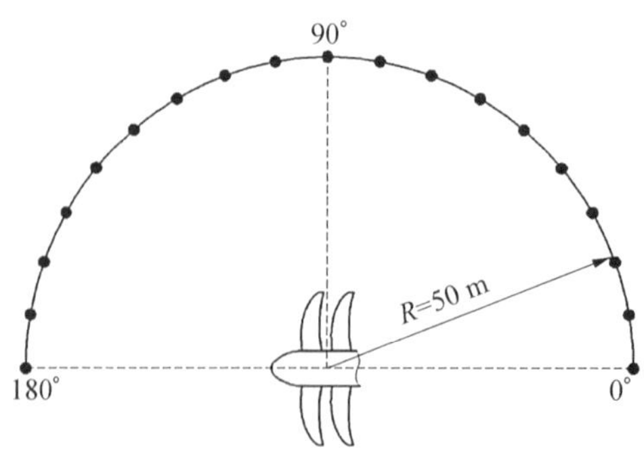

图 4-49 对转桨扇的声学测点布置示意图

4.5.1　前、后排桨叶叶片数组合

前、后排桨叶叶片数量组合对桨扇的噪声水平影响很大，是噪声设计要重点关注的参数之一。选取四组桨叶数组合对桨扇气动噪声进行分析，桨扇前、后排桨叶数依次增加，其具体参数数据分别为6+4、8+6、10+8、12+10。图4-50为四组不同桨叶数组合下的桨扇总噪声声压级指向性对比图，随着桨叶数的增加，除了角向方向135°~170°外，其余位置对转螺旋桨的总噪声均有明显减小。图4-51为不同前后排桨叶数下桨叶表面的1阶模态静压分布，反映了桨叶各区域的压力脉动程度。随着前后排桨叶数的不断增大，谐波脉动量变化较为明显，前后桨叶片表面静压减小，使得桨扇声学测点处感受到的声压强度减小，进而导致桨扇噪声减小，更深层次原因是叶片数的增加对应着单个桨叶负荷的减小，从而实现噪声水平的降低。因此，合理选择前后排叶片数目比，适当增加前后排桨叶叶片的数量，减轻桨叶负荷可以减小桨扇气动噪声。

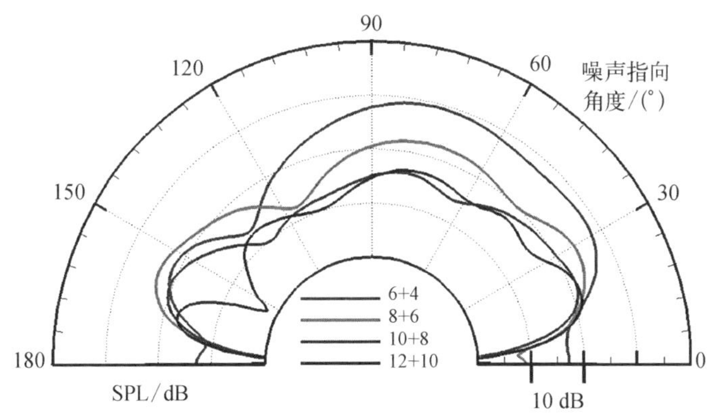

图4-50　不同桨叶数下桨扇总噪声声场指向性图

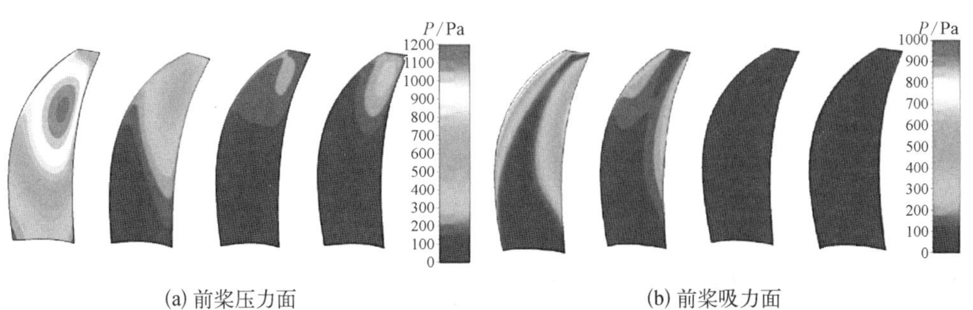

(a) 前桨压力面　　(b) 前桨吸力面

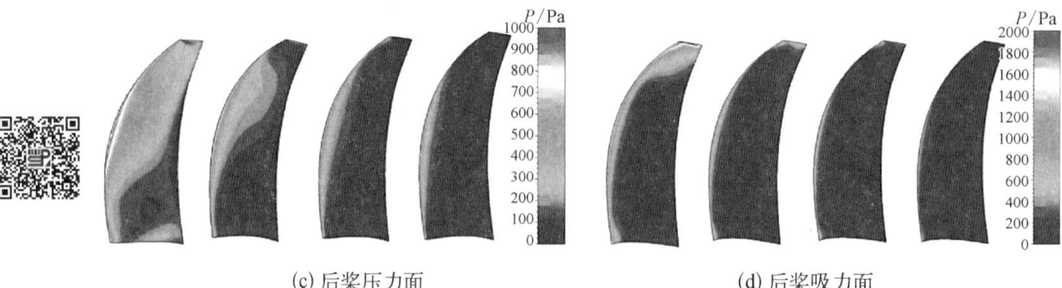

(c) 后桨压力面　　(d) 后桨吸力面

图 4-51　桨叶叶片数对桨叶表面 1 阶模态静压分布的影响(从左到右叶片数增多)

4.5.2　桨叶直径

为了研究桨叶直径对桨扇气动噪声的影响,本小节选取四组桨叶直径对桨扇气动噪声进行分析,桨叶相对直径依次增加为 0.92、0.96、1.0、1.04 倍基准桨直径。图 4-52 为四组不同桨叶直径下的桨扇总噪声声压级指向性对比图,随着桨叶直径的减小,除了角向方向 40°和 120°附近噪声变化很小外,其余位置桨扇气动噪声整体减小。图 4-53 为不同桨叶直径下桨叶表面的 1 阶模态静压分布,随着桨叶直径的减小,最高静压脉动幅值相差不大,但是桨叶吸力面和压力面静压较高区域减小,进而使得桨扇总的噪声降低。要注意的是,减小桨叶直径对应着降低叶尖切线速度,可以降低噪声水平,但是前提条件是桨叶的负荷相对不高,否则带来的效果是相反的,这是因为桨叶直径减小还会带来桨叶负荷增加、噪声增大。

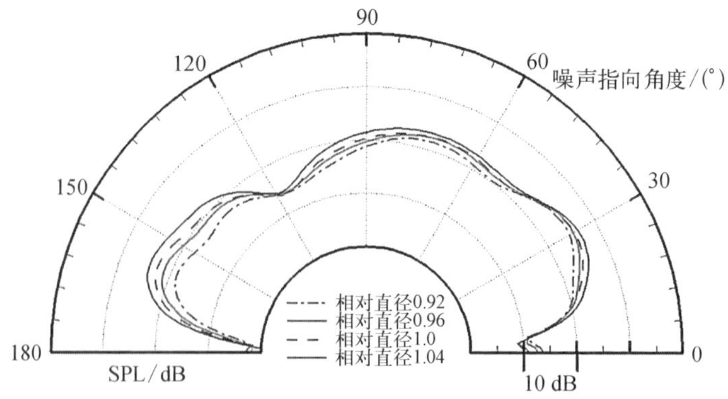

图 4-52　不同桨叶直径下桨扇总噪声声场指向性图

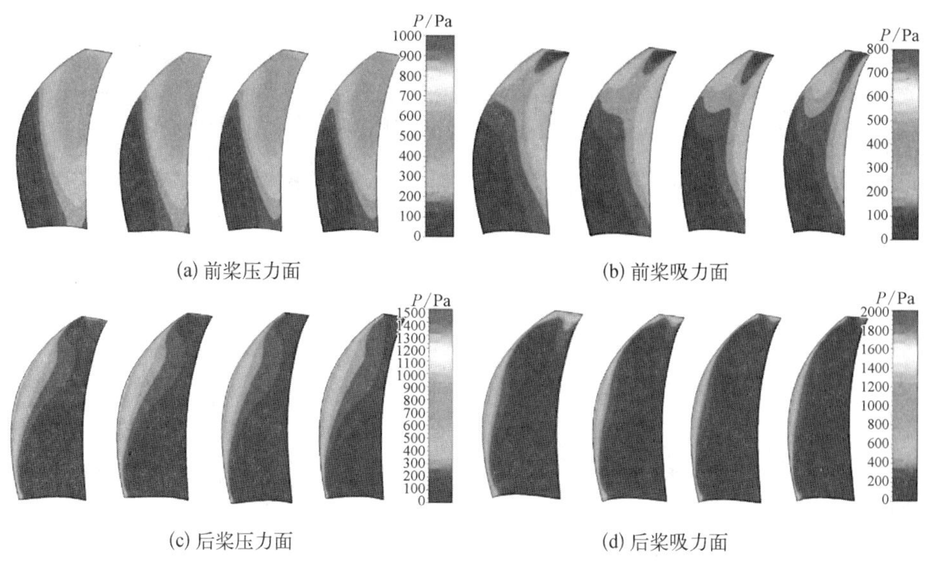

图 4-53　桨叶直径对桨叶表面 1 阶模态静压分布的影响(从左到右直径增大)

4.5.3　桨叶弦长

弦长选取合理与否不仅影响对转桨扇气动性能,也会对其噪声产生很大的影响。为研究桨叶弦长对噪声的影响,选取了四组不同弦长的桨叶进行分析。图 4-54 为四组不同桨叶弦长下的桨扇总噪声声压级指向性对比图,可以看出,随着弦长的增大,桨扇噪声整体呈增大的趋势,但幅度非常有限。图 4-55 为不同桨扇弦长下桨叶表面的 1 阶模态静压分布,随着桨叶弦长的增大,桨叶吸力面和压力面高静压脉动区域增大,但幅值增大不明显,声学测点感受到的声压强度也增大,进而使得桨扇噪声增大。在桨扇开展降噪设计时,须结合弦长对气动性能的影响规律,对桨叶弦长权衡选择。

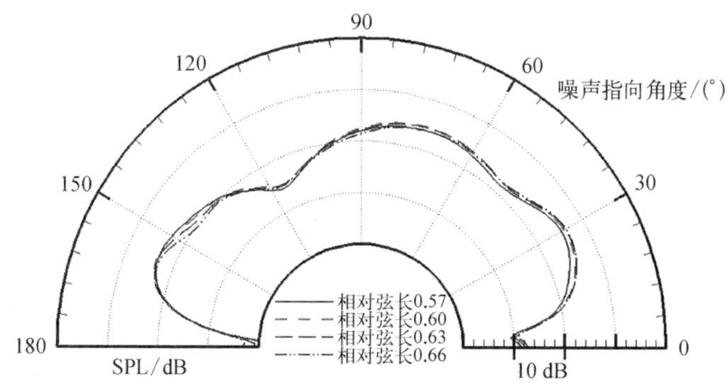

图 4-54　不同桨叶弦长下桨扇总噪声声场指向性图

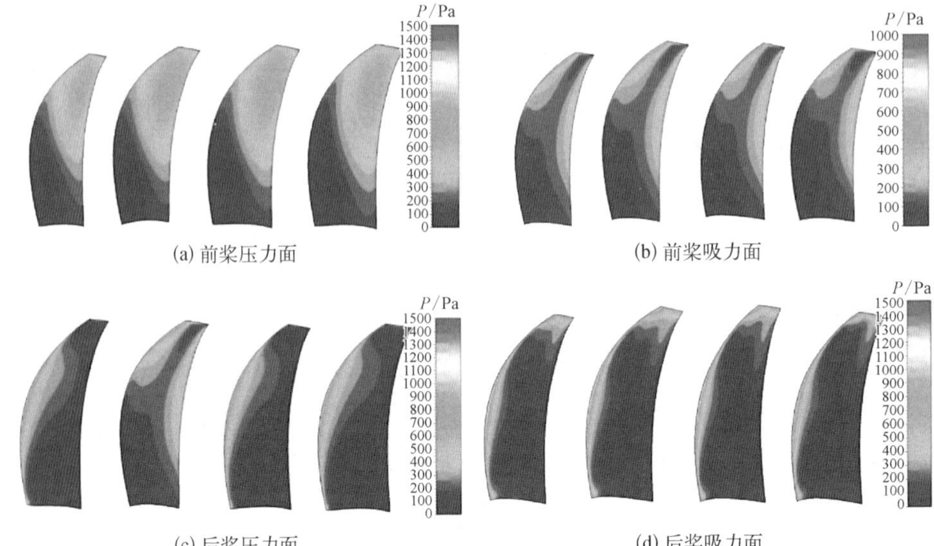

图 4-55　桨叶相对弦长对叶片表面 1 阶模态静压分布的影响(从左到右弦长增大)

4.5.4　桨叶后掠角

为研究桨叶后掠角对噪声的影响,选取不同的后掠角对桨扇噪声进行研究,桨扇后掠角依次增加。图 4-56 给出了不同后掠角下总声压级指向性对比图[61],可以看出,桨扇的总噪声幅值随桨叶后掠角的增加而减小。图 4-57～图 4-60 分别给出了 1 阶、2 阶和 3 阶模态静压分布。随着桨叶的后掠角增加,桨叶表面的静压幅值减小,声学测点感受到的声压强度也减小。可见,增大桨扇桨叶后掠角可明显降低压力脉动强度,从而降低桨扇噪声。

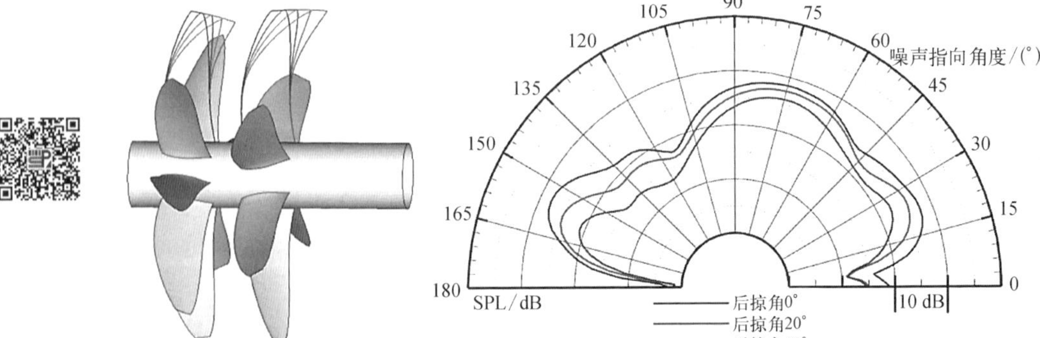

图 4-56　对转桨扇的后掠对总噪声的影响趋势

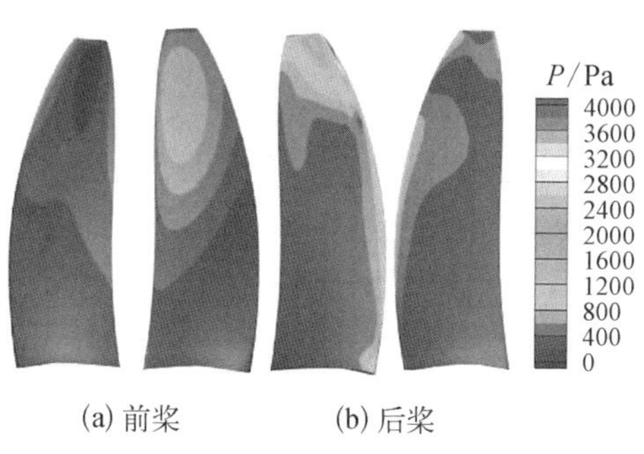

(a) 前桨　(b) 后桨

图 4-57　压力面和吸力面 1 阶静压

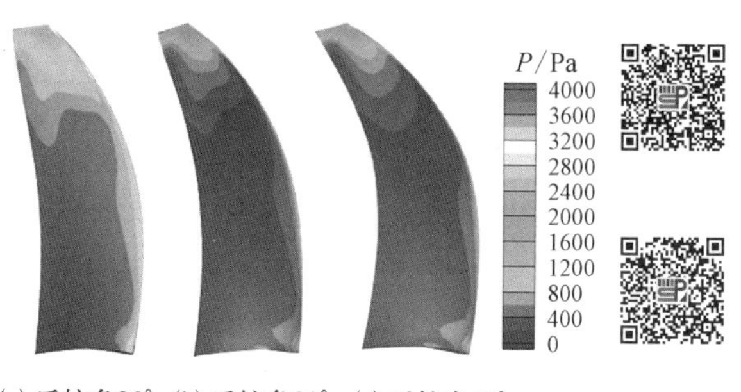

(a) 后掠角20°　(b) 后掠角30°　(c) 后掠角40°

图 4-58　后桨吸力面静压的 1 阶谐波

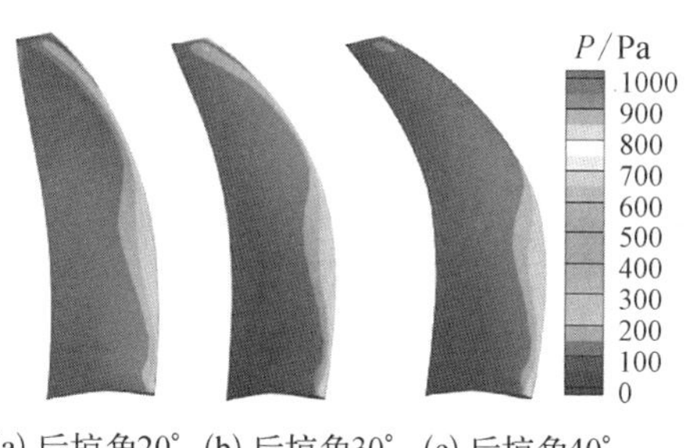

(a) 后掠角20°　(b) 后掠角30°　(c) 后掠角40°

图 4-59　后桨吸力面静压的 2 阶谐波

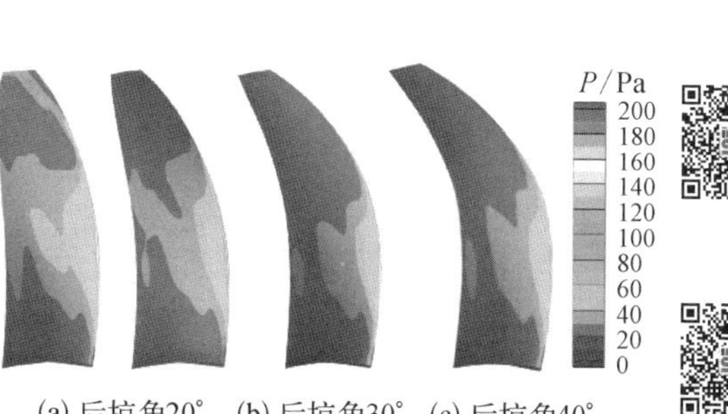

(a) 后掠角20°　(b) 后掠角30°　(c) 后掠角40°

图 4-60　后桨吸力面静压的 3 阶谐波

4.5.5　前后桨转子直径比

前后桨半径相同，前桨桨尖涡会打在后桨上，形成噪声源，导致对转桨噪声增加。若设计时使后桨直径小于前桨直径，小到一定程度后，后桨尖逐渐避开前桨的桨尖涡，损失减小的同时也可避开前排桨叶桨尖涡的干扰，从而削弱两排桨叶的干扰噪声。为研究后桨桨尖直径对桨扇噪声的影响，选取五组不同的后桨桨叶直径的对转桨扇模型开展分析研究，其后排桨叶直径依次减小，后排与前排的桨叶直径比分别为 1.0、0.97、0.95、0.92、0.89。如图 4-61 所示，结果表明，随着后排桨叶直径的减小，预测得到的总噪声也在减小。图 4-62 为桨叶表面 1 阶模态静压分布，可以看出，随着后排桨叶直径的减小，桨叶表面的 1 阶模态静压幅值降低，使得对转桨扇噪声减小。降低后桨桨尖直径的方法在桨扇降噪设计中得到了广泛使用。

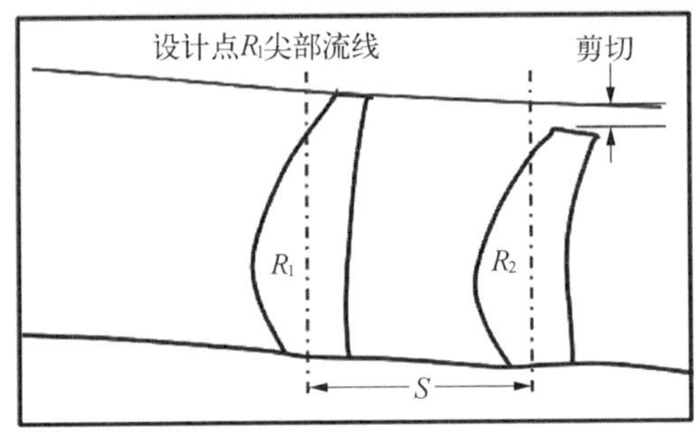

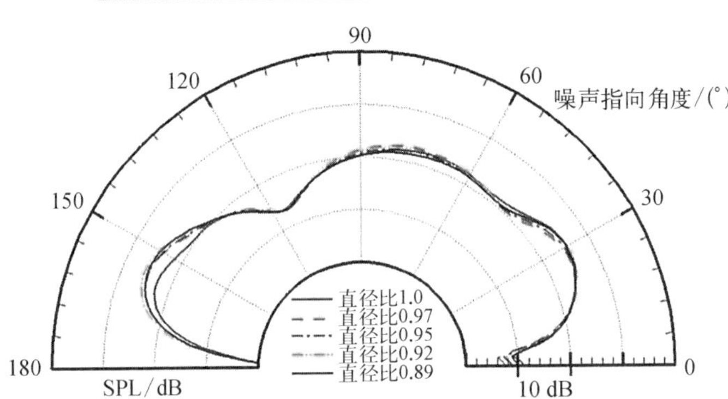

图 4-61　不同后桨桨尖直径对总噪声的影响趋势

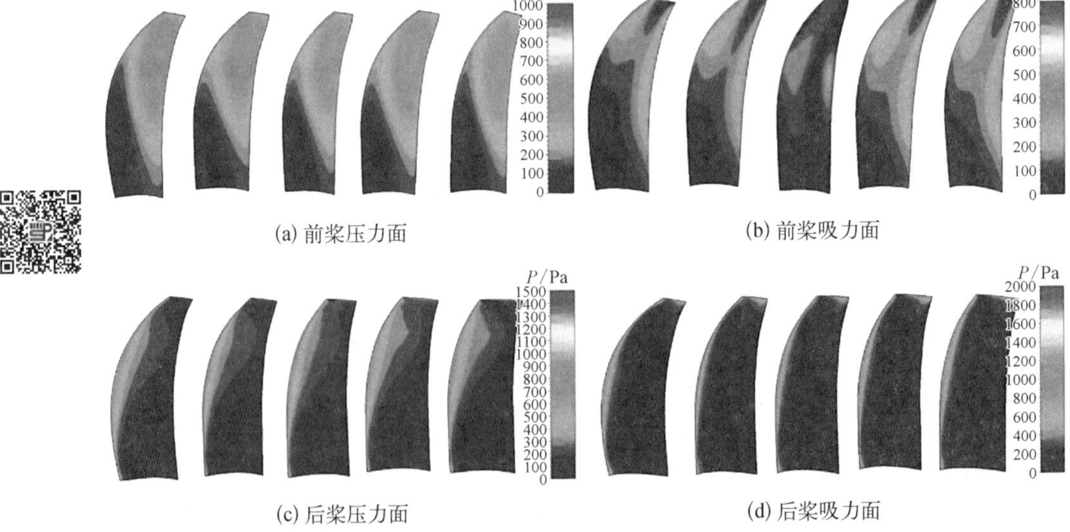

图 4-62　降低后排桨叶直径对叶片表面 1 阶模态静压分布的影响(从左到右后桨直径减小)

4.5.6　桨间轴向距离

与螺旋桨相比，对转桨扇存在对转的两排桨叶，桨叶间轴向距离对前桨滑流的发展和前后桨的干涉都会产生影响。为研究前、后排桨叶的轴向距离对总噪声的影响，选取三组前后排轴向距离对桨扇气动噪声进行分析，其桨间轴向相对距离逐渐增大，分别为0.7、0.8、1.0和1.1。图4－63为三组前后排轴向间距下桨扇总声压级指向性对比图，可以看出，随着轴向距离的增大，除局部角向位置外，其余角向位置总噪声整体减小。图4－64为不同桨间轴向距离下桨叶表面的1阶模态静压分

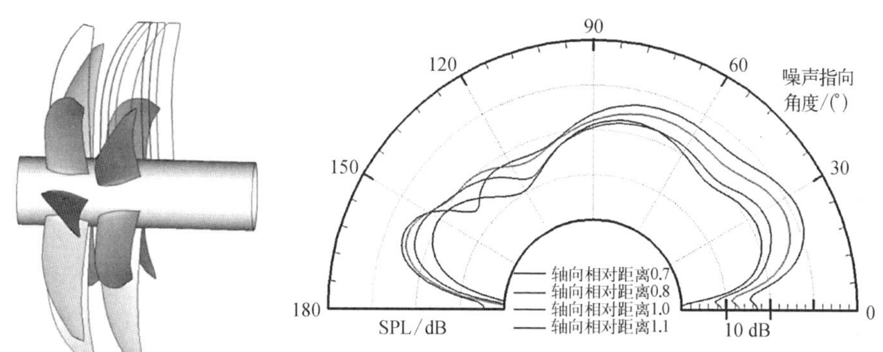

图4－63　不同桨尖轴向间距桨扇总噪声声场指向性图

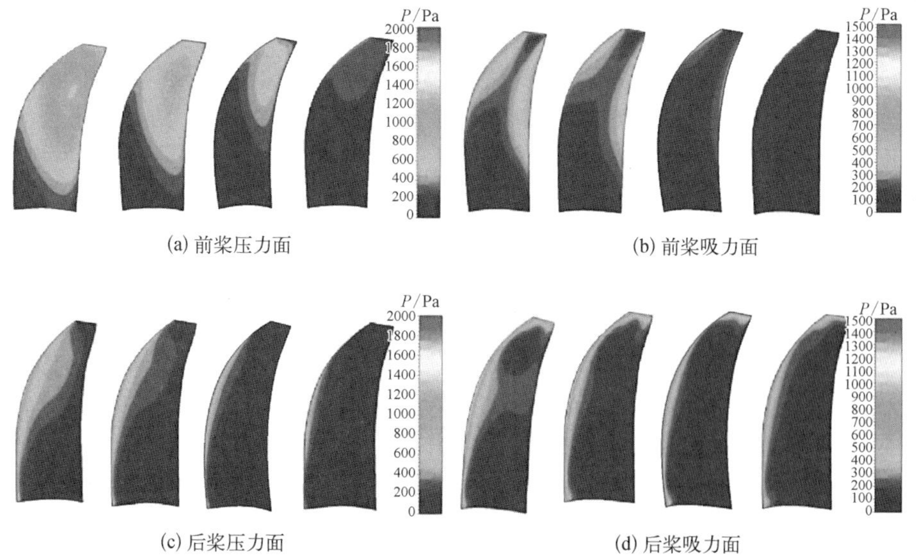

(a) 前桨压力面　(b) 前桨吸力面

(c) 后桨压力面　(d) 后桨吸力面

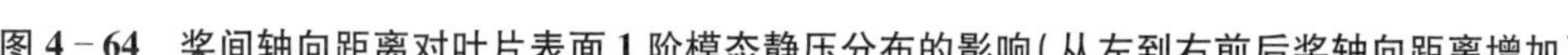

图4－64　桨间轴向距离对叶片表面1阶模态静压分布的影响(从左到右前后桨轴向距离增加)

布,反映了桨叶各区域的压力脉动程度。随着桨叶之间的轴向距离增大,桨叶吸力面和压力面静压减小,桨扇声压强度也降低。因此,通过增大桨扇前后排轴向间距,可以降低前后桨的干扰噪声,使得桨扇气动噪声减小。

4.5.7 对转桨扇降噪规律提炼与分析

类似气动性能影响规律,进一步分析参数对气动噪声水平的影响,可提炼形成桨扇降噪设计规律,获得一些定性的准则,为桨扇设计中参数权衡选取提供思路。具体如下:

(1) 桨扇噪声大小与桨叶表面压力脉动强度有直接关系,减少桨叶数、增大桨叶弦长会增加前后桨叶片表面模态静压的脉动强度或高静压脉动区域,导致总噪声幅值增大,在采用增加桨叶数的方式进行桨扇降噪设计时,需权衡综合考虑带来的桨扇结构重量增加;

(2) 减小桨叶直径对应着降低叶尖切线速度,可以降低噪声水平,但是前提条件是桨叶的负荷相对不高,否则带来的效果是相反的,这是因为桨叶直径减小还会带来桨叶负荷增加、噪声增大;

(3) 大的桨叶后掠角、增大桨间轴向距离均可明显降低前后桨相互干扰的脉动量,从而降低桨扇的干扰噪声;

(4) 减小桨扇后桨半径,可使前桨桨尖涡避开后桨桨尖,桨尖涡的影响区域也降低,从而有效控制桨尖的噪声源。

第五章 桨扇的气动性能和声学试验

桨扇气动性能水平与噪声水平的试验验证途径通常有两条：其一，发动机配装全尺寸桨扇进行飞行试验，可以获得真实的气动性能和声学性能，但是新研的桨扇直接开展飞行试验存在较大的安全风险，试验验证成本非常高，且发动机上布置拉力和扭矩测量装置困难，一般只会在发动机定型前进行该项试验；其二，采用缩尺试验件，根据相似理论，利用风洞模拟飞行条件，进行气动性能以及噪声试验验证。缩尺试验件风洞试验，远比飞行验证试验成本低、周期短，是设计阶段快速迭代优化，获得性能的重要途径。本章从桨扇的风洞试验相似理论、试验设备、测试技术及数据分析等方面进行了阐述。

5.1 桨扇的气动相似性

5.1.1 桨扇的气动性能相似性

桨扇的气动性能相似性与螺旋桨气动相似性实际上是一致的，本节将文献[3]相似性部分重新推导如下。

1. 几何相似

对于两个几何相似的桨扇，设其直径分别为 D_1 和 D_2。由几何相似的条件可知，两个物体，如果它们的对应边成比例，角度相等，则认为两个物体是相似的。所以，对于两个几何相似的桨，在半径 r_1 和 r_2 处取两个宽度各为 b_1 和 b_2 的叶素，要求这两个叶素的形状是几何相似的，且叶素的安装角 θ 保持相等，即

$$\frac{r_1}{D_1}=\frac{r_2}{D_2}=\eta_L \qquad (5-1)$$
$$\frac{b_1}{D_1}=\frac{b_2}{D_2}=\eta_L$$

$$\theta_1 = \theta_2$$

式中，η_L 为两个桨的几何相似比尺。

2. 运动相似

对于两个几何相似的桨扇(图 5-1)，运动相似要求绕过桨叶的气流速度场相似，即在两个桨的绕流场中，对应点上的速度大小成正比，方向相同。根据实验空气动力学，对于两个几何相似的叶素，只有绕过气流的迎角相等，才有运动相似的气流发生。因此，螺旋桨和桨扇的运动相似条件是

$$\eta_v = \frac{V_1}{V_2} \quad \alpha_1 = \alpha_2 \tag{5-2}$$

式中，η_v 为速度比尺；α 为对应的气流迎角。

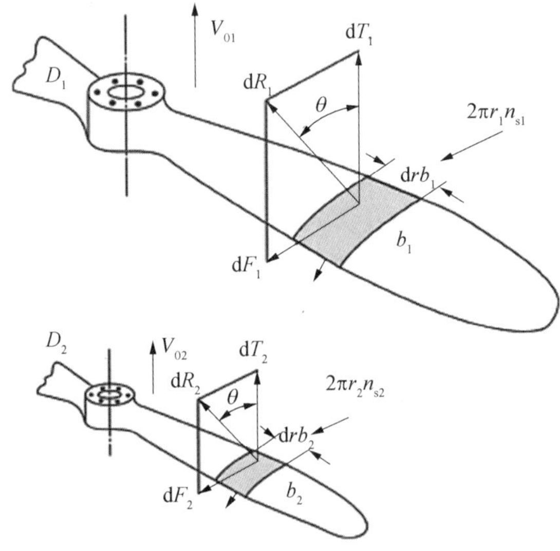

图 5-1　两个相似的桨叶

根据式(5-1)和式(5-2)，对于两个几何和运动相似的螺旋桨和桨扇，对应点的气流入流角度相等，根据速度三角形，可推导得

$$\frac{V_{01}}{D_1 n_{s1}} = \frac{V_{02}}{D_2 n_{s2}} = \text{const} \tag{5-3}$$

或

$$\frac{V_0}{n_s D} = \lambda = \text{const} \tag{5-4}$$

其中，λ 在桨叶气动设计中是一个非常重要的参数，其规定了两个几何相似的桨叶，在工作状态下保持运动相似的条件或准则，即两个桨的轴向速度与转数和对应直径的乘积之比必须相等。在螺旋桨和桨扇气动理论分析中，常把 $\lambda = \dfrac{V_0}{n_s D}$ 称为速度系数或前进比。以下将会看到，从一般的相似理论的观点看，λ 实际上是保证两个相似过程的斯特劳哈尔数相等。

3. 动力相似

动力相似要求作用于流体质点上的各种作用力大小成正比，方向相同。一般而言，在桨叶绕流中，流体质点所受的作用力包括非定常惯性力、对流惯性力、黏性力、重力和弹性力。动力相似准则数包括雷诺数、马赫数和斯特劳哈尔数（前进比），一般在缩比模型风洞试验中，模型和原型采用同一空气介质，所以同时满足各相似准则是困难的，通常保证马赫数和斯特劳哈尔数（前进比）相同即可。

1）马赫数相似准则

马赫数表示流体质点所受的弹性力与惯性力的比值，也是气流速度与声速的比值。对于两个几何和运动相似的桨扇而言，马赫数准则要求：

$$Ma = \frac{W_1}{c_1} = \frac{W_2}{c_2} \tag{5-5}$$

如果对于同一流体，温度也相同，则声速 c 为常数，则 $W_1 = W_2$，在 $\lambda_1 = \lambda_2$ 的情况下，合成速度 W 与叶尖圆周速度 $\pi n_s D$ 成比例，所以马赫数准则要求

$$n_s D = n_{s1} D_1 = n_{s2} D_2 \tag{5-6}$$

也就是说，为了保证 Ma 相等，转速必须同桨叶直径成反比。实验表明，只有当叶尖合成速度 $W \approx 0.85c$ 时，马赫数的影响才开始表现出来，螺旋桨的叶尖合成速度一般接近该值，马赫数的影响并不太大，而桨扇的叶尖合成速度已达到甚至超过声速，必须考虑马赫数的影响。

2）雷诺数相似准则

雷诺数表示流体质点所受的惯性力与黏滞力的比值。对于几何和运动相似的两个桨扇，动力相似要求对应点处的雷诺数保持相等。根据雷诺数定义有

$$Re = \frac{W_1 b_1}{\nu_1} = \frac{W_2 b_2}{\nu_2} \tag{5-7}$$

式中，b_1 和 b_2 为对应半径 r_1 和 r_2 上的叶素宽度；W_1 和 W_2 为该二叶素上的合成速度；ν 为运动黏度。对于相似的桨扇，桨叶宽度 b 同其直径成正比，而合成速度 W 同叶尖圆周速度 $\pi D n_s$ 成正比，所以，如果 $\nu = \nu_1 = \nu_2$（均为空气），则雷诺数准则

要求：

$$n_s D^2 = n_{s1} D_1^2 = n_{s2} D_2^2 \tag{5-8}$$

例如，若模型比原型缩小 5 倍，长度比尺为 $\eta_L = 1/5$，则当原型桨的转数为 $n_1 = 1\ 000$ r/min 时，模型的转数必须达到 25 000 r/min。即使在风洞实验中，模型能够达到这样快的转数，但由于高速旋转将在叶尖处出现了空气压缩现象，从而改变了桨叶周围气流的空气动力。实验表明，雷诺数不相等，只有在很小的模型上才会发生显著误差。因此，对于桨扇来说，当雷诺数达到某值后，由于雷诺数影响很小，通常不考虑雷诺数相等的问题。

3）弗劳德数相似准则

弗劳德数 Fr 表示惯性力与重力的比值。对于工质为空气而言，重力作用是次要的，可以忽略不计。

4）斯特劳哈尔数相似准则

斯特劳哈尔数 Sr 表示非定常惯性力与迁移惯性力的比值。对于两个几何和运动相似的螺旋桨和桨扇而言，Sr 准则要求：

$$\frac{V_{01}}{n_{s1} D_1} = \frac{V_{02}}{n_{s2} D_2} \tag{5-9}$$

即为前进比。

4. 气动性能的相似参数

设螺旋桨和桨扇的拉力 T 与下列物理量有关：空气密度 ρ，旋转速度 n_s，直径 D，前飞速度 V_0，总矩角 ϕ_7，几何扭角 $\Delta\phi$，桨叶的弦长 b，空气黏性系数 μ，空气声速 c，重力加速度 g。写成如下函数形式：

$$T = f(\rho,\ n_s,\ D,\ V_0,\ b,\ \mu,\ c,\ g,\ \phi_7, \Delta\phi) \tag{5-10}$$

选取 ρ、n_s、D 作为特征物理量，则式(5－10)相应的量纲为 1 的形式为

$$\frac{T}{\rho n_s^2 D^4} = f_T\left[\frac{V_0}{n_s D},\ \frac{b}{D},\ \frac{\mu}{\rho n_s D^2},\ \frac{c}{n_s D},\ \frac{g}{n_s^2 D}, \phi_7, \Delta\phi\right] \tag{5-11}$$

将式(5－11)写成量纲为 1 的系数表达式，有

$$C_T = f_T\left[\lambda,\ Re,\ Ma,\ Fr,\ \frac{b}{D},\ \phi_7,\ \Delta\phi\right] \tag{5-12}$$

式中，$C_T = \dfrac{T}{\rho n_s^2 D^4}$ 为拉力系数；$\lambda = \dfrac{V_0}{n_s D}$ 为气流的斯特劳哈尔数或前进比；$Re =$

$\frac{\rho n_s D^2}{\mu}$ 为气流的雷诺数；$Fr = \frac{n_s D}{\sqrt{gD}}$ 为气流的弗劳德数；$Ma = \frac{n_s D}{c}$ 为气流的马赫数。

同样对于功率 P 的量纲为 1 的函数形式为

$$C_p = \frac{p}{\rho n_s^3 D^5} = f_p\left[\lambda,\ Re,\ Ma,\ Fr,\ \frac{b}{D},\ \phi_7,\ \Delta\phi\right] \tag{5-13}$$

式中，C_p 为桨扇功率系数，$C_p = \frac{p}{\rho n_s^3 D^5}$。

转矩 M 的量纲为 1 的函数形式为

$$C_M = \frac{M}{\rho n_s^3 D^5} = f_M\left[\lambda,\ Re,\ Ma,\ Fr,\ \frac{b}{D},\ \phi_7,\ \Delta\phi\right] \tag{5-14}$$

式中，C_M 为转矩系数，$C_M = \frac{M}{\rho n_5^3 D^5}$。

效率为

$$\eta = \frac{TV}{P} = \frac{C_T \rho n_s^2 D^5}{C_p \rho n_s^3 D^5} = \frac{C_T}{C_p}\lambda \tag{5-15}$$

5.1.2　桨扇的气动声学相似性

桨扇的气动声学相似性与螺旋桨实际上也是一致的，本节不妨将引用相关专著[53]进行阐述。

为建立气体流动的声相似条件，首先讨论描述气动产生的声源及其声传播的基本波动方程：

$$\frac{\partial^2 p}{\partial t^2} - c_0^2 \frac{\partial^2 p}{\partial x_i^2} = \frac{\partial Q}{\partial t} - \frac{\partial F_i}{\partial x_i} + \frac{\partial^2 T_{ij}}{\partial x_i \partial x_j} \tag{5-16}$$

式中，$Q = \rho\mu/D$ 为单位时间、单位容积质量源的流量，D 为源的线尺寸；$F = \rho g$ 为单位容积的质量力；T_{ij} 为莱特希尔张量。

此微分方程的结构与式中数值的大小变化无关。大小的改变只因其所有各项系数的数字变动。假定，方程(5－16)是描述全尺寸的情形，按照条件：由全尺寸转换为缩尺模型，线尺寸改为 D 次，时间改变 t 次，即 $x = x_1 D$，$t = t_1 t_0 = \frac{t_1}{f}$，$\rho = \rho_1 \rho_0$，$Q = Q_1 Q_0$ 等。这样式(5－16)成为

$$f^2\rho_0\frac{\partial^2\rho_1}{\partial t_1^2}-\frac{\rho_0c_0^2}{D^2}\left(c_0^2\frac{\partial^2\rho_1}{\partial x_{1i}^2}\right)=fQ_0\frac{\partial Q_1}{\partial t_1}-\frac{F_0}{D}\frac{\partial F_i}{\partial x_{1i}}+\left(\frac{\rho_0u_0^2}{D^2}+\frac{p_0}{D^2}-\eta\frac{u_0}{D^3}-\frac{\rho_0c_0^2}{D^2}\right)\frac{\partial^2T_{1ij}}{\partial x_{1i}^2} \tag{5-17}$$

使用 Q 及 F，将方程(5-17)改写为

$$Sr^2\frac{\partial^2\rho_1}{\partial t_1^2}-\frac{c_0^2}{c^2Ma^2}{}^2\left(c_0^2\frac{\partial^2\rho_1}{\partial x_{1i}^2}\right)=Sr\frac{\partial Q_1}{\partial t_1}-\frac{1}{Fr}\frac{\partial F_i}{\partial x_{1i}}+\left(1+Eu-\frac{1}{Re}-\frac{c_0^2}{c^2Ma^2}\right)\frac{\partial^2T_{1ij}}{\partial x_{1i}^2} \tag{5-18}$$

式(5-18)中，引入了斯特劳哈尔数 $Sr=\dfrac{fD}{u_0}$，马赫数 $Ma=\dfrac{u_0}{c}$，雷诺数 $Re=\dfrac{u_0D}{v}$，弗劳德数 $Fr=\dfrac{u_0^2}{gD}$，欧拉数 $Eu=\dfrac{p_0}{\rho u_0^2}$；另外，$c$ 为气流中声传播速度；c_0 为未扰动介质中的声速；$v=\eta/\rho_0$ 为运动黏性系数；f 为频率；η 为剪切黏性系数；u 为气流速度。

注意，比较式(5-18)的第一项和第二项的系数，得一补充准则：

$$\frac{fD}{c_0}=\frac{D}{\lambda}=\text{常数}$$

代入式(5-16)作用在物体上的力 F（如处于气流中的螺旋桨型面）：

$$\mathrm{d}F=\frac{\rho\Gamma}{b}\omega(1-\mu tg\beta)\,\mathrm{d}r$$

式中，Γ 为环流旋度；ω 为流在型面上的气流速度；β 为气流流过角度；b 为型面弦长；μ 为型面品质。

这种情况下，式(5-18)的第四项的无因次系数为

$$\frac{\Gamma}{cD}\left(\frac{D}{b}\right)\frac{\omega}{c}\left(\frac{c^2}{u_0^2}\right)(1-\mu\tan\beta)=\frac{\Gamma}{b}\frac{\dot{M}a_{BX}}{Ma}(1-\mu\tan\beta) \tag{5-19}$$

式中，$\bar{\Gamma}$ 为无因次旋量；$\bar{b}$ 为无因次型面弦长；$\dot{M}a_{BX}$ 为流道型面的马赫数。

如果除波动方程(5-16)以外也考虑状态方程和能量方程，可得到普朗特数 Pr。于是，要确保气动声学相似，应保持以下的气流相似准则：Sr、Ma、Re、Fr、Pr、c/c_0、D/λ 物体几何相似（处在其气流中 $\bar{b}$、μ、β = 常数），在物体表面上气体力载荷分布相似（$\bar{\Gamma}$ = 常数）。在符合这些模拟条件下，几何相似的缩尺模型各点上的声压级与全尺寸的是相等的。

遵守所有的相似准则为常数是十分复杂的，几乎是不可能实现的任务。但是，

大量试验研究表明,不少相似准则的影响较小,相似参数的数目可以缩减。当雷诺数较大时流动自模化,也就是与雷诺数无关,而且在湍流中,雷诺载荷大大超过黏性载荷,因此可忽略黏性的作用。由运动学原理和气体的 Pr 数近于 1,也可以忽略。对于自由湍流也可忽略重力和压力作用,也即可不考虑 Fr 和 Eu。

于是气动声相似必须遵循以下准则: Sr、Ma、D/λ、c/c_0、几何相似,物体上的气动载荷分布相似,在这些之外还要加上气流的起始和边界条件相似。

根据高永卫教授早期博士课题研究[62],当全尺寸桨和模型桨保持声学相似,则有声压级的关系如下: 在自由声场中,对全尺寸桨计算离开点声源不同距离处的声压级可用声压级公式 $L_p = L_w + 10\lg\left(\frac{1}{4\pi r^2}\right)$,其中 L_p 为全尺寸桨声压级,L_w 为全尺寸桨声源声功率。

对于全尺寸桨距离为 r 的观测点和模型桨距离为 r' 的观测点,两者的声压级之差为

$$L_p - L_{p'} = 10\lg\left(\frac{D}{D'}\right)^2 - 10\lg\left(\frac{r}{r'}\right)^2 \tag{5-20}$$

当 $r = r'$ 时,即在相同距离的点上测量,两个几何相似的螺旋桨产生的噪声总声级相差 $20\lg\frac{D}{D'}$,D' 为模型桨尺度,D 为全尺寸桨尺度,$L_{p'}$ 为模型桨声压级,L_p 为全尺寸桨声源声功率。这与第 5.4.6 节第 2 小节所述的缩尺-全尺寸桨扇噪声变换公式一致。

5.1.3　桨扇风洞试验常用的相似准则

因缩尺桨模型和原型全尺寸桨采用同一空气介质,在实际的风洞模拟试验中,同时满足所有的相似准则是非常困难,几乎不可能的。阻力相似要求满足雷诺数准则,但在阻力平方区,即前文提到的自模区($Re > 3.2 \times 10^5$),可以不考虑雷诺数的影响;空气压缩性相似要求满足马赫数准则。一般在实际的桨扇缩比模型风洞试验中,常采用斯特劳哈尔数相似准则(前进比 λ)和马赫数相似准则组合。

斯特劳哈尔数相似准则要求原型桨与模型桨的前进比 λ 相等,即

$$\frac{V_{01}}{n_{s1}D_1} = \frac{V_{02}}{n_{s2}D_2},\ \eta_n = \frac{n_{s1}}{n_{s2}} = \frac{V_{01}}{V_{02}} \times \frac{D_2}{D_1} = \frac{\eta_V}{\eta_L} \tag{5-21}$$

通过式(5-21),可求得模型桨的转速 n_{s2}。式中,V_{01}、V_{02} 分别为原型桨、模型桨的飞行速度;n_{s1}、n_{s2} 分别为原型桨和模型桨的转速;D_1、D_2 分别为原型桨、模型桨的直径;c_1、c_2 分别为原型桨、模型桨的当地声速;η_V 为速度比例尺;η_L 为几

何比例尺。其中,模型桨的直径 D_2 的选取需考虑风洞的直径或电机的功率。

马赫数相似准则要求原型桨与模型桨的轴向和桨尖切向马赫数均相等,即

$$\frac{V_{01}}{c_1} = \frac{V_{02}}{c_2} \tag{5-22}$$

$$\frac{n_{s1}D_1}{c_1} = \frac{n_{s2}D_2}{c_2} \tag{5-23}$$

根据上述两个式子,得到转速换算比例 η_n 为

$$\eta_n = \frac{n_{s1}}{n_{s2}} = \frac{c_1 D_2}{c_2 D_1} = \frac{c_1/c_2}{\eta_L} = \frac{V_{01}/V_{02}}{\eta_L} = \frac{\eta_V}{\eta_L} \tag{5-24}$$

与斯特劳哈尔数相似准则推出的公式相同,说明在满足轴向和桨尖切向马赫数相似的条件下,前进比也是相似的。但若无法满足马赫数相似准则的条件下,应保证斯特劳哈尔数准则,然后,需要针对马赫数进行气动性能修正。

对于相似的桨扇, C_T 拉力系数相等,则有拉力比尺为

$$\eta_T = \frac{T_1}{T_2} = \frac{\rho_1 n_{s1}^2 D_1^4}{\rho_2 n_{s2}^2 D_2^4} = \eta_\rho \eta_L^4 \eta_n^2 \tag{5-25}$$

对于相似的桨扇, C_p 功率系数相等,则有功率比尺为

$$\eta_p = \frac{P_1}{P_2} = \frac{T_1}{T_2}\frac{V_{01}}{V_{02}} = \eta_T \eta_v = \eta_L^2 \tag{5-26}$$

式中, η_ρ 为密度比例尺。

5.2 气动性能和声学试验设备

5.2.1 性能试验风洞设备

风洞能提供人工流场,还能准确控制流场的流速、密度、气温等基本参数。在风洞中进行缩尺螺旋桨和桨扇气动性能试验,可仔细观察并测定流场中的局部细节,也可以较方便进行拉力、扭矩和其他流动参数测量,这些都是飞行测试中很难做到的。

但是,目前全世界能提供全尺寸螺旋桨和桨扇试验用的风洞为数不多,大多数大尺寸风洞大都是低速的,风洞试验段来流风速不超过 185 km/h,只能满足起飞状态的试验要求。因此,国内外研制阶段的试验验证大多数是采用缩尺试验件在中等大小的高、低速风洞内进行的。综合考虑流场相似和试验成本,一般经验认为缩

尺试验件桨叶直径选择在 0.6 ~0.9 m 比较合适。相应的,风洞试验段的等效直径选择在 1.5 ~3.0 m。

风洞有开路和回流两种形式。前者从周围大气中吸入空气,流经试验段后,再排入大气。后者气流则在风洞内循环流动。从目前国内外试验条件来看,一般都会选择在回流式风洞中开展螺旋桨与桨扇性能试验。

风洞试验段又分为开口和闭口两种形式,前者试验段气流和周围大气直接相通;后者则由风洞洞壁和周围分开,试验段内的气流压强温度均可与外界不同。

图 5-2 为典型的低速开口回流式风洞,收缩段用于加速气流,并保持流场的均匀性。试验件安装在试验段进行试验。开口式试验段便于安装和测试,但是,开口式风洞试验段风速不会太高,一般不高于 100 m/s,否则会导致气流脉动过大,无法进行试验。

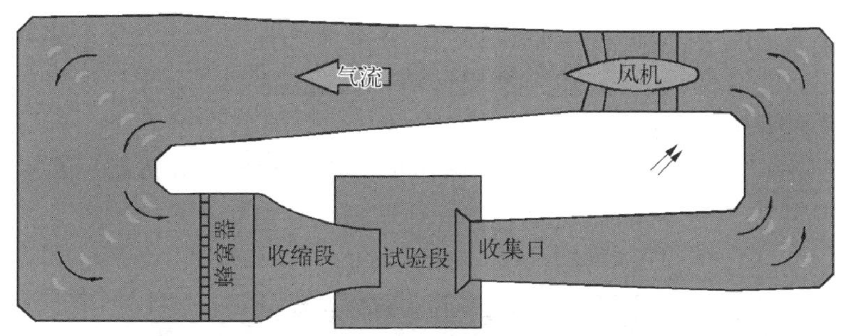

图 5-2　低速开口回流式风洞

图 5-3 为典型的高速闭口回流式风洞,除试验段外,大体结构组成与开口式相同。闭口式风洞试验段通常风速相对较高,流场品质易控制,且保持在较高的水平。但由于空间和结构限制,闭口式风洞内试验件的安装和测试相对稍微复杂一点,另外,由于洞壁回声的影响,一般不用于声学试验。

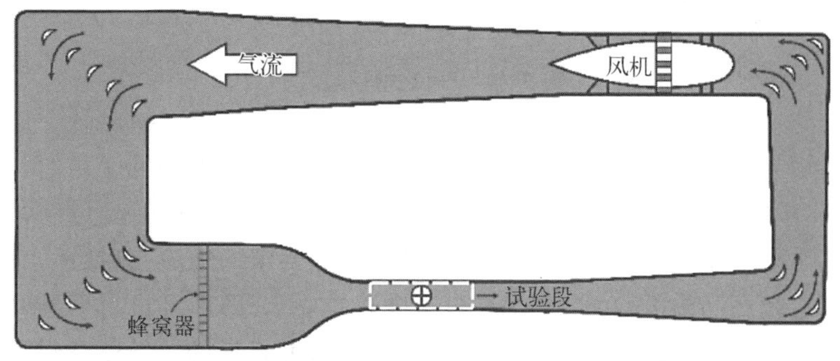

图 5-3　高速闭口回流式风洞

5.2.2 声学试验风洞设备

在风洞中进行螺旋桨和桨扇的声学试验要比测量气动力性能参数难度大得多。最主要的问题就是风洞背景噪声和洞壁回声很强,这会严重干扰试验参数的测量,因此,需要对声学风洞内的洞壁和设备进行消音和降噪处理。

螺旋桨和桨扇的声学试验一般在带有全消音室的低速开口式声学风洞内开展,如图 5-4 所示。在风洞的全消音室内,四面墙、天花板顶面及地面都会布置消声结构,使边界能有效地吸收入射声能,构成全消声室,另外,伸入消音室的洞体及支撑立柱、天车等设备均包裹消音棉或做消声处理,从而使室内空间近似为自由声场。在消声室内,仅有来自声源的直达声,没有各个障碍物的反射声,也没有来自室外的环境噪声。对于消声室内的消声结构,最常用的是尖劈、穿孔地板,即共振腔结构。除采用全消音室作为试验段之外,还要考虑整个回流洞体的降噪,包括采用静音风扇,集气、扩散段洞体内壁流道消音,洞体拐角导流叶片消音等措施;此外,从风洞土建方面考虑,混凝土全消音室建筑应具有坚实的基础,且外围布置隔振沟,试验件台架采用单独的基础,洞体支撑采用坚实的独立混凝土桩基,这些措施都可以防止噪声沿建筑传递,避免引起建筑结构共振。

(a) 国内某声学风洞[63]

(b) DNW-LEF噪声风洞[64-66]

图 5-4 开口式声学风洞

声学风洞就是有气流的消声室,或者说是处于消声室内的低噪声、低湍流度并有开口试验段的风洞。声学风洞既具有常规风洞的特点,即具有适宜的管道和气流控制装置,以最小的能量损失在试验段产生满足要求的气流,包括适当的气流马赫数、雷诺数和高品质的流场,又具有声学试验的要求,即满足自由场条件(无声反射),并具有足够的尺寸以满足远场噪声测量,具有非常低的试验段背景噪声。

一般技术指标先进的声学风洞,消音室本底噪声小于 20 dB(A),设计风速下

(一般为 80 m/s),喷口气流的近场噪声低于 68 dB(A)。

5.2.3 桨扇风洞试验的试验件

桨叶的气动性能直接决定涡桨发动机和桨扇发动机的推进性能,为缩短桨叶设计周期,降低研制风险,一般在进行全尺寸桨叶加工制造之前,会先期通过缩尺试验件验证气动性能和噪声水平,同时也可以通过试验优化前后桨转速比、前后排桨间距、前后桨叶数量组合和前后排桨叶角匹配等设计参数,为全尺寸桨扇设计和试验提供数据支持。

目前,国外缩尺桨试验件主要有两种动力驱动形式,一种为电机驱动,另一种为空气涡轮驱动。下面介绍几种典型的缩尺桨试验件结构形式和参数。

1. 单排桨扇试验件

汉密尔顿标准公司进行全尺寸桨扇(SR－7L)设计前,设计了缩尺桨扇试验件(SR－7A),桨叶直径 0.62 m,缩比 0.23。如图 5－5 所示,试验件由 3 级涡轮驱动,经过 3.1 MPa 的高压空气加温至 367 K 后,可以产生 746 kW 的输出功率。

桨扇试验件部分剖视图如图 5－5 所示,桨毂为分半设计,中间设计 3 处定位销,使用 8 个螺栓拉紧,桨叶仅能在静止状态下进行桨叶角调节,桨叶根部通过销钉安装有齿轮,与一面齿轮咬合在一起,面齿轮使用两个锁止销将面齿轮与桨毂前半部连接在一起。前半部轮毂上有不同角向孔,桨叶角调节就是通过面齿轮与这些不同角向孔对准完成。整流帽罩通过与旋转方向相反的左旋螺纹拧紧在前半部桨毂上,同时均布三个尼龙插销防松。

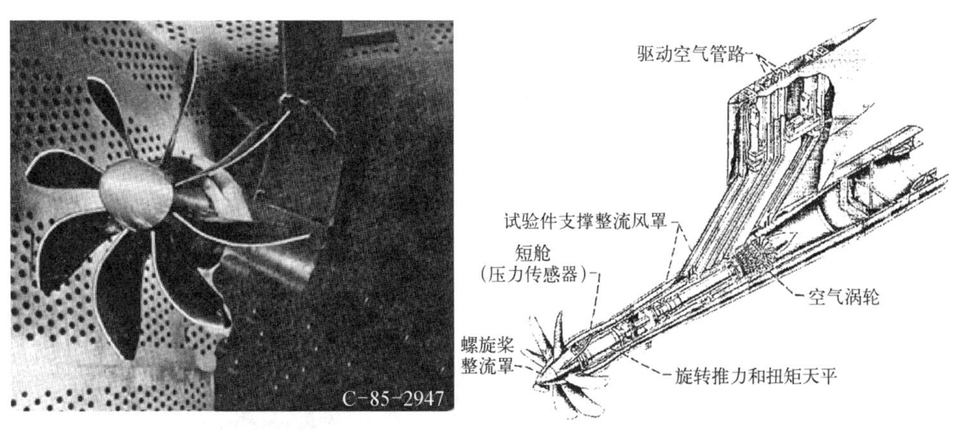

图 5－5 汉密尔顿标准公司/NASA 的单排桨扇试验件(拉进式)[6, 67]

2. 对转螺旋桨和桨扇试验件

1）罗罗公司的桨扇试验件

英国罗罗公司在进行 RB509 桨扇发动机设计之前，设计了 1/5 桨扇试验件[68]，如图 5－6 所示。

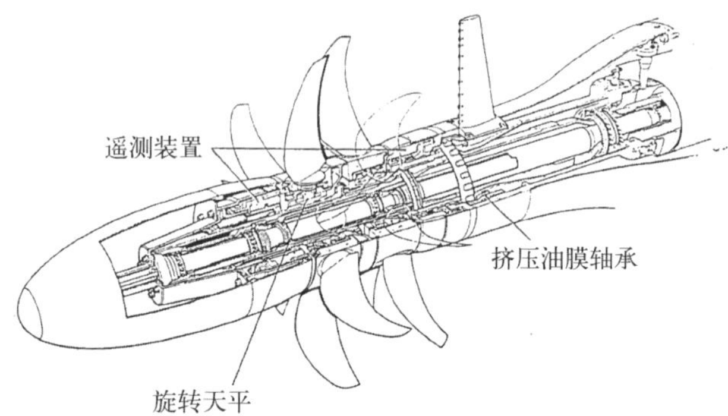

图 5－6　英国罗罗公司的对转桨扇试验件(推进式)[66,68]

罗罗公司的桨扇验件采用同步电机驱动，两台电机串列布置，前方布置的电机，其转子轴设计成空心轴，后方布置的电机，转子轴前伸可穿过前方电机空心轴，两台电机形成向前输出的同轴对转驱动的结构。桨叶的拉力和扭矩同样采用的是旋转天平进行测量，通过遥测装置传输数据。试验件桨叶直径约 0.76 m，设计了 4 种不同桨叶方案，前、后排有 7+9、9+7、9+9、7+7 多种桨叶数组合。

2）汉密尔顿标准公司的桨扇试验件

在 NASA 的支持下，汉密尔顿标准公司设计了拉进式对转桨扇试验件[11]，如图5－7 所示为试验件实物照片，试验件分为桨扇单元和空气涡轮单元两部分。桨扇单元，桨叶数组合为 5+5，直径 0.622 m，前后桨轴向间距为 0.26 倍直径。桨叶安

图 5－7　美国汉密尔顿标准公司的对转桨扇试验件(拉进式)[11]

装在桨盘上，桨盘与天平联接一起，天平内孔与轴配合固定，形成桨扇转子。桨扇单元由空气涡轮单元驱动，空气涡轮在 9 000 r/min 时总共产生 680 kW 的驱动功率（其中每个涡轮产生 340 kW）。空气涡轮设计成同轴对转向前输出，驱动桨扇前、后两排转子。空气涡轮单元均为 0－0－2 支撑形式，前排桨扇连接轴是通过中介轴承支撑在后排桨转子轴内。

3）GE 公司的对转桨扇试验件

NASA 支持汉密尔顿标准公司开展拉进式桨扇设计验证的同时，也对 GE 公司推进式对转桨扇构型提供项目支持。GE 公司共设计了 3 个桨扇试验件[16]（两个水平布置的试验件，一个垂直布置的试验件），用于验证 GE UDF 桨扇发动机的桨扇气动性能和声学性能，图 5－8 为其中水平布置的桨扇试验件。

桨扇试验件的桨叶直径为 0.61 m，缩尺比例为 1/5，使用两台空气涡轮驱动，每个涡轮可以在 10 000 r/min 下产生 550 kW 的功率。试验件结构如图 5－8 所示，由桨扇单元和空气涡轮单元组成。对于桨扇试验件，桨叶固定在桨盘上，然后将桨盘与天平安装在一起，天平内孔与桨扇试验件的轴配合固定安装，形成试验件转子。前桨转子通过中介轴承支承在后桨转子，后桨转子再通过轴承支承在试验件机匣上。天平测量信号通过遥测装置传输到地面站，再进行数据采集。对于共轴对转的两台涡轮，设计成前后串列布局，相互独立工作。后置涡轮的轴向前穿过前置涡轮空心轴，向前输出功率。前置的涡轮轴也向前输出功率，与后置涡轮前伸轴形成轴套轴的对转输出结构形式。空气涡轮单元与前方桨扇单元通过膜盘连轴器联接，驱动桨扇桨叶旋转。在试验件内部，具体为在前桨轴-后置涡轮轴的轴系内部，有一根从试验件后部一直延伸到前部的空心静止中心轴，用于试验件布置油路和测量线路，试验件总长达 3.05 m。桨扇单元与空气涡轮单元通过机匣上一圈螺栓连接固定。

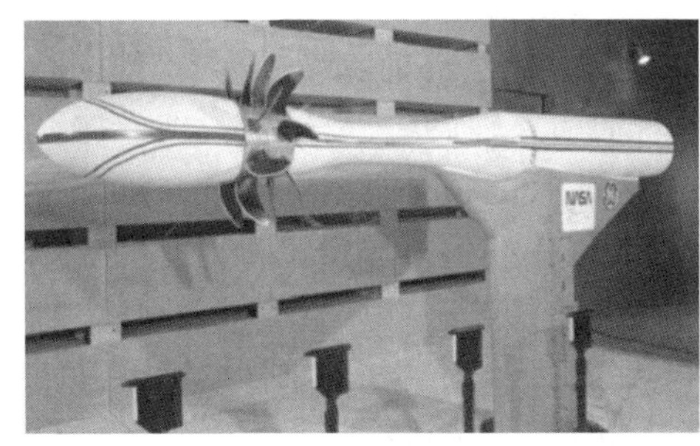

(a) GE公司推进式桨扇试验件实物照片

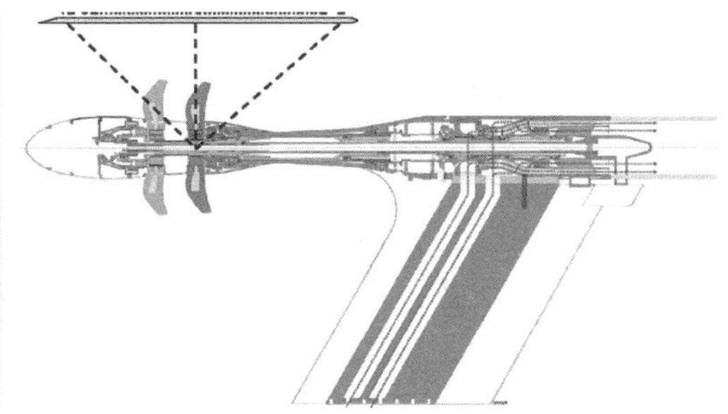
(b) GE公司推进式桨扇试验件剖面图

图 5－8　美国 GE 公司的对转桨扇试验件（推进式）[9,69]

4）赛峰桨扇试验件

在欧洲 DREAM 项目中，赛峰公司设计了 HERA 桨扇试验件，该试验件构型类似 GE 公司推进式对转桨扇试验件,使用了两套不同的桨叶,一种为气动-结构优化设计方案,另一种为气动-低噪优化设计方案。第一套桨叶于 2011 年在 Onera - S1MA 风洞中进行了相应试验,第二套桨叶于 2012 年在 DNW - LLF 风洞进行试验。图 5 - 9 为试验件在 DNW - LLF 风洞中进行噪声试验,前、后排桨叶数组合为 12+10,使用高压空气驱动,可以控制两个转子在不同或者相等转速下运转。

图 5 - 9　法国赛峰公司的对转桨扇试验件(推进式)[70]

5) 中国航发动研所研制的对转桨扇试验件

近年来,中国航发动研所研制了一套对转桨扇试验件,该试验件平台采用两台额定功率达 120 kW 的高速电动机驱动,也可以采用两台额定功率达 300 kW 的高速电动机驱动,最高转速均可达 10 000 r/min(图 5 - 10)。电动机垂直安装,驱动一根长度超过 1 m 的柔性轴,柔性轴的另一端与主动锥齿轮轴通过膜片联结传扭,通过锥齿轮副轴将动力从垂直方向转为水平方向,该试验件前、后桨由两套独立的传动轴系驱动。两个从动锥齿轮分别安装在内轴和外轴后端,内轴通过两个中介轴承支承在反向旋转外轴上,外轴通过两个轴承支承在静止机匣,组成前、后桨盘传动组件;该静止机匣直径与桨毂外径保持一致,可以有效减小安装效应及噪声干扰问题的影响;在内轴和外轴前端安装柱面开有键槽传递扭矩、驱动桨盘;在内轴和外轴前端加工有螺纹,通过螺母将前、后两个桨盘锁紧固定在内轴和外轴上。

试验件桨盘由桨叶、桨毂和天平组成,桨叶由分半式桨毂固定,天平外环通过螺栓安装在桨毂上,天平内环柱面开有键槽与内轴或外轴配合;在试验之前需要对桨盘组件进行单独的动平衡试验,确保桨盘不因振动过大导致旋转天平损坏。沿着内、外轴上布置电缆与滑环接通,将旋转天平测量信号传输至地面接收端。基于该试验件,完成了多个方案桨扇的高速性能风洞试验和低速声学风洞试验,试验件运行稳定,振动值满足测量需求。

图 5-10　中国航发动研所的桨扇试验件

6）中国空气动力研究与发展中心低速所研制的桨扇试验件

中国航发动研所与中国空气动力研究与发展中心（以下简称为“气动中心”）低速所合作，另研制了一套对转桨扇试验件。与动研所试验件不同，该试验件平台采用一台额定功率达 300 kW 的高速电动机驱动，水平安装，最高转速可达 10 000 r/min（图 5-11）。电动机驱动一台单轴输入、双轴输出的固定转速比的齿轮箱，输入轴和输出轴均采用花键-套齿联结传动方式。在齿轮箱前端，设计有外径比齿轮箱直径更小的前、后桨盘传动组件，可以有效减小支架安装效应及噪声干扰问题的影响。该传动组件结构形式与动研所试验件类似，内、外轴与桨盘安装连接结构保持一致，旋转天平测量信号传输方式也类似，这保证了试验桨盘可在中国航发动研所和气动中心的两套试验件平台之间互换、共用。基于该试验件，完成了多个方案桨扇的高速性能风洞试验和低速声学风洞试验，试验件运行稳定，振动值满足测量需求。

图 5-11　中国空气动力研究与发展中心的桨扇试验件

3. 螺旋桨和桨扇试验件驱动马达选用分析

从国外螺旋桨与桨扇缩尺试验件的结构形式来看,少部分试验件采用电机作为驱动马达,大多使用高压气源推动涡轮的空气马达作为动力。与电机驱动相比,空气马达具备有如下优点。

(1) 具有体积小输出功率大。由于试验件动力布置在试验件后方,动力段外廓尺寸过大会影响桨扇下洗流场,一般要求后方机匣直径与桨毂直径在足够距离内保持相当或略微缓慢增大。而空气涡轮的体积小功率大的特点,可满足以上要求,同时高功率密度的空气涡轮也能减小试验件的整体长度,便于试验件的支撑和试验。

(2) 移动便捷,试验件配套设施要求相对低。缩尺桨扇试验件一般有低速性能、高速性能和声学性能试验多种试验需求,试验件需要在不同风洞中开展试验,这就需要不同风洞内都有相应的配套设施:不少风洞都配备动力模拟(turbofan powered simulator, TPS)气源设施,如果桨扇试验件采用空气涡轮作为动力,可以直接使用 TPS 气源,或者只需采取很少的技改即可满足;而电机需要较多的附属电气设施,且体积较大,这并不是目前风洞常规的配套设施。

(3) 研制周期和费用相对便宜。空气涡轮的结构研制难度与桨扇单元部分相当,可以同步进行研制和协调,而电机选配不能直接采用体积较大的货架产品,必须按照要求定制小直径、高功率密度电机。例如罗罗公司桨扇试验件的驱动电机,由美国的 Able Corporation 设计和制造,而相关的电力设备和控制设施由英国公司设计和制造。

当然,电机驱动也有空气马达所不具有的优点。

(1) 动力输出平稳、持续。为保证持续输出较高的驱动功率,空气涡轮对空气气源品质也要求较高,例如要求压力高、温度高、流量大、气源输出平稳、输出时间长,这些对气源设施提出了较高的要求。而电机可以持续地输出功率,功率稳定,转速稳定,能较好地满足试验件动力需求。

(2) 电机工作时噪声小,有利于噪声测量。而空气涡轮工作时,会产生较大的背景噪声,试验时需要使用管道将排气引出降低噪声大小,且要测出空气涡轮背景噪声,待桨扇声学试验完成之后,再通过算法消除背景噪声。

5.3 螺旋桨与桨扇气动性能测试与试验技术

单排桨扇和对转桨扇的气动性能通常由前进比、功率系数、拉力系数、推进效率等参数组合绘制出特性曲线,最常用的有前进比-拉力系数特性、前进比-功率系数特性及前进比-推进效率特性。

螺旋桨与桨扇的气动性能特性相关参数，本书前面章节已陆续提到，本节不妨再一次列出：

功率
$$P = \frac{2\pi T n_s}{60} \tag{5-27}$$

前进比
$$\lambda = \frac{V_0}{n_s D} \tag{5-28}$$

拉力系数
$$C_T = \frac{T}{\rho n_s^2 D^4} \tag{5-29}$$

功率系数
$$C_p = \frac{P}{\rho n_s^3 D^5} \tag{5-30}$$

效率
$$\eta = \frac{TV_0}{P} = \frac{C_T \rho n_s^2 D^5}{C_p \rho n_s^3 D^5} = \frac{C_T}{C_p}\lambda \tag{5-31}$$

式中，V_0 为来流速度，通常由风洞速度探针测出；T 为拉力、M 为扭矩，由试验件上布置的旋转天平测量获得；n_s 为转速，由转速传感器测出；ρ 为来流密度，由风洞探针测量计算获得。另外，D 为螺旋桨/桨扇直径。拉力和扭矩需要通过专用测量仪器进行测量，其余参数均可通过风洞常规测量方法获得。

5.3.1　单排桨气动性能测试方法

对于只有一排桨叶桨扇，本节以 DNW 单排桨扇试验件为例对试验测试方法[71]进行阐述，试验件如图 5－12 所示。该试验件的中心线与风洞中心线重合，攻角可以在−25°～25°变化。驱动螺旋桨桨轴的空气马达及其排气管道布置在试验件内部，高压空气供给管道和排气参数测量探针电缆通过支柱引出。

在正式试验前，通常要开展图 5－13 所示几种试验件布置条件下的校准试验。

(1) 在桨帽阻力测量校准试验中，拆除桨叶，试验状态保持与正式试验计划一致，利用旋转天平测量所有测试状态的桨帽阻力。试验中，也需考虑桨帽旋转与不旋转两种情形下的阻力差异。

(2) 对于试验件整体阻力校准试验，试验中喷口要加装整流罩，利用支撑上的外部天平测量整个试验件的外形阻力。试验件状态也要尽量覆盖试验计划的风速范围。

(3) 排气推力校验试验，拆除喷口整流罩，给试验件空气马达供气，尾气从喷口排出，利用支撑上的外部天平以及喷口内布置的探针，结合起来测量排气推力。试验状态也尽量覆盖试验计划的风速范围。

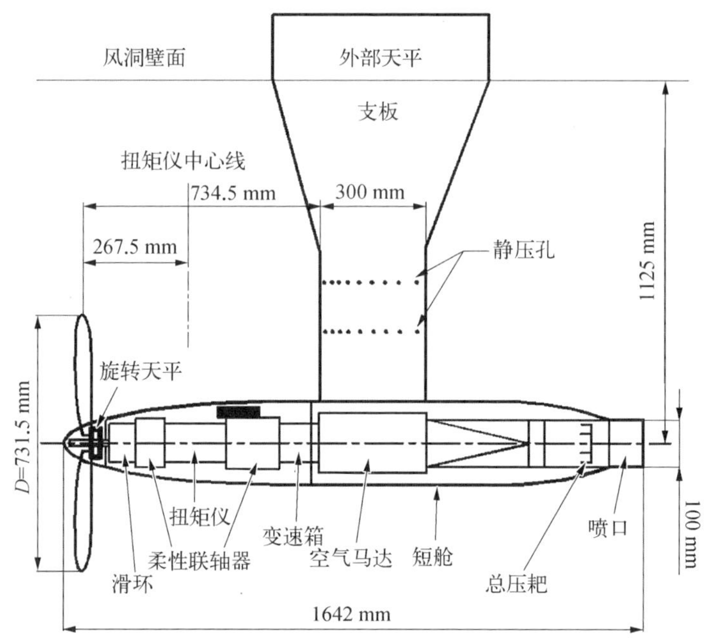

图 5-12 试验件示意图及尺寸分布

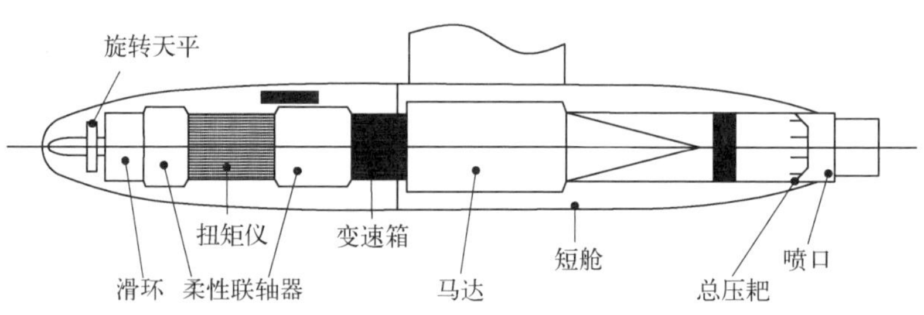

(a) 螺旋桨桨帽阻力校准试验件

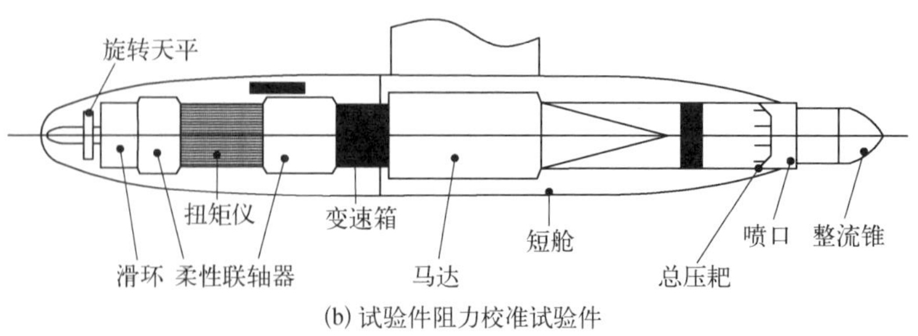

(b) 试验件阻力校准试验件

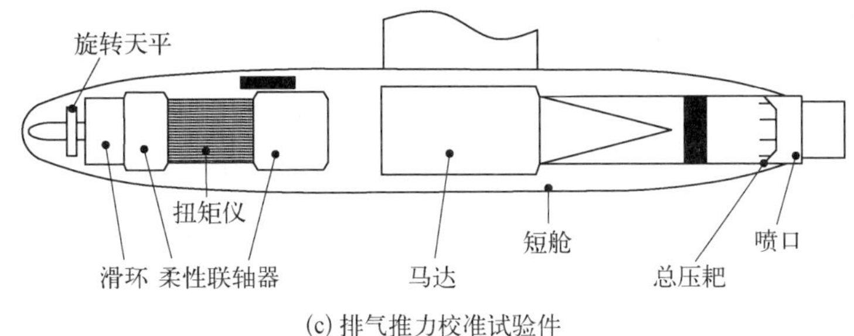

(c) 排气推力校准试验件

图 5-13　试验件上各部分力分量测量布局方案

在正式开展螺旋桨缩尺试验时，螺旋桨试验件的推力和扭矩可以通过外部天平和旋转天平(rotating shaft balance, RSB)两种方法测量得到，如图 5-14 所示，外部天平的测试布局见图 5-14(a)，旋转天平测试布局见图 5-14(b)。

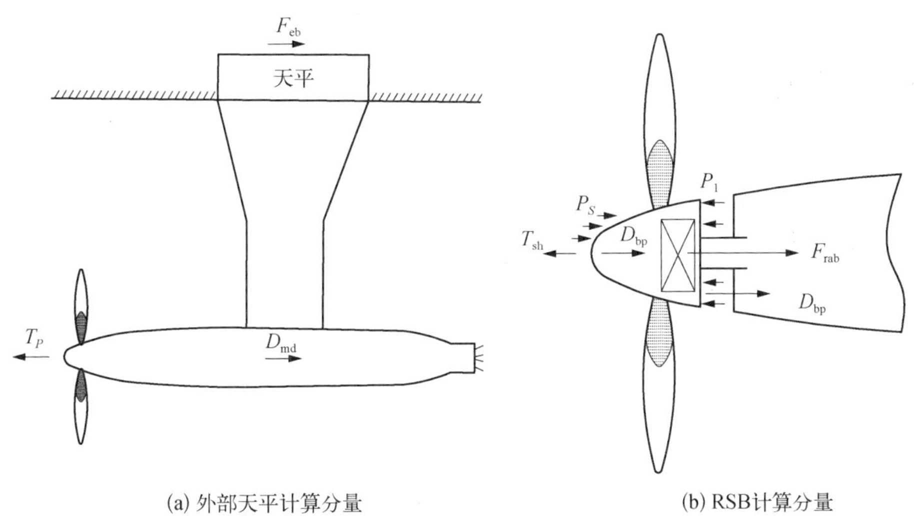

(a) 外部天平计算分量　　(b) RSB计算分量

图 5-14　单桨试验件天平测试布置

1. 外部天平测量拉力

当通过支撑上的外部天平进行推力测量获得螺旋桨的推力时，推力 T_P 的计算公式为

$$T_P = -(F_{eb} - D_{md} + T_{jet}) \tag{5-32}$$

式中，排气推力 T_{jet} 和试验件阻力 D_{md} 基于图 5-13 中所示试验件校准试验获得。

2. 旋转天平轴向拉力和扭矩测量

当螺旋桨相对于来流成一定仰角时，螺旋桨并不只是产生轴向力和旋转扭矩，还会产生其他方向上的分量,总共有 6 个。螺旋桨的推力和扭矩矢量可以直接由旋转天平测得,这种具有 6 个分量测量能力的天平称为 6 分量天平,这些矢量相对于螺旋桨参考坐标系方向固定,如图 5-15 所示为拉力矢量分解成三个分量的示意图。由此可知,仰角状态下螺旋桨产生的其他方向上拉力和扭矩的分量均位于桨平面内。

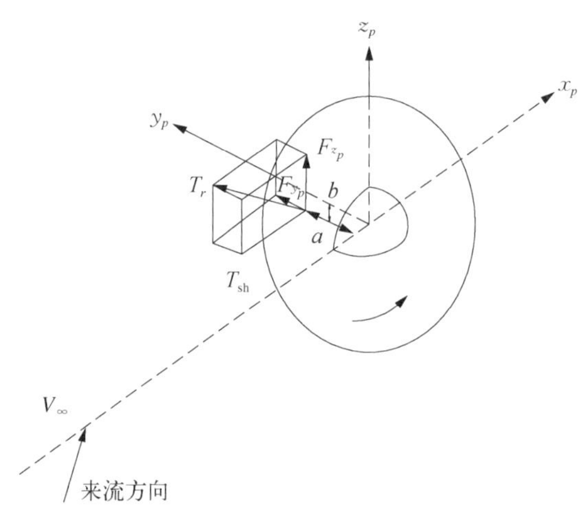

图 5-15　螺旋桨在具有仰角状态下拉力矢量的坐标系示意图

螺旋桨的拉力和扭矩的轴线都位于天平的中心线上,定义中心线位于螺旋桨参考坐标的 x_p 轴上。因此,轴线拉力和扭矩这两个分量在天平上是相互独立的,相对螺旋桨坐标系,信号是静态的。天平测得的拉力通常被称为轴向力:

$$T_{sh} = -(F_{rsb_x} - D_{sp} + D_{bp}) \tag{5-33}$$

式中,D_{sp} 为整流罩阻力,由图 5-13(a)所示试验件的校准试验获得,D_{sp} 通过以下公式计算获得:

$$D_{sp} = F_{rsb_x} + D_{bp} \tag{5-34}$$

D_{bp} 为背腔气流作用在桨盘上的力,如图 5-14(b)所示,由桨盘后方短舱前端面静止盘的 36 个静压孔测得:

$$D_{bp} = -\sum (p_i - p_s) \frac{A_{bp}}{36} \tag{5-35}$$

由于压力孔布置在面积加权位置,可使用多种求和方法。

扭矩直接由天平测得:

$$Q_{rsb} = M_{rsb_x} \tag{5-36}$$

3. 桨平面内旋转天平非轴向拉力和扭矩测量

旋转天平感受到的其他方向上的拉力和扭矩是周期性的，反映到天平的输出信号为1P频率的周期信号。振幅和相对于方位角标记位置（通常由轴编码器触发产生）的相位可由FFT分析确定；振幅表示力和力矩的大小，相移给出了矢量圆周方向位置信息。图5－16为旋转天平参考系 θ 和方位角标记 ϕ 相对于螺旋桨参考系位置，以及旋转天平桨平面内的力和力矩方向与天平参考坐标系的关系。根据上述信息可给出相对螺旋桨参考系的拉力和扭矩，如下：

$$
\begin{aligned}
F'_{z_p} &= F_{\mathrm{rsb}_{yz}}\cos(\phi+\theta+30) \\
F_{y_p} &= -F_{\mathrm{rsb}_{yz}}\sin(\phi+\theta+30) \\
M_{y_p} &= -M_{\mathrm{rsb}_{yz}}\sin(\phi+\theta+210) \\
M_{z_p} &= -M_{\mathrm{rsb}_{yz}}\cos(\phi+\theta+210)
\end{aligned}
\tag{5-37}
$$

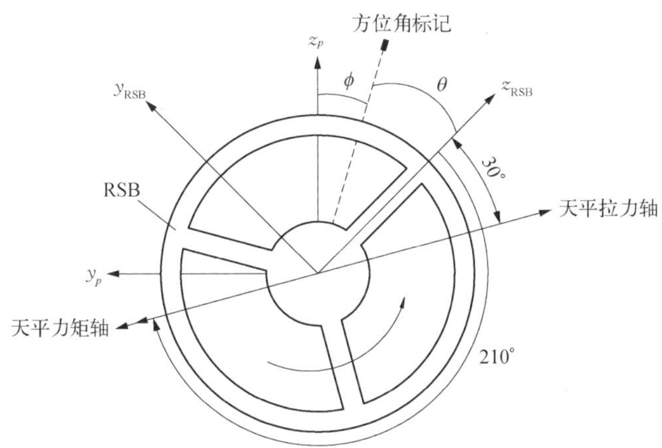

图5－16　方位角标记相对位置、旋转天平参考坐标系及其与螺旋桨静态拉力/扭矩方向之间的关系

因为轮毂和叶片的重量将作用在天平上，F_{z_p} 需要进行重力修正：

$$F_{z_p} = F'_{z_p} - G_{\mathrm{hub}} \tag{5-38}$$

总的非轴向拉力矢量等于：

$$F_{yz_p} = \sqrt{F_{y_p}^2 + F_{z_p}^2} \tag{5-39}$$

它相对于螺旋桨参考系的位置为

$$\theta_{F_p} = \arctan\left(\frac{-F_{y_p}}{F_{z_p}}\right) \tag{5-40}$$

非轴向扭矩的大小和方向对重力影响不敏感，公式分别为

$$M_{yz_p} = \sqrt{M_{y_p}^2 + M_{z_p}^2} \tag{5-41}$$

$$\theta_{M_p} = \arctan \frac{-M_{y_p}}{M_{z_p}} \tag{5-42}$$

若使用 FFT 系统来分析周期信号，能够通过这些信号解析出螺旋桨产生的非轴向推力和扭矩。

5.3.2 对转桨扇性能测试方法

1. 汉密尔顿拉进式对转桨扇性能测试方法

汉密尔顿标准公司针对 578 – DX 桨扇发动机桨扇桨叶开展了大量研究，并进行了风洞试验验证。5.2.3 小节简要介绍了试验件基本结构和风洞试验情况，本小节主要介绍该试验件气动性能试验测量布置方案[11]。

在桨扇桨毂内安装有旋转天平，利用旋转天平测量拉力和扭矩，通过布置压差传感器、总压测量梳及复合五孔圆锥探针测量总温、总压、静压、方向角等参数，修正旋转天平测量结果，从而可获得真实的桨叶拉力和扭矩，具体如下。

首先，在不带桨叶条件下开展风洞试验，采用桨毂天平测力，获得试验件整流罩阻力。然后，如图 5 – 17 所示，通过传感器 P1 测得 1、2 处的压差，通过传感器 P2 测得 1、3 处的压差，通过传感器 P3 测得 4、5 处的压差，在传感器 P4 处测得短舱前端面附近的压力，从而可计算得到转子内腔作用力和短舱前端面作用力。最后，在安装桨叶的条件下，通过天平性能测量可获得桨扇桨叶所受到的合力，从中扣除整流罩阻力、内腔作用力和短舱前端面作用力，即可得到由桨叶单独产生的拉力。

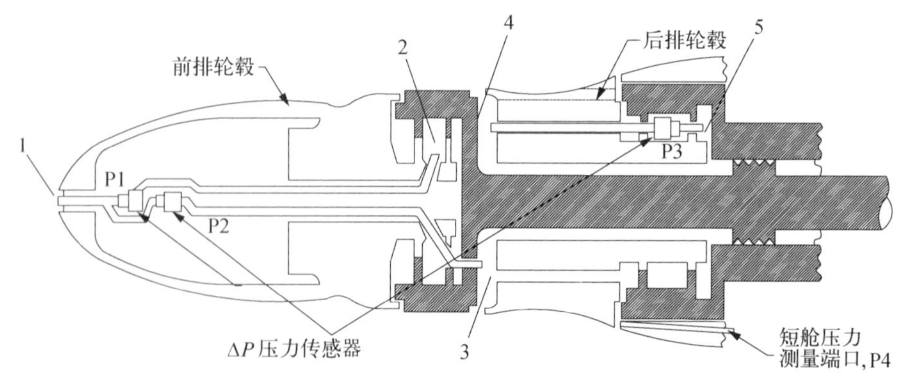

图 5 – 17　汉密尔顿标准公司桨扇测量方案

此外,在后排桨叶尾缘下游,布置 15 点总压梳,如图 5－18 所示,测点覆盖桨毂到桨叶最大外径处,可获得桨扇出口的总压径向分布;同时,布置可径向移动的五孔圆锥探针,如图 5－19 所示,用于总温、总压、静压、方向角等参数。通过上述探针,可测得试验件桨叶下游流场及无桨叶状态下试验件周围的流场。这些数据可进一步分析转换为沿叶片直径分布的功率、拉力载荷分布,可与天平测量数据进行对比,并能为气动设计提供详细的流场数据。

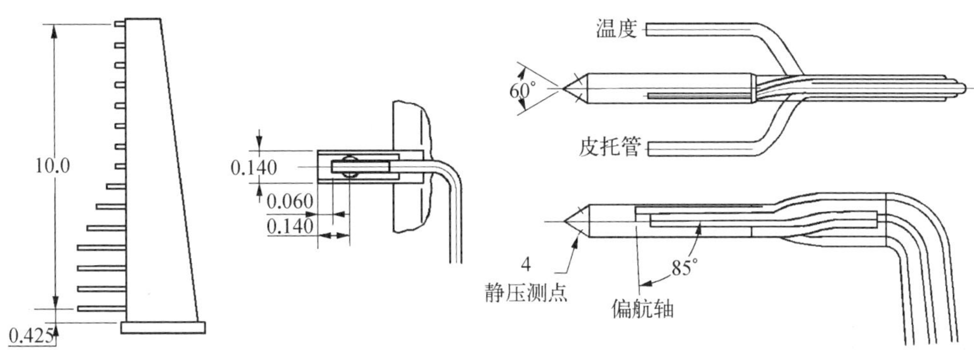

图 5－18　总压梳探针示意图(单位: in*)　　**图 5－19　复合方向探针示意图**

2. 推进式对转桨扇性能试验测试方法

GE 公司针对 GE36 桨扇发动机 F－A 系列桨叶开展了大量研究,并进行了风洞试验验证。5.2.3 小节简要介绍了试验件基本结构和风洞试验情况,本小节主要介绍该试验件气动性能试验测量布置方案[72]。

推进式对转桨扇的净推力为桨扇在短舱流场中工作时的推进力,短舱阻力的变化对桨扇性能有较大的影响,桨扇和短舱相互作用的效应明显,因此需要对桨扇测量数据进行短舱修正。

短舱压力和转子阻力都是通过图 5－20 所示的试验件测量获得,拆除桨扇桨叶,换上堵头,确保桨扇安装孔位置轮毂表面光滑齐平。

图 5－20(a)所示为试验件短舱阻力和转子作用力校准测量原理示意图,在桨扇对应的工作气流速度下,在风洞中测量了试验件的短舱前段表面和后段表面压力,以及转子空腔内的压力。试验件转子的流道面阻力($Dr_{1,t}$和 $Dr_{2,t}$)是桨毂旋转天平($FB_{1,t}$和 $FB_{2,t}$)测量得到的,转子内腔力由作用于轮毂前端面和后端面的转子腔压力($\sum PA_{i,1u,t}$, $\sum PA_{i,1d,t}$, $\sum PA_{i,2u,t}$, $\sum PA_{i,2d,t}$)综合决定的。试验件短舱前段压力和后段压力所产生的阻力($D_{f,t}$和 $D_{a,t}$)是由短舱表面测量的静压

* 1 in = 2.54 cm。

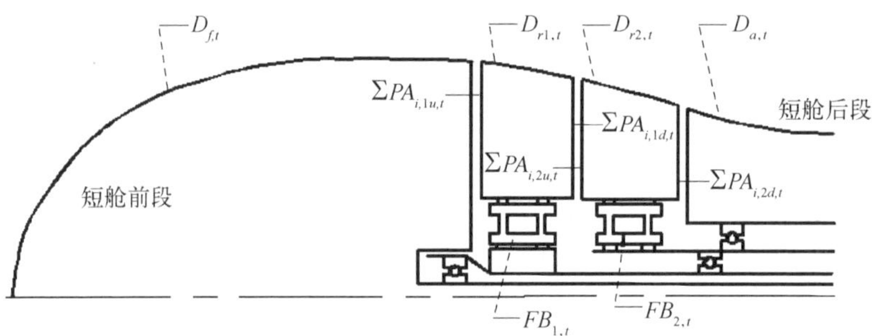

(a) 试验件短舱阻力和转子作用力校准测量原理示意图

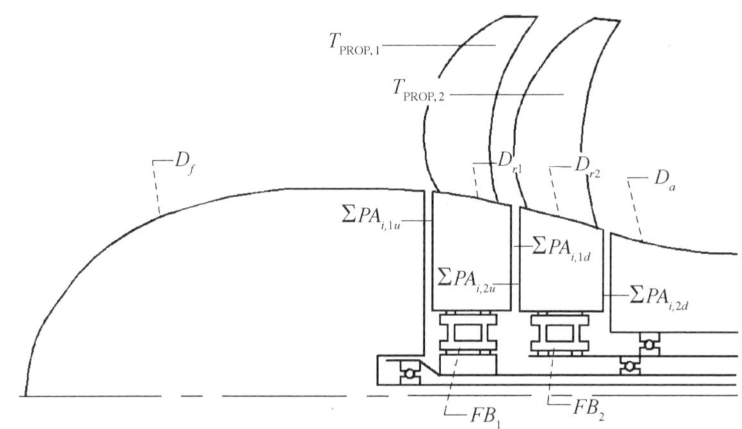

(b) 桨扇试验件带桨叶测量原理示意图

图 5-20 对转桨扇试验件测量原理示意图

积分确定的,其中,前段布置了周向 5 组压力孔,每组沿流向有 13 个压力孔,后段周向布置了 4 组压力孔,每组沿流向有 12 个压力孔。试验件转子流道面阻力为

$$-D_{r1,t} = FB_{1,t} + \sum PA_{i,1u,t} - \sum PA_{i,1d,t} \tag{5-43}$$

$$-D_{r2,t} = FB_{2,t} + \sum PA_{i,2u,t} - \sum PA_{i,2d,t} \tag{5-44}$$

式中,

$$PA_i = (P - P_0)A_i \tag{5-45}$$

试验件的短舱前段和后段阻力为

$$D_{f,t} = \int (P_{f,t} - P_0)\mathrm{d}A \tag{5-46}$$

$$D_{a,t} = \int (P_{a,t} - P_0)\mathrm{d}A \tag{5-47}$$

图 5－20(b)为安装桨扇桨叶的试验件模型,桨毂旋转天平所测得的推力为桨扇推力、转子桨毂流道面阻力和转子内部容腔压力作用力的代数和。未经修正的桨扇总推力为

$$
\begin{aligned}
T_{\text{prop, total}} = T_{\text{prop, 1}} + T_{\text{prop, 2}} = (FB_1 + \sum PA_{i,\,1u} - \sum PA_{i,\,1u}) \\
+ (FB_2 + PA_{i,\,2u} - \sum PA_{i,\,2d})
\end{aligned} \tag{5-48}
$$

根据带桨叶和不带桨叶时的转子桨毂流道面阻力的差异,对桨扇总推力的修正值为

$$
\Delta D_{r,\,\text{total}} = \Delta D_{r1} + \Delta D_{r2} = D_{r1} - D_{r1,\,t} + D_{r2} - D_{r2,\,t} \tag{5-49}
$$

因此,对转桨扇的总推力为

$$
T_{\text{app, total}} = T_{\text{prop, total}} - \Delta D_{r,\,\text{total}} \tag{5-50}
$$

或

$$
\begin{aligned}
T_{\text{app, total}} = (FB_1 + \sum PA_{i,\,1u} - \sum PA_{i,\,1d} + D_{r1,\,t}) \\
+ (FB_2 + \sum PA_{i,\,2u} - \sum PA_{i,\,2d} + D_{r2,\,t})
\end{aligned} \tag{5-51}
$$

对转桨扇总净推力是用桨扇总推力减去有无桨叶的短舱阻力差得到的:

$$
T_{\text{net, total}} = T_{\text{app, total}} - (\Delta D_f + \Delta D_a) \tag{5-52}
$$

式中,

$$
\Delta D_f = D_f - D_{f,\,t} \tag{5-53}
$$

$$
\Delta D_a = D_a - D_{a,\,t} \tag{5-54}
$$

因此,推进器总净推力是由旋转天平测量的推力,先进行转子内腔压力作用力修正,再进行转子流道面阻力修正,最后利用无桨叶和有桨叶的短舱阻力差进行修正得到的。

5.3.3　旋转天平测量原理及校准方法

由第 5.3.1 节和 5.3.2 节可知,螺旋桨与桨扇性能试验测量的关键是旋转天平,国外几种旋转天平实物照片如图 5－21 所示,目前国内也开展了相关研究,基本掌握了螺旋桨与桨扇的旋转天平性能测量技术,但测量精度还有待进一步提高。

旋转天平跟随桨盘一起旋转,利用应变片感受旋转天平弹性元件应变,然后应

变片信号经过滑环引电器或遥测装置传输至测控系统,实现信号的采集。

1. 旋转天平测量原理

如图 5-21 所示,螺旋桨/桨扇拉力和扭矩测量的应变计式旋转天平,天平内环和外环通过肋条联结,肋条一般设计有 2 组,每组均布 3~4 个。天平内环与驱动轴相连,外环与桨毂相连,叶片上的拉力和扭矩对天平作用导致弹性元件(天平肋条)产生变形。在力和扭矩不同方向分量的作用下,天平肋条应变最大范围是不同的,根据其敏感范围确定应变计贴片位置,组成惠斯通电桥。具体测量原理如下。

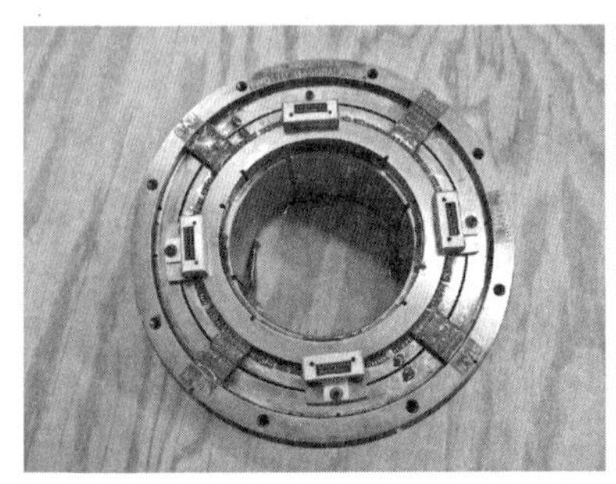  

图 5-21 GE 公司[73,74]、RUAG 航空[75]、气动中心研制的旋转天平实物照片

图 5-22 为典型的悬臂梁式弹性元件[4],在梁的自由端 y 方向施加力 P,梁就在 y 方向弯曲变形。在梁根部的上表面受拉伸,下表面则受压缩。在悬臂梁的弹性应变范围内,上下表面的局部应变和外力 P 呈线性变化,因此,通过测量梁上的局部应变就可推算出外力 P 值。

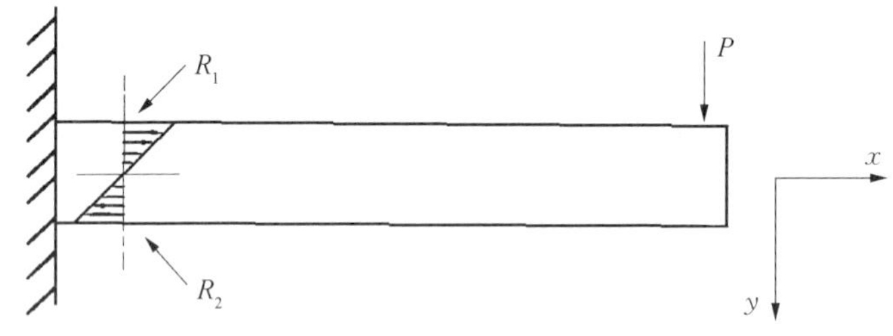

图 5-22 悬臂梁式弹性元件

图 5-23(a)和(b)所示分别为感受不同方向分力时悬臂梁弹性元件上应变片的贴片位置[4]。图 5-23(a)所示测量 y 方向分力 R_y 时应变片的粘贴位置,在分力 R_y 作用下,引起弯曲变形,上表面 1、3 应变片受拉伸,下表面 2、4 则受压缩。四个应变片组成惠斯通全桥电路灵敏度很高。图 5-23(b)所示悬臂梁的根部四个面上共贴了 8 个应变片,与 R_y 原理相同,通过 5、6、7、8 组成惠斯通全桥电路可测得 z

方向上分力 R_z。通过不同的应变片组成电桥测不同方向上的力，且应变计都贴在梁的弯曲中心面附近。因此，在 R_y 的作用下，5~8 四个应变片的应变是很小的，同理在 R_z 的作用下，1~4 四个应变片的应变也是很小的。即使有一些应变会引起电阻值相应变化，但由于电桥的接线方式可以补偿掉。例如，在 R_y 的作用下，5 和 6 两个应变片伸长，电阻值增幅相同；7 和 8 两个应变片缩短，电阻值减幅相同；因此电桥的中心仍然不会有输出。根据上述原理，可将各方向的分力较好地进行分解和测量。

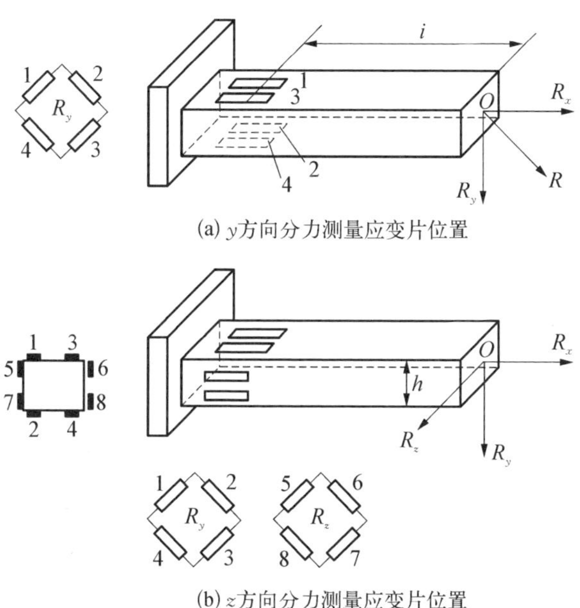

(a) y方向分力测量应变片位置

(b) z方向分力测量应变片位置

图 5-23　测量不同方向分力时应变计粘贴位置

下面给出梁式弹性元件在旋转天平上应用的两个典型案例。

1）拉力和扭矩测量布置在不同的梁式弹性元件

图 5-24 为一个四轮辐肋条旋转天平[4]，该天平在旋转方向上的刚度较弱，而在轴向方向上的刚度则较强，这样有利于减少拉力对扭矩测量的干扰。在四根肋条上分别贴上 8 个应变片，以测量扭矩大小。另外，在旋转天平的外环上，铣出 2 块薄片肋条"A"，一头与天平外环相联，另一头与测扭肋条"B"外端相联，周向共有 4 处。作为测量拉力的弹性元件；它在轴向的刚度较弱，在旋转方向的刚度较强；其上粘贴 8 个应变片以感受拉力大小。

2）拉力和扭矩测量布置在同一梁式弹性元件

图 5-25 为 GE 公司的四轮辐肋条旋转天平[73,74]，正面 4 个、反面 4 个共 8 个肋条支撑起天平的内环和外环。8 个肋条为梁式弹性元件，其正面布置测量应变

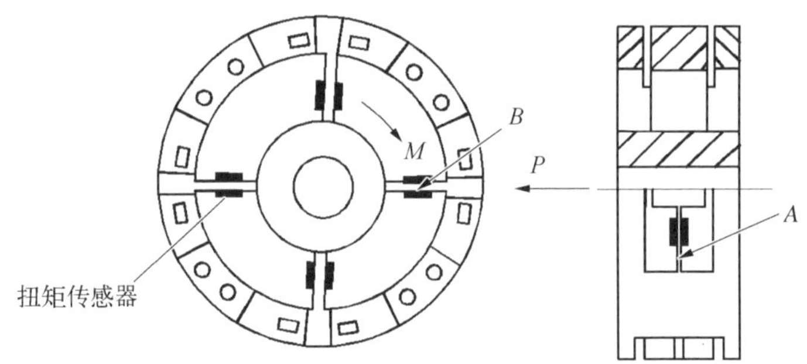

图 5-24　测量扭矩时应变计粘贴位置

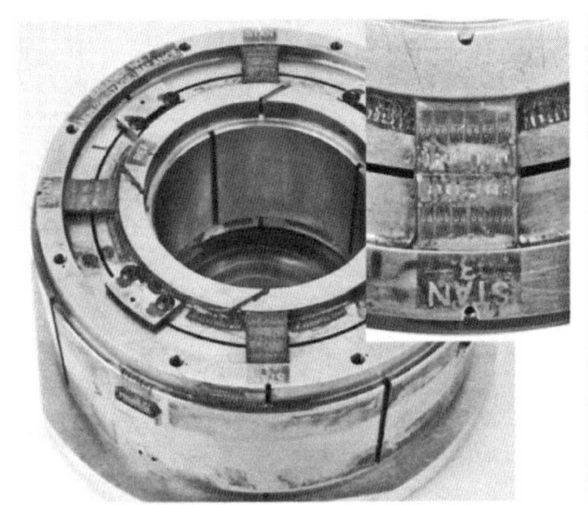

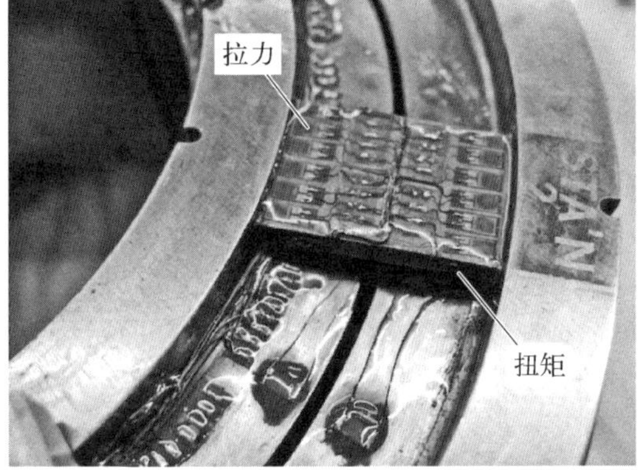

图 5-25　GE 公司旋转天平拉力和扭矩测量应变计粘贴位置

片感受桨扇的轴向受力，侧面布置测量应变片感受桨扇所受的轴向扭矩。图 5-21 所示气动中心所研制的天平测量原理和布局与 GE 公司的天平类似，本书不再赘述。

理想情况是拉力测量电路只感受拉力，扭矩测量电路只感受扭矩。但实际情况下，肋条不仅在主要受力方向上有变形，其他方向亦会产生变形。于是，拉力测量电路多少会感受到扭矩的作用，扭矩测量电路亦是如此。这种现象称为各分力天平间的干扰，对设计、加工及装配完善的天平，干扰量可比主测值要小若干量级，但完全消除是不可能的。

2. 应变计和电路测量原理

旋转天平测量电路为应变测量电路，应变片选用常温应变计。其中，应变计的工作原理如下：采用金属导线作为应变计敏感栅的材料时，被测构件的应变量传递到敏感栅之后，金属导线的电阻发生变化，导线电阻的相对变化量与其所承受的应变量直接有关，我们定义应变计的灵敏系数：安装在被测试件上的应变计，在其轴向受到单向应力时引起的电阻相对变化，与由此单向应力引起的试件表面轴向

应变之比 K,则有

$$\frac{\mathrm{d}R}{R} = K\varepsilon \tag{5-55}$$

在应变计轴线方向的单向应力作用下,应变片电阻的相对变化与安装应变片的试件表面上轴向应变的比值是一个固定值 K, 称之为应变计灵敏系数, 即表示应变计对所感受的应变量的灵敏程度。

旋转天平应变测试电路采用惠斯顿全桥电路, 如图 5－26 所示,对桥路进行激励供电,将应变计的电阻变化转变为电压(或电流)信号。

惠斯通电桥的测试原理如下:

设四个桥臂上的电阻为 $R_i = R$ ($i = 1, 2, 3, 4$), 桥臂电阻变化量为 ΔR_i($i = 1, 2, 3, 4$), 可以求得输出电压为

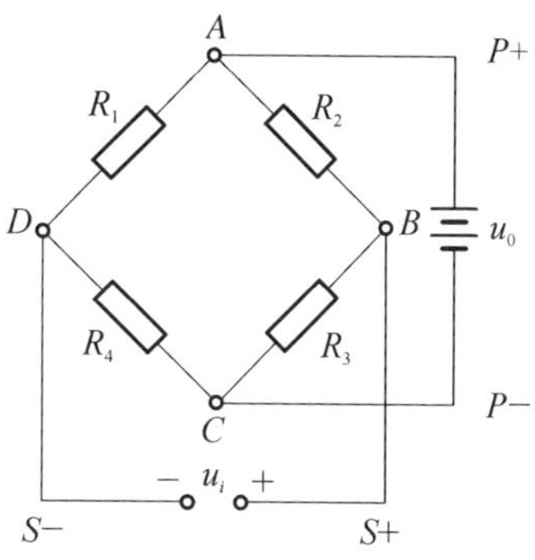

图 5－26　惠斯通电桥

$$u_i = \frac{u_0}{4}\left(\frac{\Delta R_1}{R_1} - \frac{\Delta R_2}{R_2} + \frac{\Delta R_3}{R_3} - \frac{\Delta R_4}{R_4}\right) \tag{5-56}$$

式中,u_0为桥路激励电压;u_i 为桥路信号电压; R_i($i = 1, 2, 3, 4$) 为对应各桥臂应变计的电阻; ΔR_i($i = 1, 2, 3, 4$) 为对应各桥臂的电阻变化值。

若四个桥臂接的都是应变计,且它们的灵敏系数均为 K,则电桥输出电压为

$$u_i = \frac{u_0}{4}K(\varepsilon_1 - \varepsilon_2 + \varepsilon_3 - \varepsilon_4) \tag{5-57}$$

式中, ε_i($i = 1, 2, 3, 4$) 为对应各桥臂应变计的应变;K 为应变计的灵敏系数。

应变仪的输出应变:

$$\varepsilon = \varepsilon_1 - \varepsilon_2 + \varepsilon_3 - \varepsilon_4 \tag{5-58}$$

式中, ε 为桥路总应变。

3. 旋转天平静态和动态校准

应变式天平需要进行校准后才能使用,除了常规的静态校准之外,对于旋转天平来说,由于天平始终处于旋转状态,为了提高校准精度,一般也要求天平校准时能够模拟测量时的旋转状态进行校准。对于静态校准,很多风洞试验相关书籍都有说明,本节不再赘述,此处重点以 DNW 公开文献[71]所阐述的内容介绍旋转天平的动态校准。要注意的是,天平经过静态校准之后,已可以用于试验测量,在动态校准中,需要用到天平的测量结果。

首先,利用高精度测扭器对天平进行旋转扭矩校准,然后采用加标准砝码或者其他高精度加载方式进行拉力的静态和动态的标定,如图 5-27 所示。

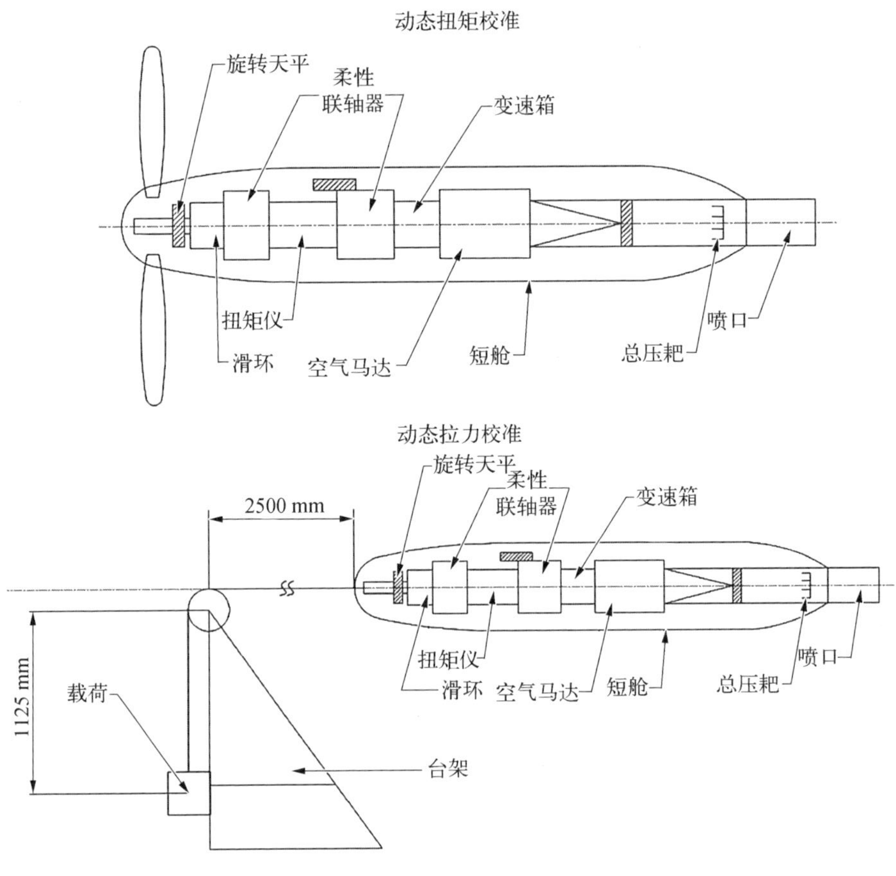

图 5-27　旋转天平动态校准示意图

为了清晰展示静态和动态标定结果的有效性,定义了一组增量测量参数。下标“fr”表示在整个校准范围内比较,如天平的最大拉力值为 1 250 N,最大扭矩为 150 N · m。对于扭矩标定,通常将旋转天平的扭矩标定输出值 Q_{rsb} 与测扭器的 Q_{tm} 进行比较。因此,定义如下参数:

$$\Delta Q_{fr} = \frac{Q_{rsb} - Q_{tm}}{150} \tag{5-59}$$

$$\Delta Q = \frac{Q_{rsb} - Q_{tm}}{Q_{tm}} \tag{5-60}$$

在拉力校准分析中，对旋转天平的拉力测量值 T_{sh} 和标定载荷 G 采用与扭矩相同的分析方法。

$$\Delta T_{fr} = \frac{T_{sh} - G}{1\ 250} \tag{5-61}$$

$$\Delta T = \frac{T_{sh} - G}{G} \tag{5-62}$$

4. 旋转天平校准结果分析

本小节以 DNW 公开文献[71]所阐述的旋转天平校准结果，介绍天平动态测量性能的评估方法。

1）旋转扭矩校准结果分析

如图 5-28 所示，相对于测扭器，天平测得的扭矩偏移量从 0.0%到 0.4%不等，结果证实了转速和温度对于扭矩的影响可以忽略不计。此外，天平和测扭器的数据分散度几乎相等。因此，不需要进行偏移矫正，这是因为测扭器精度并不比旋转天平要高。

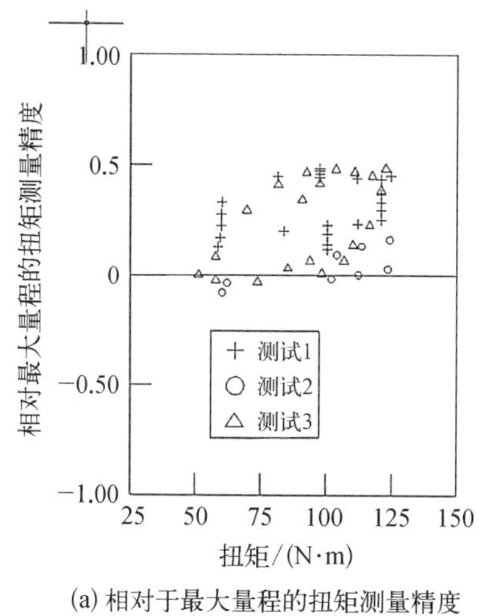

(a) 相对于最大量程的扭矩测量精度

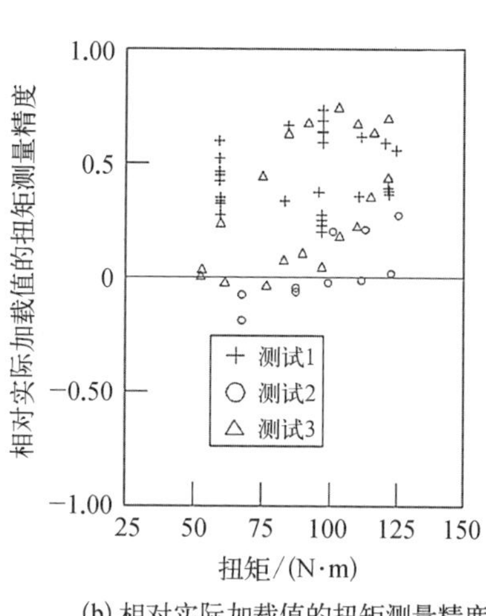

(b) 相对实际加载值的扭矩测量精度

图 5-28　扭矩测量精度分析

2）静态和动态拉力校准结果分析

图 5-29 给出了静态拉力校准结果，可看出天平测量静态载荷的精度为±0.1%，不确定度为±1.2 N。这些结果也得到了风洞试验件外部天平的验证。

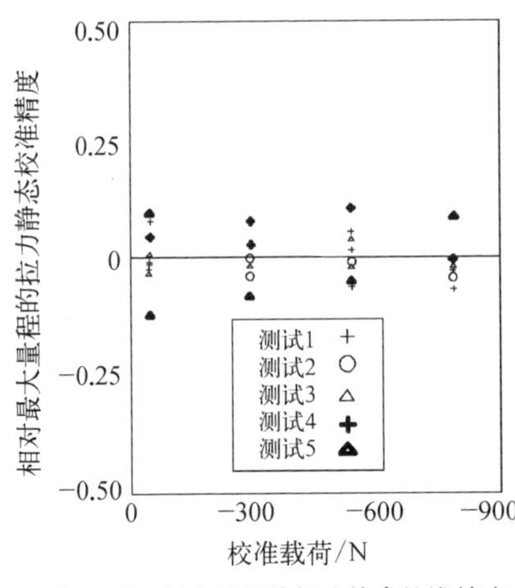

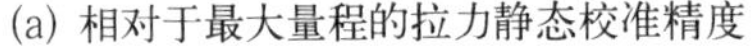
(a) 相对于最大量程的拉力静态校准精度

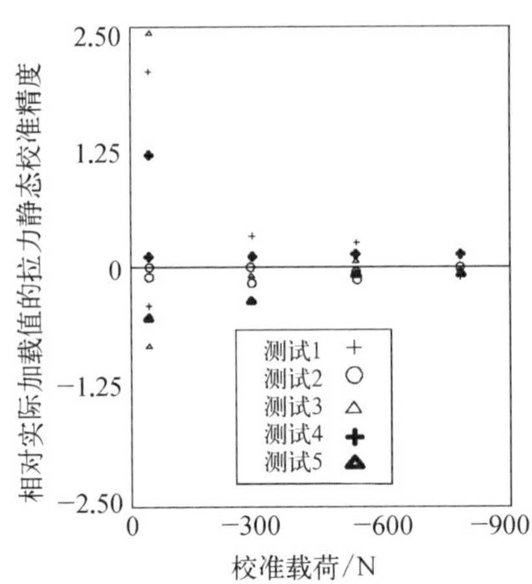

(b) 相对实际加载值的拉力静态校准精度

图 5-29 推力测量精度分析

图 5-30 也给出了旋转拉力校准结果，为了确定离心力影响，有必要进行灵敏度校正。图中数据显示，离心力的影响与预测结果非常接近，因此可以用试验校准数据结果来确定离心灵敏度。由于滑环引电器噪声和加载装置的迟滞，特别是桨毂加载器轴承的迟滞，旋转系统在量程范围内精度下降到 0.3%（绝对误差 3.75 N）。

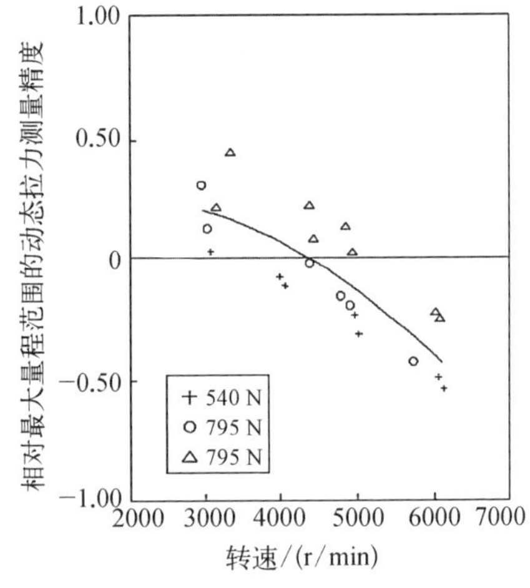

图 5-30 在旋转离心力影响下，相对最大量程范围的拉力测量精度

5.3.4 桨扇风洞性能试验方法

1. 试验件状态监测

桨扇试验件开展地面调试、风洞洞内调试及风洞性能试验所涉及的测试和监控需求基本一致。主要的监测参数如下。

试验件振动监测：要重点监测试验件转子轴承支点处的垂直和水平振动情况，一般有多少轴承就应布置多少振动监测点。

弹支应力监测：如果转子轴承采用弹性支承，为监控轴承运行安全，弹支应布置应变片，监测弹支应力。

传动轴挠度监测：如果传动轴较长，且转速较高，需在传动轴布置电涡流挠度传感器，实时监控传动轴变形情况。

轴承温度监测：实时监控所有轴承的温度变化，防止轴承温度过高损坏，导致试验件故障，影响风洞运行安全。

轴向力监测：为防止轴承轻载打滑，以及超载损伤轴承，轴承端面需布置应力环，监测滚珠轴承轴向受力情况。

桨叶动应力监测：桨扇桨叶属于高速薄翼型设计，存在较大的颤振风险，一般在前、后排桨叶表面布置有动应力监测点，监测桨叶振动情况。

轴承封严气监测：如果轴承采用滑油润滑，一般会使用气封结构，防止滑油泄漏污染风洞，需要测量封严供气总管供气温度和压力。

滑环温度监测：如果采用滑环引电器传输旋转天平应变测量信号，需要监控滑环的温度，在滑环表面布置贴片式温度传感器。

滑环冷却监测：在较高转速下，滑环发热量过大时，需要对滑环进行冷却，一般是采用气冷或油冷，需要监测供气/供油温度和压力。

滑油系统监测：包括滑油流量、温度、油压监测等，有条件的还可以布置磁检设备，监测滑油中金属屑。

试验件动力系统（如电机和空气马达），以及风洞状态监测，都由独立的系统进行监测和操控，可参考相关专著，本书不再赘述。

2. 试验内容

不带桨叶的试验件风洞拉力校准试验：测量桨帽阻力等试验件各部件阻力，为带桨叶性能试验提供修正参考值。

桨扇典型工况气动性能试验：不带镜像支架情况下，测量起飞、爬升、巡航、最大连续等工况的桨扇推力和扭矩。

桨扇试验件支板干扰修正试验：带镜像支板情况下，测量各状态的桨扇推力和扭矩，作为气动性能修正参考值，如果影响较小则可以不进行修正。

巡航点转速匹配性能优化试验：改变前后桨叶转速比进行性能试验。

巡航点前后桨角度匹配性能优化试验：改变前后桨叶的桨叶角度组合进行性能试验，获得最优的桨扇气动性能。

前后桨距离对巡航性能影响的试验：改变前后桨的轴向距离进行性能试验。

桨叶振动试验：改变来流风速和试验转速，寻找桨叶颤振边界或桨叶共振点，测量桨叶振动响应。

桨扇反推力性能试验：调整桨叶角至反推力角度状态，进行拉力和扭矩测量试验。

3. 试验件地面调试

如 6.2 节所介绍的，螺旋桨/桨扇试验件通常由电机或空气涡轮驱动，考虑试验安全，降低试验风险，试验件在进入风洞前，需在地面试验台开展充分的地面调试，以确保试验件动力系统和传动系统能正常运转、试验件不发生明显的振动和测试信号中断的情况,为风洞洞内调试和风洞试验做准备。地面调试的主要内容包括动力系统的调试、空载性能测试、带载性能测试、天平信号传输测试等。

4. 试验件风洞内调试

螺旋桨/桨扇试验件风洞内调试,与地面调试过程类似。同时也需要对整个系统动力学特性进行测试,获得传动系统的固有振动频率,确定系统的共振区(包括试验件与洞体的耦合振动),必要时采取排振措施,提高或降低系统的固有频率,保证试验时对转桨旋转导致的激振频率不与系统共振频率接近或重合。确认系统正常后,最终将动力系统供电和控制线缆、冷却水管和油管、天平和编码器通信和供电线缆等固定。

5. 风洞气动性能试验

螺旋桨/桨扇试验件在风洞中完成安装和调试后,对天平进行加载,确认天平正常工作。试验准备好后,正式开展缩尺桨扇试验件的风洞试验: 首先,在低风速、低转速下进行重复性气动性能试验,确认试验件、测试系统等是否正常;然后,在有桨叶的状态下,录取试验件典型工况的性能试验数据;最后,在无桨叶的状态下进行性能试验,获得桨帽阻力。

正式的风洞性能试验,一般是固定风速,将试验件转速从低转速推至高转速,在这个过程中,针对需要记录特性的工况点,转速稳定 1~2 min 后录取数据。完成后,改变风速,重复上述过程,录取数据,直至完成规定的所有试验工况。

6. 测量和试验流程注意事项

在调整风洞马赫数时,试验件转速禁止超过 60%设计转速;风洞运行过程中,调整试验件仰角时,试验件转速禁止超过 60%设计转速;当两台电机转速相同时,有可能导致较高的振动水平,一旦超过限制值应当立刻降低电机转速,两个转子转速差处于 100~400 r/min;反推力试验时,应当在风洞启动之前,将桨扇运行在一定转速之下。

5.3.5 螺旋桨和桨扇风洞试验数据修正方法

螺旋桨在空中运转时,流场空间从各方向都可认为延伸到无穷远。在风洞中进行缩尺模型试验时,流场空间受试验段洞壁的限制。即使风洞试验中各种相似参数(Re、Ma 等)都保持和实际飞行时相同,严格来说,风洞试验段内的流场不会和实际飞行下完全相似,需对试验数据进行风洞的洞壁干扰修正[4]。

图 5-31 简单表示低速闭口风洞试验段中的螺旋桨流场。当螺旋桨拉力为正时,螺旋桨下洗流中的流速 u_1 将高于螺旋桨远前方的来流速 V(即相当于风洞试验段入口处的流速)。根据流动的连续定理,螺旋桨下洗流外侧的流速 u_2 必定小于 V, 才能保持流经风洞试验段各截面的流量守恒。在自由大气中飞行时,螺旋桨

下洗流外侧的流速应等于螺旋桨远前方来流速度 V。于是在闭口洞壁干扰下,螺旋桨下洗流外侧的静压也会偏高一些,下洗流中的静压也会相应偏高。最后作用到螺旋桨上,产生出的拉力亦会偏高一些。它相当于在自由大气中,同一个螺旋桨在飞行速度为 V' 时所产生的拉力。通常称 V' 为等价自由流速,它比闭口风洞中的相应风速稍低一些。

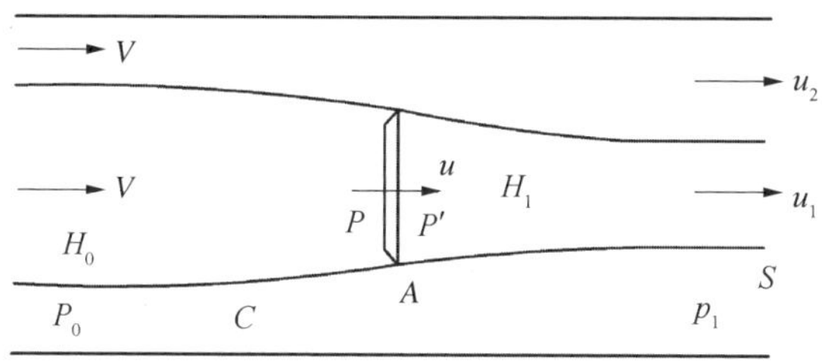

图 5-31 闭口试验段的螺旋桨流场

根据简单的轴向动量理论可推导出 V' 的修正量,具体通过以下三个公式可迭代计算出风洞试验段风速和等价自由流速之比 λ 值:

$$\frac{x-1}{x+1}=\frac{(1-\sigma)(1-\alpha\sigma)}{\sigma(1-\alpha\sigma^2)^2} \tag{5-63}$$

$$\lambda=1+(x-1)\alpha\sigma^2-\frac{(2\sigma-1)x-1}{2\sigma} \tag{5-64}$$

$$\tau=\frac{x^2-1}{2\lambda^2} \tag{5-65}$$

实际的修正计算中,也可以利用 $\lambda=\lambda(\tau,\ \alpha)$ 图,进行闭口风洞的洞壁干扰修正,如图 5-32 所示。

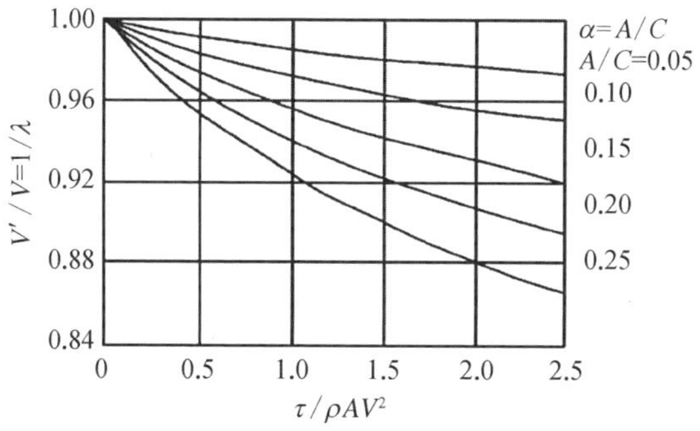

图 5-32 闭口风洞洞壁干扰修正曲线

一般情况下,以上三个公式可进一步简化:

$$\frac{V'}{V} = \frac{1}{\lambda} = 1 - \frac{\alpha\tau}{2\sqrt{1 + 2\tau}} \tag{5-66}$$

根据具体计算可知,式(5-66)算出的数值和准确值相比,差别不过1%左右。

螺旋桨的风洞试验数据一般都以功率或拉力系数对前进比的函数关系表达出。根据定义,在功率或拉力系数计算中不直接涉及飞行速度 V, 因而无须进行洞壁干扰修正。但前进比则需根据修正得来的等价自由流速 V' 来计算。

在开口风洞中,气流边界会适应试验物的绕流场而自动调整,洞壁干扰影响较小。经过仔细的分析知,此时其干扰量只相当于 α^2 的量阶,这比起闭口风洞情况下要小得多,不少的试验证实了这一点。用同一螺旋桨在不同口径开口风洞中进行试验,即使 α 高达0.53,仍未发现明显的干扰影响。因此,在开口风洞中进行螺旋桨试验时,桨直径可允许高达风洞口径的60%~70%而无须作修正。在闭口风洞中即使桨直径仅达风洞口径的40%,洞壁干扰修正量已非常显著。因此,选取螺旋桨模型的尺寸以不超过50%风洞口径为宜。否则修正量越来越大,并且这种修正理论本身也越来越不可靠。

在高亚声速闭口风洞中进行试验时,如果流场中各点流速和试验段入口风速相差不大、桨叶上激波强度尚弱以及螺旋桨载荷不大时,可根据线性理论来进行洞壁干扰修正。其结论是:在高亚声速下风洞有效风速 V' 的修正量相当于不可压流中螺旋桨拉力系数为 $T_c/(1 - Ma_T^2)$ 时的修正量。其中 T_c 为可压流中实测出的拉力系数(其定义为 $T = T_c\rho V^2 D^2$), Ma_T 为风洞试验段入口处的马赫数。

5.3.6 桨扇典型性能试验结果分析

1. 单排桨扇典型试验结果

汉密尔顿标准公司与NASA合作利用第2.1.1小节所描述的设计方法,研制了SR系列桨扇,并基于第5.2.3小节所述的汉密尔顿标准公司单排桨扇风洞模型试验件开展风洞试验。采用旋转天平测量推力和扭矩,同时测量转速、风速等参数,进而得到如图5-33和图5-34所示的单排桨扇风洞试验特性。高速风洞试验结果表明,其中SR-3综合性能最佳,在设计巡航马赫数0.8,推进效率达到79%以上;在马赫数0.7,推进效率可以达到81%左右。基于该试验结果,汉密尔顿标准公司与NASA进一步综合在性能和结构之间进行权衡,研制了高速性能略低一点,但结构设计风险更低的SR-7桨扇,并最终配装桨扇演示工程验证机,完成飞行演示验证。

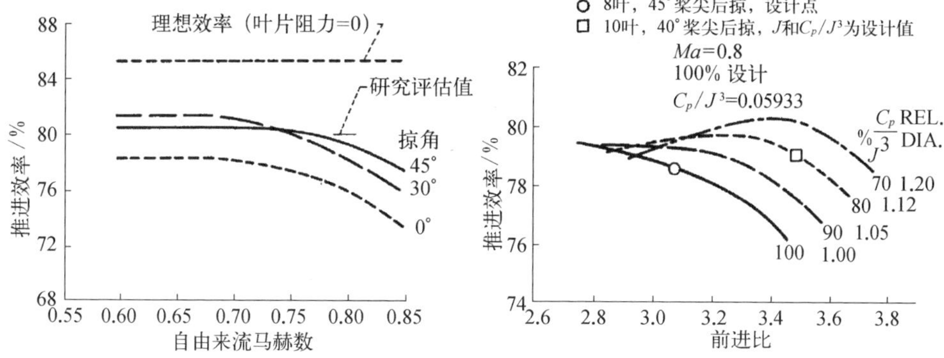

图 5-33 汉密尔顿标准公司 SR-1/2/3 桨扇特性[76]

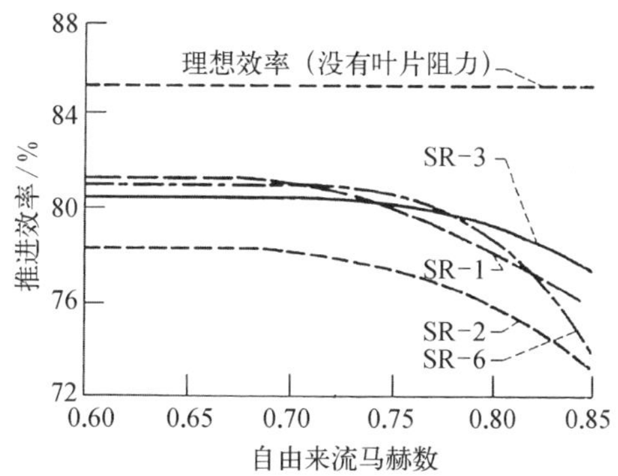

图 5-34 汉密尔顿标准公司 SR 系列桨扇风洞试验气动特性[6]

2. 对转桨扇典型试验结果

1）汉密尔顿标准公司对转桨扇试验件风洞试验结果

汉密尔顿标准公司与 NASA 合作利用第 2.1.1 小节所描述的设计方法，研制了 CRP-X1 对转桨扇，并基于第 5.2.3 小节所述的汉密尔顿标准公司对转桨扇风洞模型试验件开展风洞试验。采用旋转天平测量推力和扭矩，同时测量转速、风速等参数，进而得到如图 5-35 所示的对转桨扇风洞试验特性。

风洞试验的马赫数范围涵盖 0.2～0.85，前后桨角度差为 1.25°～5°，前后桨转速比包括 0.9、1.0 和 1.1 三个状态，桨叶角涵盖-20°～89°，包括反桨和顺桨。图 5-35 为典型的试验结果，推力系数特性图（左图）给出了前排桨叶在不同角度下（后排桨角度比前排小 2.6°）推力系数随前进比变化的关系，典型的特征是在同一角度下特性呈现出推力系数与前进比为近似线性的关系，桨叶角度越大推力系数越大，在特性图上曲线整体上往右上方向移动；图 5-35 所示右图，将功率系数和推进效率特性曲线绘制在同一张图上，随前进比增大功率系数近似线性减小，随着转速比增加功率系数越小，在特性图上曲线整体上往左下方向移动，而推进效率呈现出近似抛物线形状,推进效率存在峰值点。基于该对转桨扇设计及风洞试验结果,汉密尔顿标准公司研制了对转桨扇部件,并最终配装 578 - DX 桨扇演示工程验证机,完成飞行演示验证。

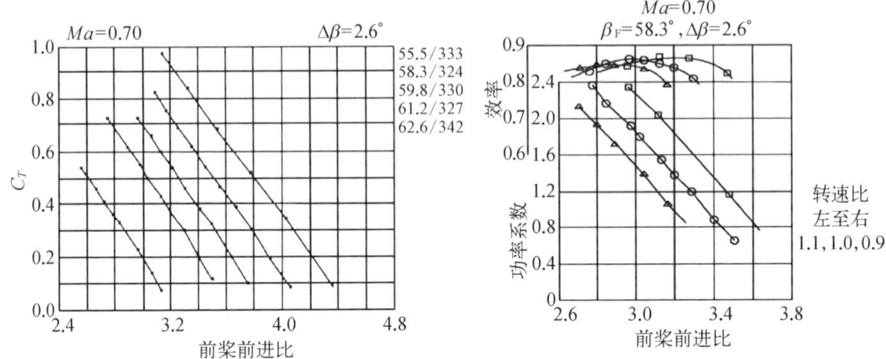

图 5 - 35　汉密尔顿标准公司 CRP - X1 对转桨扇推力系数特性(左图)、功率系数特性(右图)和推进效率特性(右图)[11]

2) GE 公司 F - A 系列桨扇风洞试验结果

GE 公司利用第 2.4 节所描述的设计方法,研制了 F - A 系列对转桨扇,并基于 5.2.3 小节所述的对转桨扇风洞模型试验件开展风洞试验。采用旋转天平测量推力和扭矩,同时测量转速、风速等参数,进而得到如图 5 - 36 和图 5 - 37 所示的对转桨扇风洞试验特性。

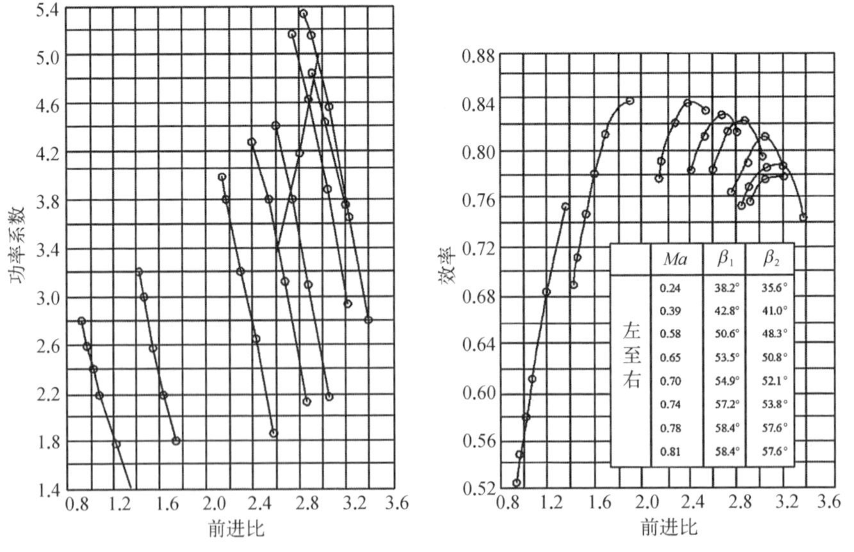

图 5 - 36　前进比-功率系数,前进比-推进效率特性曲线[16]

GE 公司将所有试验马赫数下的最优性能绘制在同一张特性图上,可以从整体上分析把握桨扇的气动性能,也可以得到不同马赫数下桨扇的气动特性。在较高的马赫数下,与汉密尔顿标准公司桨扇特性类似,推进效率特性属于类似抛物线形状;在相对较低的马赫数下,推进效率并不是抛物线形状。功率系数特性与汉密尔顿标准公司类似,近似线性变化。另外,需要注意的一个特征是,不同马赫数下特性所对应的桨叶角度组合也是不一致的,随马赫数增大,前后排桨叶的角度均增大。

除获得全马赫数范围对转桨扇气动特性之外,GE 公司开展了多项气动、几何参数等对气动性能的影响规律研究,如图 5-37 所示,包括前、后排桨轴向间距、来流仰角大小、前后排桨转速比、前后排桨扇直径比对气动性能的影响规律。

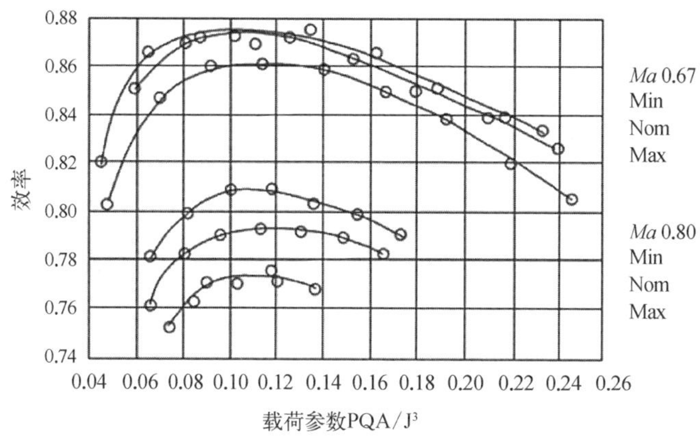

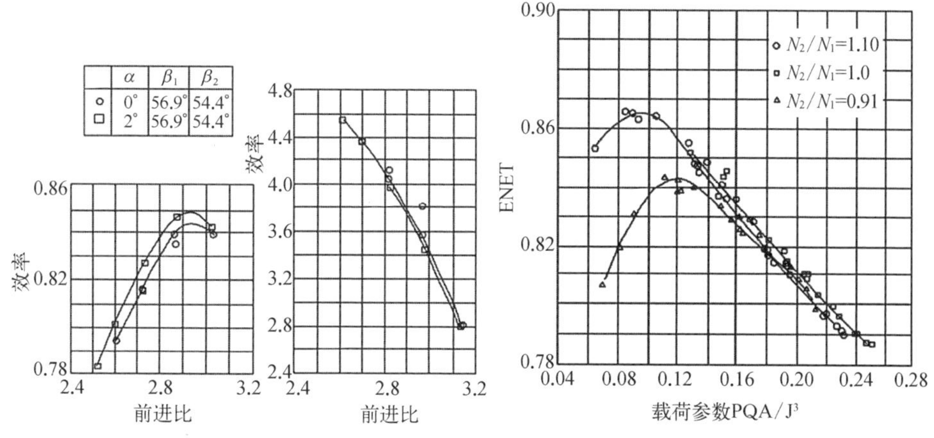

图 5-37　不同气动、几何参数对桨扇气动性能的影响规律[16]

要注意的是,GE 公司定义了一个功率载荷参数(power loading parameter),为功率系数与前进比三次方的比值,以该参数为横坐标,推进效率为纵坐标绘制特性曲线,可以更方便地将不同状态下的桨扇气动特性进行对比分析。

3）动研所桨扇风洞试验结果

中国航发动研所利用2.3节和第4章所描述的设计技术,研制了多个对转桨扇方案,并基于5.2.3小节所述的对转桨扇风洞模型试验件开展风洞试验。采用旋转天平测量推力和扭矩,同时测量转速、风速等参数,进而得到如图5－38和图5－39所示的对转桨扇风洞试验特性。

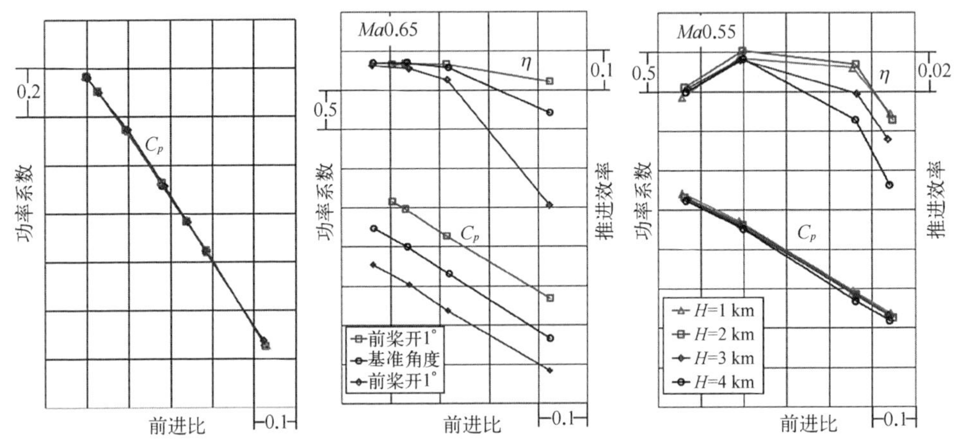

图5－38　不同气动、几何参数对桨扇气动性能的影响规律

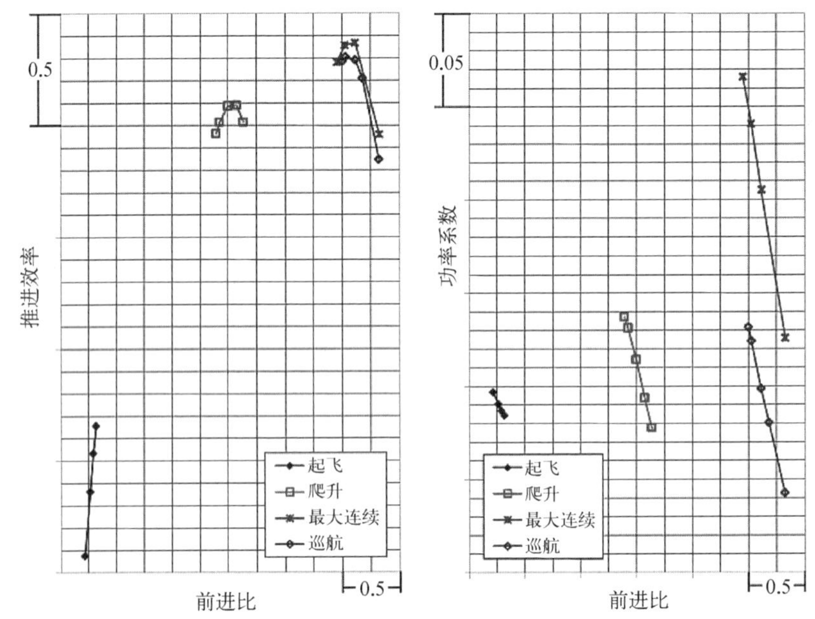

图5－39　典型工况试验特性

图 5-38 依次分别为重复性、前桨桨叶角调节、雷诺数影响的试验结果，结果表明：① 试验重复性较好，说明天平测试稳定性好；② 通过桨叶角调节试验获得功率系数和推进效率随前桨角度的变化规律；③ 通过雷诺数影响试验，发现当雷诺数大于 7×10^5后，桨扇的气动参数不再较大幅度变化。图 5-39 为对转桨扇模型试验件在几个典型工况下的试验特性。

5.4　桨扇气动声学测试与试验技术

用全尺寸桨进行现场声学试验测量最能反映真实的声学性能，但花费的代价也非常昂贵。往往在加工制造全尺寸桨之前，工程师希望能提前获得其声学性能，因此通常是在带有全消音室的声学风洞中开展缩尺模型声学试验，评估噪声水平、研究相关机理，为声学优化设计提供重要的数据支撑。

5.4.1　远场噪声和近场噪声简介

根据观测者与噪声源之间的距离，可将噪声测量分为远场噪声测量和近场噪声测量。远场噪声测量试验主要是针对适航规定状态，获得飞机对机场附近居民点的噪声污染情况。近场噪声测量则是针对噪声传入机舱的情况，可以评价飞机座舱内乘客舒适性。

远场噪声又可分三种状态：飞机着陆进场、起飞以及发动机全状态边线，噪声测定点位置随飞机类型不同而异，图 5-40 所示为对 3 个远场噪声测定点的规定。

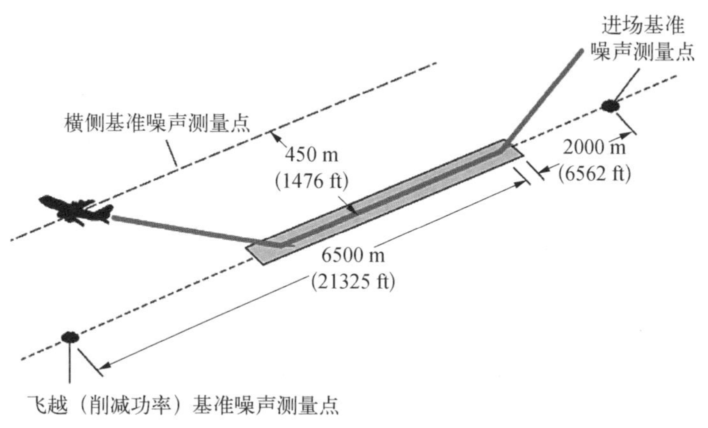

图 5-40　民机噪声适航审定考核的三种飞行状态[77]

在着陆进场状态下，测定点位于跑道中心线上距离飞机落地点 2 km 处；在起飞状态下，则位于飞机滑跑开始点前方 6.5 km 处；在发动机全功率边线状态下，则位于跑道中线一侧 0.45 km 处。前两种状态下，噪声强度随飞机的相对位置、飞机速度及油门大小等因素而变，是连续变化的过程。在边线状态下，由于发动机在最大油门下工作，测量点和发动机间的相对位置固定不变，测出的噪声强度最能代表该动力装置固有的噪声性能。可见，观测者与噪声源距离至少超出 10 倍噪声源特征尺度，这种较大的距离与尺度比例下，整个飞机可以视为点声源。

近场噪声测量主要考虑发动机传入飞机座舱的噪声，通常在座舱内和机体表面布置麦克风观测点，观测点与噪声源的距离非常近，最大不会超过 2 倍特征尺寸，此时噪声源不能看作点声源。

5.4.2 桨扇气动声学测量布置

1. 远场声学测量布置

GE 公司远场声学试验是在其全消音声学风洞中进行，全消音室麦克风布置如图 5－41 所示。边线远场麦克风测量角度范围从 40°～160°布置 24 个测点，边线麦克风线整列距离桨扇试验件中心线 8.2 m，超过 10 倍桨扇直径。

2. 近场声学测量布置

图 5－41 所示 GE 公司进行远场声学测量的同时也布置了近场测点，麦克风线位移机构移动麦克风，测量距桨扇中线位置 1.524 m 的直线上声场，距离略超过 2 倍桨扇直径。

另外，GE 公司在 NASA 2.7 m×4.6 m 低速风洞中进行了专门的近场声学试验，如图 5－42 所示，麦克风由线位移机构移动，测量线阵列距桨扇中心线为 1.37 m 和 1.68 m。测量角度范围为－18°～140°，如图 5－43 所示。要指出的是，1.68 m 位置麦克风过于靠近风洞壁面，干扰较大，GE 公司给出的数据都是以 1.37 m 位置麦克风测量的数据为准。但是，GE 公司和 NASA 近年来开展桨扇相关声学研究时，对麦克风线阵列测量布置进行更改，麦克风线阵距离桨扇中线线距离为 1.524 m，距离略超过 2 倍桨扇直径。

5.4.3 桨扇声学风洞试验方法

1. 试验件调试

与性能试验相同，试验件首先需要开展桨扇试验件的地面调试和风洞内调试，确保动力系统、测试系统和试验件能正常运转；然后，进行声学测量系统的安装，并对各传声器进行校准；最后对所有固壁都进行消声处理，减小声反射对声学测量的影响。

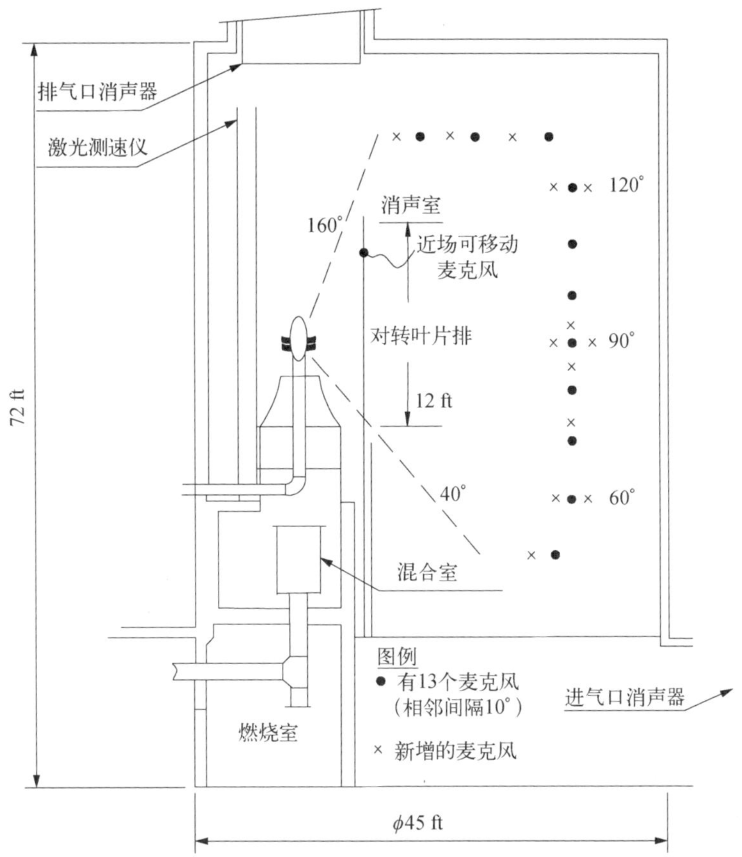

图 5－41　GE 公司桨扇噪声测量布置[16]

图 5－42　GE 公司桨扇在 NASA 低速风洞中进行近场声学测量[78]

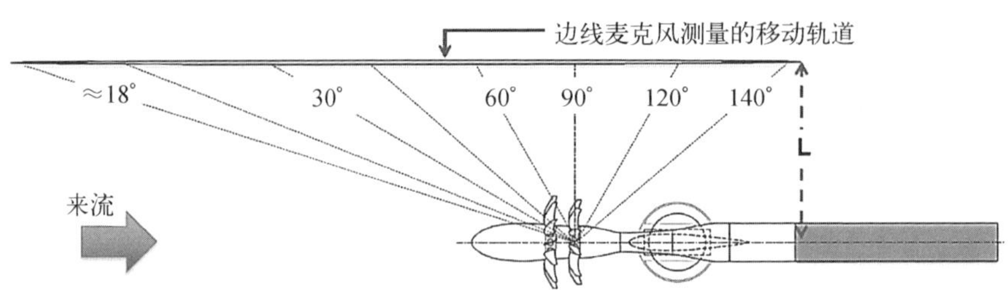

图 5-43　GE 公司桨扇近场声学测量布置[79]

2. 噪声试验

首先,在无桨叶的状态下进行气动噪声试验,以获得电机和风洞背景噪声;然后,在有桨叶的状态下,进行典型工况的气动噪声试验。对噪声试验测量,GE 公司给出了一些建议:对于每个状态下,每个麦克风数据采集时长不应小于 30 s,采样率应尽可能高。

5.4.4　桨扇原始声学试验数据修正

风洞内测得的噪声原始试验数据包含许多干扰,并不能反映真实噪声特性,需要考虑风洞背景噪声修正、麦克风鼻锥修正和风帽修正、大气条件件和射流剪切层等影响的修正。一般背景噪声的修正、麦克风风帽影响修正、麦克风鼻锥影响的修正,相关修正方法比较成熟。

对于试验数据更为关键的是气动噪声指向性数据修正,根据传感器位于风洞射流外或射流内,修正方法有所区别。风洞开口射流与周围的静止空气间会产生剪切层,声波经由它时会发生折射。作为声源定位的关键技术,波束形成需要对阵列传声器信号进行时延或相移来获得,若传感器位于射流之外,必须先对传声器采集的信号进行剪切层折射修正,才能保证波束形成声源定位的准确性。若传感器位于射流之内,就需要进行射流对流影响修正。其次,声波在大气中传播时,除了球面波发散引起的声衰减及由于声波的反射、折射和散射引起的损失外,还有由于试验环境如温度、湿度等和其他条件引起的总量衰减。

1. 剪切层修正

风洞试验段射流内噪声源产生的气动噪声,经由对流声速梯度而传播开,使用麦克风传感器对此气动噪声进行测量时,需要考虑一个基本试验问题:在黏性流体和静止媒介之间会形成剪切层,声波在通过它进行传播时,在方向和振幅上都产生变化。剪切层对声的折射取决于声波辐射角度、气流马赫数。光在通过不同折射率的媒质时,会产生折射现象,剪切层对声波的影响与之相似,称为声折射。

剪切层是分隔流动状态的一个区域,具有非常复杂的特性,Amiet 理论对剪切流边界进行建模,认为它是无穷薄的涡流层,并且假设在边界两侧介质均匀。本节涉及的 Amiet 理论公式来源于张雪等[80]的相关研究论文。

1）折射对声传播角度的影响

简单起见,假设噪声源在射流的轴线上。图 5－44 显示了 Amiet 理论假设条件下声传播过程中折射影响。其中表征声实际传播路径的黑实线反映了声线的折射,标示为“无剪切层的气流内传播路径”的虚线表示声线在无剪切层的均匀流场中的传播,标示为“无气流的传播路径”的虚线表示声线在静止空气中的传播。由图 5－44 所示的几何关系可得

$$Y\cot\theta_m = h\cot\theta_c + (Y-h)\theta \tag{5-67}$$

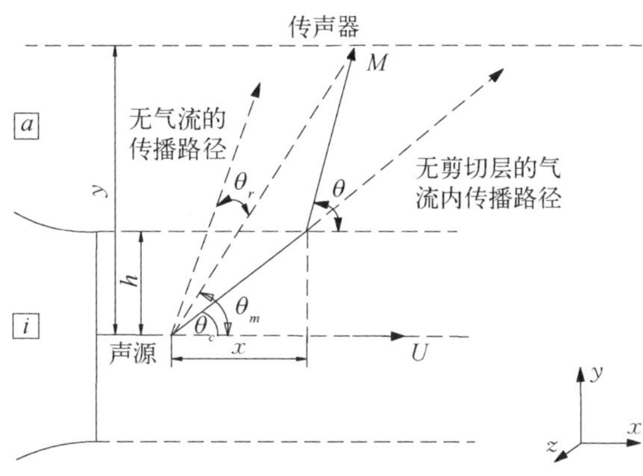

图 5－44　开口射流剪切层折射示意图

根据声学边界条件构建对流 Snell 定律:

$$\frac{c_i}{\cos\theta_r} + U = \frac{c_a}{\cos\theta} \tag{5-68}$$

式中, c_i、c_a 为对应空气状态的声速; U 为射流速度。同时由正弦定理可以得出:

$$\frac{c_i}{\sin\theta_c} = \frac{U}{\sin(\theta_r - \theta_c)} \tag{5-69}$$

对式(5－67)~式(5－69)进行归一化、整理合并获得如下角度关系:

$$\tan\theta_c = \frac{\xi}{Ma + (1 - Ma^2)\cos\theta} \tag{5-70}$$

其中,

$$\xi = \sqrt{(1 - Ma\cos\theta)^2 - \cos^2\theta} \tag{5-71}$$

通过迭代求解过程可以获得入射角 θ_c 和折射角 θ，并最终获得声传播角度修正 θ_r。

考虑声折射的极端情况：顺气流方向，当声波的传播方向与剪切层平行时，即 $\theta_c = 0$，声波不会穿过剪切层，角度稍增大一点，则声波能够穿过剪切层，此时剪切层对声波的折射角 θ 如下：

$$\theta_{\min} = a\cos\left(\frac{1}{1 + Ma}\right) \tag{5-72}$$

折射后的声线角度都不会小于式(5－72)的结果，这样就产生了寂静区，理论上在该区域内传声器接收不到声波。另一种极端状态是在逆气流方向，声线以相当大的角度辐射，便在剪切层处发生全反射，即没有声能够辐射出剪切流，此时有

$$\theta_{c\max} = a\cos\left(-\frac{1}{1 + Ma}\right) \tag{5-73}$$

2）折射对声波振幅的影响

剪切层不仅影响声的传播路径，还对声压振幅产生影响。当声波通过剪切层进行传播时，会产生透射损失；同时由于折射作用，声线通过剪切层后发生扩散，为保持能量守恒，则单位面积内的声能量减小，从而引起声场中声压振幅的变化。

当声线通过剪切层进行传播时，声压振幅发生改变，由式(5－68)、式(5－71)和相应的几何关系，可以得到透射前后声压振幅与角度变换的关系：

$$\frac{P_{c-}}{P_{c+}} = \frac{1}{2\xi}\left[\xi + \sin\theta \cdot (1 - Ma\cos\theta)^2\right] \tag{5-74}$$

为计算静止空气状态下的声压振幅，我们需要确定声线传播时的散度。根据图 5－45 所示的几何关系，可以获得 xy 平面和 z 方向的散度，从而获得剪切层处声压与测量点 M 处声压的比值，并最终得到修正后声压振幅与测量点 M 处声压振幅的比：

$$\frac{P_A}{P_M} = \frac{\frac{h}{Y}}{2\xi\sin^2\theta}\left[\xi + \sin\theta \cdot (1 - Ma\cos\theta)^2\right] \cdot \sqrt{\left[\sin\theta + \left(\frac{Y}{h} - 1\right)\xi\right]\left[\sin^3\theta + \left(\frac{Y}{h} - 1\right)\xi^3\right]} \tag{5-75}$$

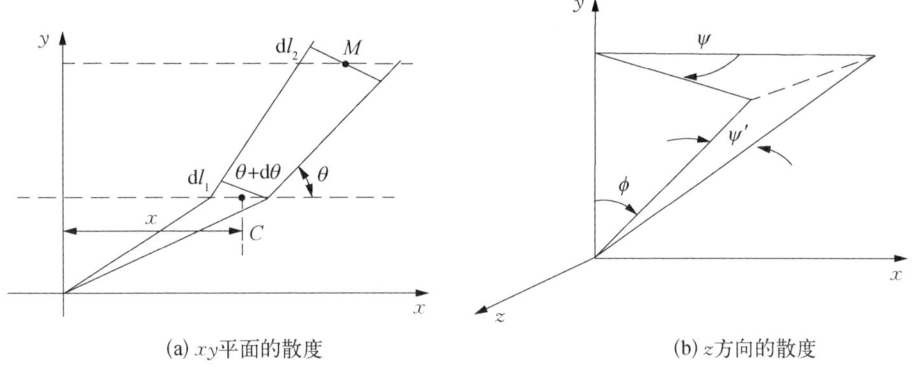

(a) xy平面的散度　　(b) z方向的散度

图 5-45　声线的发散

2. 大气吸声效应修正

声波在空气中传播会有空气吸声效应导致声的衰减,因此,噪声距离换算过程中需要进行大气吸声效应修正,此处相关修正理论来源于文献[81]。声衰减量与大气的温度、湿度、压力、声波频率和传播距离有关,空气吸声修正公式如下:

$$\mathrm{SPL}_c = \mathrm{SPL}_\alpha + \alpha \cdot L \tag{5-76}$$

式中, SPL_c 为空气吸声修正后的声压级; SPL_α 为空气吸声修正前的声压级; L 为声音传播距离(m); α 为空气中声强衰减系数(dB/m)。α 与大气温度、湿度、压力、声波频率有关。

声波在空气中传播时会有空气吸声效应,空气中的声吸收可以分为四种:① 氧的振动弛豫分子吸收 ($\alpha_{\mathrm{vib},\,O}$);② 氮的振动弛豫分子吸收 ($\alpha_{\mathrm{vib},\,N}$);③ 由于媒质中黏滞性和热传导性引起的经典吸收 (α_{C1});④ 转动弛豫的分子吸收 (α_{rot}),四种总和为声吸收总和,如下式:

$$\alpha = \alpha_{\mathrm{vib},\,O} + \alpha_{\mathrm{vib},\,N} + \alpha_{CR},\ \alpha_{CR} = \alpha_{C1} + \alpha_{\mathrm{rot}} \tag{5-77}$$

由于媒质中黏滞性和热传导性引起的经典吸收可以用黏度系数和导热系数表示为

$$\alpha_{C1} = [\omega^2/(2\rho c^3)]\ [4\mu/3 + (\gamma - 1)\kappa/(\gamma c_v)] \tag{5-78}$$

式中, ω 为声频率; ρ 气体密度; c 为声速; c_v 为定容比热容; γ 为比热比; μ 为黏滞系数; κ 为热导率。

在频率远低于转动松弛频率(100 MHz)的情况下,转动松弛引起的吸收可记为

$$\alpha_{\mathrm{rot}}=\frac{1}{2}\frac{\omega^{2}}{\gamma Pc}\mu\frac{\gamma(\gamma-1)R}{1.25c_{p}}Z_{\mathrm{rot}}\tag{5-79}$$

式中，P 为压力；c_p 为定压比热容；Z_{rot} 为旋转碰撞数。

式(5-78)和式(5-79)通过简化，可以得到经典弛豫分子吸收和转动弛豫分子吸收之和 α_{CR}：

$$\alpha_{CR}=\frac{1}{2}\frac{\omega^{2}}{\gamma Pc}\mu(1.88)[1+0.068\,1Z_{\mathrm{rot}}]\tag{5-80}$$

在不同温度下，式(5-80)可进一步简化为

$$\alpha_{CR}=18.4\times10^{-12}(T/T_{0})^{1/2}f^{2}/(P/P_{0})\tag{5-81}$$

氧气和氮气的振动弛豫引起的吸收可表示为

$$\alpha_{\mathrm{vib},\,j}=\frac{\pi S_{j}}{c}\frac{f^{2}/f_{r,\,j}}{1+(f/f_{r,\,j})^{2}}\tag{5-82}$$

式中，$\alpha_{\mathrm{vib},\,j}$ 为由于氧气和氮气的振动弛豫引起的吸收；S_j 为弛豫强度；$f_{r,\,j}$ 为弛豫频率。氧气和氮气的弛豫强度为

$$S_{j}=c_{j}'R/[(c_{p}-c_{j}')c_{v}]\tag{5-83}$$

式中，c_j' 为氧气和氮气的振动比热，其公式为

$$c_{j}'=x_{j}\{(\theta_{j}/T)^{2}\mathrm{e}^{-(\theta_{j}/T)}/[1-\mathrm{e}^{-(\theta_{j}/T)}]^{2}\}R\tag{5-84}$$

式中，x_j 为成分的摩尔分数，氧气为 0.209 48，氮气为 0.780 84；θ_j 为特征振动温度，氧气为 2 239.1 K，氮气为 3 352.0 K。

结合式(6-91)~式(6-93)得到总的吸收表达式：

$$\begin{aligned}a(f)=\;&8.686(T/T_{0})^{1/2}[f^{2}/(P/P_{0})]\{1.84\times10^{-11}\\&+2.19\times10^{-4}(T/T_{0})^{-1}(P/P_{0})\times(2\,239/T)^{2}[\exp(-2\,239/T)]\\&/[f_{r,\,\mathrm{O}}+(f^{2}/f_{r,\,\mathrm{O}})]+8.16\times10^{-4}(T/T_{0})^{-1}\\&\times(P/P_{0})(3\,325/T)^{2}[\exp(-3\,325/T)]/[f_{r,\,\mathrm{N}}+(f^{2}/f_{r,\,\mathrm{N}})]\}\end{aligned}\tag{5-85}$$

式中，$a(f)$ 为吸收系数，单位为 dB/m；T 为温度；T_0 为基准温度，值为 293.15 K；f 为声频率；P 为环境大气压力；P_0 为基准压力，值为 1.013×10^{5} N/m^2，$f_{r,\,\mathrm{O}}$ 为氧气的松弛频率；$f_{r,\,\mathrm{N}}$ 为氮气的松弛频率。

当超过温度和湿度的一定范围时，$f_{r,\,\mathrm{O}}$ 和 $f_{r,\,\mathrm{N}}$ 的值是不准确的，根据试验结果，

可以得到改进的$f_{r,\mathrm{O}}$和$f_{r,\mathrm{N}}$的表达式：

$$f_{r,\mathrm{O}} = (P/P_0)\{24 + 4.41 \times 10^4 h[(0.05 + h)/(0.391 + h)]\} \tag{5-86}$$

$$f_{r,\mathrm{N}} = (P/P_0)(T/T_0)^{-1/2}(9 + 350h\exp\{-6.142[(T/T_0)^{-1/3} - 1]\}) \tag{5-87}$$

式中，h 为绝对湿度，它可表示为

$$h = h_r(P_{\mathrm{sat}}/P_0)/(P/P_0) \tag{5-88}$$

式中，h_r 为相对湿度；P_{sat} 饱和水蒸气的分压，单位为 N/m^2。

5.4.5　单频噪声和宽频噪声的分离方法

1. Sree 噪声分离方法

1）去除旋转噪声分量

研究人员在 Tokaji 等[82]、Sree 等[83]的基础上，发展了一种噪声测量信号处理方法，该方法去除了与旋转相关的噪声成分，称为旋转噪声源（rotating noise sourse，RNS）滤波，使用这种方法创建的预处理信号被称为单滤波信号，该方法基于对麦克风采集信号的时序相邻段（X 和 Y）进行减法。根据研究分析，所记录的信号必须被分割成一定长度的数据段，每个数据段隐含两部分：一部分是与旋转相关的单频噪声，被称为 RNS 分量（$\bar{X}$ 和 $\bar{Y}$）；另一部分是与转速无关的噪声，被称为非旋转噪声源（non-rotating noise sourse，NRNS）分量（$\tilde{X}$ 和 $\tilde{Y}$）和宽频噪声源分量（X' 和 Y'）。

RNS 分量在一定长度的数据段中是相等的，我们假设 NRNS 分量的强度和频率在整个信号中都是恒定的，但由于信号被分割成一定长度的数据段，这个分量在相邻段中是不同的，宽频噪声分量在每个数据段也不同，但它在统计上是等价的，这就意味着它的均方根是恒定的，见式（5－89）和式（5－90）。通过减去两个相邻段，可以在信号中去除 RNS 部分，见式（5－91）。NRNS 分量的减法类似两个具有相同振幅和频率的信号的减法，但是相位不同（ϕ），结果得到了一个频率和原始 NRNS 分量相同但相位不同的噪声信号，见式（5－92）。

宽频噪声分量（$X' - Y'$）的减法生成一个新的宽频分量，它具有与原来相同的均方根（RMS）值，只是乘以 $\sqrt{2}$，见式（5－93）。因此，为了生成一个新的与原始宽频分量相同的 RMS 值的宽频分量，产生的信号必须除以 $\sqrt{2}$，见式（5－94）。Z 是一个新信号，其中包含与原始信号 NRNS 分量（$\tilde{X}$ 和 $\tilde{Y}$）具有相同频率的 NRNS 分量（$\tilde{Z}$），以及在统计上与原始宽频分量（X' 和 Y'）相等的宽频分量（Z'）。

$$\bar{X} = \bar{Y} \quad \tilde{X} \neq \tilde{Y} \quad X' \neq Y' \tag{5-89}$$

$$\overline{X'^2} = \overline{Y'^2} \tag{5-90}$$

$$X + (-Y) = \bar{X} + \tilde{X} + X' - \bar{Y} - \tilde{Y} - Y' = (\tilde{X} - \tilde{Y}) + (X' - Y') \tag{5-91}$$

$$\tilde{X}(\varphi_1) - \tilde{Y}(\varphi_2) = (\tilde{X} - \tilde{Y})(\varphi_3) \tag{5-92}$$

$$\overline{(X' - Y')^2} = \overline{X'^2} + \overline{(-Y)'^2} = 2\,\overline{X'^2} \tag{5-93}$$

$$Z = \frac{X - Y}{\sqrt{2}} = \tilde{Z} + Z' \tag{5-94}$$

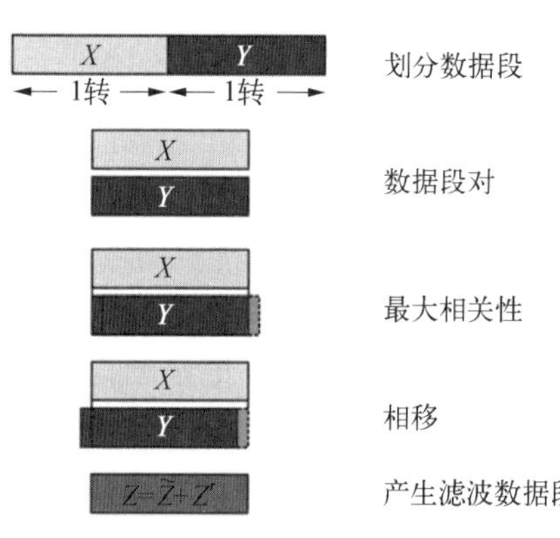

图 5-46　对转桨宽频噪声与单频噪声分离数据处理流程

RNS 滤波包括以下步骤：

(1) 对麦克风点处采集的信号进行滤波处理；

(2) 将记录信号划分为一定长度的数据段，如图 5-46 所示；

(3) 将相邻数据段进行相移对齐处理，使得两个相邻段同相位，这一步修正了旋转频率在时间上轻微变化的影响，因此分段减法是在具有最大相关性的两段数据之间进行的；在相移过程中，需要从相邻的数据段借用数据，从而避免受到数据不连续的影响；

(4) 在数据段上应用汉宁窗函数以保证数据的连续性；

(5) 对原始信号的所有数据段重复步骤(3)和(4)，并将结果相加，以创建单滤波信号。在这个过程中，一个数据段只被使用一次，因此，原始信号(X 和 Y)的两个相邻数据段只能生成一个新的数据段(Z)，这也导致新信号的长度是原始信号的一半。

2) 去除非旋转噪声分量

信号去除了旋转噪声分量之后，剩余的噪声分量与转速无关，是一个独立的非旋转噪声。为了产生一个只包含原始宽频信息的信号，需要进一步进行信号处理。新的数据段长度可以用 NRNS 的频率(f)来定义。为了应用 NRNS 滤波，数据段长度必须是 NRNS 的周期的倍数，NRNS 分量在 RNS 滤波处理之后的数据段内处于同一相位，因此 NRNS 滤波的减法只能在一个 RNS 数据段内进行。该数据段(S)

的数据点数可表示为 $S=(n/f)f_s$，其中分段数用 n 表示，f_s 为采样频率。NRNS 滤波段的最大分段数（n_{max}）可以由 RNS 过滤段长度与分段长度的关系来定义。

NRNS 滤波过程如图 5－47 所示，主要包括以下步骤：

（1）由 RNS 滤波的第三步可生成的数据段 Z，需要利用 NRNS 的周期将数据 Z 细分为子分段（α 和 β），α 和 β 都由 NRNS 分量（$\tilde{\alpha}$ 和 $\tilde{\beta}$）和宽频分量（α' 和 β'）组成，这种情况下 $\tilde{\alpha}$ 和 $\tilde{\beta}$ 是相同的，因为它们是由相同的声源产生的，但是 α' 和 β' 并不相等，而在统计上是相等的；

（2）生成的 NRNS 滤波数据段（x 和 y）是子分段的 n 倍，这些数据段仍然由 NRNS 分量（$\tilde{x}$ 和 $\tilde{y}$）和在统计上等效的宽频分量（x' 和 y'）组成；

（3）对数据段进行相关的减法，新生成的信号段（z'）只包含了宽频分量的信息；

（4）应用长度为 z' 的汉宁窗函数来保证整个信号的连续性；

（5）对每一段信号重复 RNS 滤波中的步骤（2）、步骤（3）和 NRNS 滤波的步骤，最后将结果连接起来生成宽频信号，该信号包含了原始宽频分量的信息。

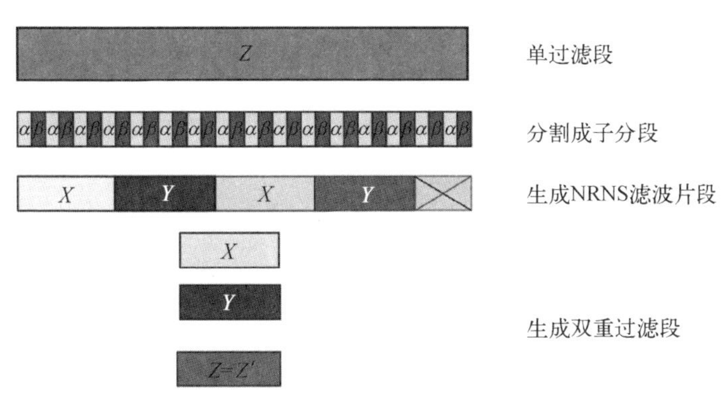

图 5－47　NRNS 滤波步骤

2. *改进数据分离方法*

Sree 的原始数据处理方法结合了互相关性和 FFT 分析方法，将原始声学数据中单音和宽频噪声分量分离出来，为了进一步减小或消除数据段相位对齐未考虑随机相移的问题，对 Sree 处理方法进行了改进[84]。改进后的算法与原算法相似，区别在于选择了更短的数据段大小进行互相关操作及宽带信号的重构方式。考虑的最短数据段大小为转子转过一周的时间内采集的数据段，即数据段大小约为每转样本数(number of samples per revolution, NPR)，改进后的算法步骤如下。

（1）取给定测量位置的原始数据集，将其定义为“总”信号。将这个信号分割成连续的时间序列片段，每个片段长度为 NPR，如图 5－48(a)所示。假设转子连续转过两周的两个连续数据片段的时长和样本数量相同。$\text{NPR}=60\cdot f_s/\text{RPM}$，其

中 f_s 是采样频率，RPM 是平均转速。NPR 由 f_s 和 RPM 决定。

（2）取两个连续的数据段，如 x 和 y，如图 5－48（b）所示，进行互相关操作，确定这两个数据段之间的相移为 $\nabla\tau$，见图 5－48（c），$\nabla\tau$ 可以是正的，也可以是负的，这取决于 x 和 y 的相对移动方向，相移数据点数为 $r = \nabla\pi \cdot f_s$，r 是一个很小的数。

（3）根据 $\nabla\tau$ 对数据段进行相位调整，并将相邻两段对齐，其中 y 段通过 r 的调整向 x 移动对齐，片段 x 的样本计数从 $1+r$ 开始，到 NPR+r 结束，始终保持数据段的大小为 NPR，如图 5－48（d）所示。

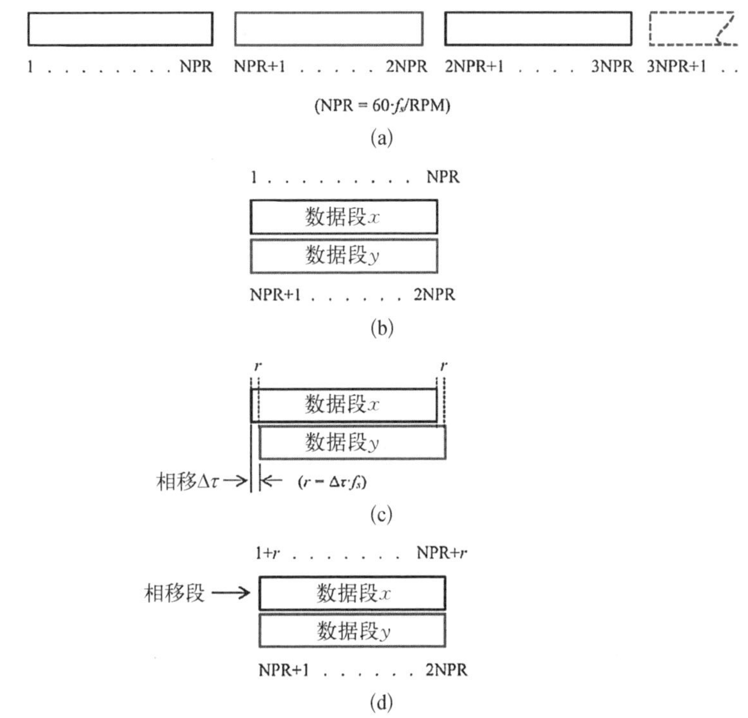

图 5－48　对转桨宽频噪声与单频噪声分离数据处理流程

（4）每个数据段都是由一个共同的噪声分量加上一个随机分量组成，即 $x = \bar{x} + \tilde{x}$ 和 $y = \bar{x} + y'$，由于随机分量在统计上是相等的，即 $\overline{x'^2} = \overline{y'^2}$，将两相邻数据段相减，$x + (-y) = \bar{x} + x' - \bar{x} - y' = x' - y'$，可以抵消信号的单音部分，则宽带信号 z' 为 $z' = (x - y)/\sqrt{2}$。

（5）对接下来的一对信号数据段，重复步骤（2）~（4），得到第二段宽带信号 z'，将此信号添加到之前步骤（4）中创建的信号中，以构建宽带信号的伪时间序列。添加宽频数据段将会导致每个数据连接处产生不连续，这种不连续可以在计算频谱时引入少量的白噪声，并使用滤波窗来减轻，例如汉宁窗函数。

(6) 重复步骤(2)~(5),完成所有原始数据段对的计算,重构出一个时间序列的宽带信号,该信号没有间断。注意,该信号的总长度(或样本大小)约为用于分析的原始数据集的一半。

(7) 根据所需的频率分辨率 (Δf),从重构的宽带伪时间序列数据中依次提取 NFFT 数据样本,NFFT 数据样本的数据点数由公式 $\Delta f = f_s/\text{NFFT}$ 确定。对每个具有 NFFT 个数据点的数据段进行 FFT 运算,得到从 0 到 $f_s/2$ 频率范围的频谱分布,总共得到 NBLKS_b 个宽带频谱,其中 NBLKS_b = 重建宽带数据的总样本数据点数除以 NFFT。

(8) 类似地,从采样的原始声学数据中依次提取 NFFT 样本(该数据没有不连续),并在每段数据上使用滤波窗口进行 FFT 运算,得到从 0 到 $f_s/2$ 的总频谱,总共有 NBLKS_t 个频谱,其中 NBLKS_t = 原始声学数据的总样本数据点数除以 NFFT。

(9) 在 0 到 $f_s/2$ 的频带范围内,NBLKS_b 个宽带频谱和 NBLKS_t 个总频谱进行频率平均,得到最终的宽带频谱和总频谱。

(10) 最后,从步骤(8)中得到的总频谱中减去步骤(9)中得到的宽带频谱,最终得到所需的单音频谱。

与原算法相比,改进后的算法包括了相位调整时间平均和频域频谱平均。

5.4.6　缩尺-全尺寸桨扇噪声变换

1. 基于 Gutin 方程的缩尺-全尺寸桨扇噪声变换[16]

1) Gutin 方程

均匀流中,由单排螺旋桨产生的离散的单音噪声声压,可由 Gutin 方程描述:

$$P_m = \frac{\alpha_m mB}{4\pi r_0 C_0}\cdot\frac{550shp}{R_e}\cdot\left(\frac{Ma_e}{Ma_0}\cdot\eta\cdot\cos\theta-\frac{1}{Ma_e}\right)\cdot J_{mB}(mBMa_e\cdot\sin\theta) \tag{5-95}$$

如图 5-49 所示,对于对转桨扇,后排转子产生的轴向力,用傅里叶级数表示如下:

$$F_x(\theta,\ t) = f_x\cdot g(\theta,\ t)\cdot\sum_{n=-\infty}^{\infty}\alpha_n\cdot e^{-i(n\Omega_A B_A)\cdot\left(t+\frac{\theta}{\Omega_A}\right)} \tag{5-96}$$

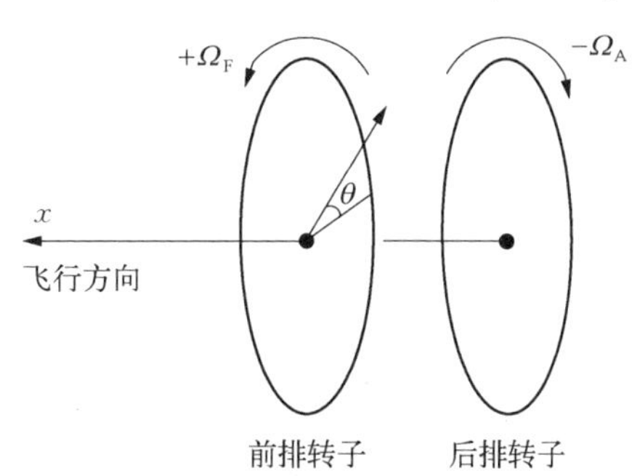

图 5-49　对转桨扇前后排转子轴向力

对于前排转子,角向坐标 $\bar{\theta}$ 定义如下:

$$\bar{\theta} = \theta - \Omega_F t \tag{5-97}$$

函数 $g(\theta,\ t)$ 为前排桨叶尾迹的影响，可以写成如下两种形式：

$$g(\theta,\ t)=\sum_{m=-\infty}^{\infty}\beta_m\cdot \mathrm{e}^{\mathrm{i}(mB_{\mathrm{F}}\bar{\theta})}$$
$$g(\theta,\ t)=\sum_{m=-\infty}^{\infty}\beta_m\cdot \mathrm{e}^{\mathrm{i}(mB_{\mathrm{F}}\theta)}\cdot \mathrm{e}^{-\mathrm{i}m(\Omega_{\mathrm{F}}B_{\mathrm{F}})t} \tag{5-98}$$

代入公式(5－96)可得后排桨轴向力表达式(5－99)，通过类似推导可得式(5－100)所示的后桨 θ 方向力：

$$F_x(\theta,\ t)=f_x\cdot\sum_m\sum_n\beta_m\alpha_n \mathrm{e}^{\mathrm{i}(mB_{\mathrm{F}}-nB_{\mathrm{A}})\theta}\cdot \mathrm{e}^{-\mathrm{i}(mB_{\mathrm{F}}\Omega_{\mathrm{F}}+nB_{\mathrm{A}}\Omega_{\mathrm{A}})t} \tag{5-99}$$

$$F_\theta(\theta,\ t)=f_x\cdot\sum_m\sum_n\delta_m\alpha_n \mathrm{e}^{\mathrm{i}(mB_{\mathrm{F}}-nB_{\mathrm{A}})\theta}\cdot \mathrm{e}^{-\mathrm{i}(mB_{\mathrm{F}}\Omega_{\mathrm{F}}+nB_{\mathrm{A}}\Omega_{\mathrm{A}})t} \tag{5-100}$$

需注意的是，在 θ 空间，圆频率 $mB_{\mathrm{F}}\Omega_{\mathrm{F}}+nB_{\mathrm{A}}\Omega_{\mathrm{A}}$ 与模态 $mB_{\mathrm{F}}-nB_{\mathrm{A}}$ 相关。

对轴向力和 θ 方向力进行积分可得后桨式(5－101)和前桨式(5－102)产生的声压大小：

$$P_{mn}=\frac{\alpha_n\beta_m(mB_{\mathrm{F}}-nB_{\mathrm{A}})}{4\pi r_0C_0}\cdot\frac{550shp}{R_e}\cdot J_{(mB_{\mathrm{F}}-nB_{\mathrm{A}})}(mB_AMa_e\cdot\sin\theta)\cdot\left[\frac{-nB_{\mathrm{A}}}{mB_{\mathrm{F}}-nB_{\mathrm{A}}}\cdot\frac{(Ma_e)_{\mathrm{A}}}{Ma_0}\cdot\eta_{\mathrm{A}}\cdot\cos\theta-\frac{1}{(Ma_e)_{\mathrm{A}}}\frac{\delta_m}{\beta_m}\right] \tag{5-101}$$

$$P_{mn}=\frac{\alpha_n\beta_m(mB_{\mathrm{F}}-nB_{\mathrm{A}})}{4\pi r_0C_0}\cdot\frac{550shp}{R_e}\cdot J_{(mB_{\mathrm{F}}-nB_{\mathrm{A}})}(nB_{\mathrm{F}}Ma_e\cdot\sin\theta)\cdot\left[\frac{mB_{\mathrm{F}}}{mB_{\mathrm{F}}-nB_{\mathrm{A}}}\cdot\frac{(Ma_e)_{\mathrm{F}}}{Ma_0}\cdot\eta_{\mathrm{F}}\cdot\cos\theta-\frac{1}{(Ma_e)_{\mathrm{F}}}\frac{\delta_n}{\beta_n}\right] \tag{5-102}$$

2）基于 Gutin 方程的相似变换

该经验关系方法，用于几何和模拟条件相似的桨叶之间噪声数据的插值变换，通常将缩尺桨叶实验数据变换到全尺寸桨叶。

对于式(5－101)来说，m、n 可以取任意整数，当正负相同时，模态阶数为 $|m|B_{\mathrm{F}}+|n|B_{\mathrm{A}}$，当正负不同时，$|m|B_{\mathrm{F}}-|n|B_{\mathrm{A}}$。实际上，$|m|B_{\mathrm{F}}-|n|B_{\mathrm{A}}$ 对应的单音噪声非常显著，相对而言 $|m|B_{\mathrm{F}}+|n|B_{\mathrm{A}}$ 对应的噪声几乎可以忽略。$|m|B_{\mathrm{F}}-|n|B_{\mathrm{A}}$ 对应的圆频率为 $|m|B_{\mathrm{F}}\Omega_{\mathrm{F}}+|n|B_{\mathrm{A}}\Omega_{\mathrm{A}}$，$\Omega_{\mathrm{F}}$、$\Omega_{\mathrm{A}}>0$。

为了方便噪声变换，式(5－101)可改写成如下形式：

$$P_{mn} = X(D + EY) \tag{5-103}$$

$$X = \alpha_n \beta_m \tag{5-104}$$

$$Y = \frac{\delta_m}{\beta_m} \tag{5-105}$$

$$D = \frac{mB_{\mathrm{F}} - nB_{\mathrm{A}}}{4\pi r_0 C_0} \cdot \frac{550shp}{R_e} \cdot J_{(mB_{\mathrm{F}}-nB_{\mathrm{A}})}(mB_{\mathrm{A}} Ma_e \cdot \sin\theta) \cdot \left[\frac{-nB_{\mathrm{A}}}{mB_{\mathrm{F}} - nB_{\mathrm{A}}} \cdot \frac{(Ma_e)_{\mathrm{A}}}{Ma_0} \cdot \eta_{\mathrm{A}} \cdot \cos\theta\right] \tag{5-106}$$

$$E = \frac{mB_{\mathrm{F}} - nB_{\mathrm{A}}}{4\pi r_0 C_0} \cdot \frac{550shp}{R_e} \cdot J_{(mB_{\mathrm{F}}-nB_{\mathrm{A}})}(mB_{\mathrm{A}} Ma_e \cdot \sin\theta) \cdot \frac{1}{(Ma_e)_{\mathrm{A}}} \tag{5-107}$$

式中，D 和 E 为变量，其大小由桨扇的模态数、叶片数和气动性能所确定；X 和 Y 为经验常数，须根据单音噪声声压事先求得。

对于测量数据来说，每一个单音频率的噪声，式(5－103)只有 X 和 Y 是未知量，至少需要 2 个其他位置的麦克风测量数据计算获得；通常麦克风测点数量大于未知量，因此，须采用一种基于最小二乘误差准则方法求解 X 和 Y。一旦两个未知数求得，式(5－103)就可用于将缩尺桨叶声学数据映射到全尺寸桨扇，从而可以预测全尺寸桨的噪声，其中式(55－108)和式(5－109)用于计算 D 和 E。式(5－110)用于对单音频率进行变换。

$$(R_e)_{\text{full-scale}} = \frac{(R_T)_{\text{full-scale}}}{(R_T)_{\text{Model}}} \cdot (R_e)_{\text{Model}} \tag{5-108}$$

$$(shp)_{\text{full-scale}} = \left[\frac{(R_T)_{\text{full-scale}}}{(R_T)_{\text{Model}}}\right]^2 \cdot (shp)_{\text{Model}} \tag{5-109}$$

$$(f_{\text{tone}})_{\text{full-scale}} = \frac{(Ma_e \cdot C_0 \cdot R_e)_{\text{full-scale}}}{(Ma_e \cdot C_0 \cdot R_e)_{\text{Model}}} \cdot (f_{\text{tone}})_{\text{Model}} \tag{5-110}$$

2. 基于缩放因子的缩尺－全尺寸桨扇噪声变换

将缩尺数据相似变换到全尺寸数据，声压级和频率的调整都是基于缩放因子 SF(缩尺模型与全尺寸飞行器的特征长度比值)[85]。假设不同的噪声源之间不相干，那么噪声源区域面积的增大将等效地引起噪声的声功率和声压的平方值的增大(面积翻倍导致功率翻倍)。因此，噪声级按以下方式调整：

$$\hat{L}_p(f^{fs}, \theta')^{fs} = \hat{L}_p(f^{ss}, \theta')^{ss} + 20\lg\frac{1}{SF} \tag{5-111}$$

类似地,我们可以假设声源波长与声源尺度呈反比例变化,这基于飞行器的不同噪声源之间具有斯特劳哈尔关系,例如尾迹脱落涡和射流湍流。这一关系表明振动速率与机体尺度呈反比例线性变化。附面层的增长及其振动速率随着飞行器尺度的增大而减小,容腔振动随着声源尺度反向变化。这个假设打破了大雷诺数的变化与缩放的关系,其中考虑了二次流的影响。因此推荐的频率调整为

$$f^{fs} = f^{ss}\frac{d^{ss}}{f^{ss}} = f^{ss}SF \tag{5-112}$$

式中,d 为噪声源的尺度;上标 fs 为全尺寸情况。

3. 缩尺-全尺寸桨扇基准观测点的变换

对于桨扇缩尺试验件声学风洞试验来说,麦克风一般布置在 8~10 倍的远场位置,此时缩尺螺旋桨和桨扇可以看作一个点声源。点声源发出的噪声向各个方向散发,形成一系列的球面波阵面,如图 5-50 所示。可以看出,传播距离增加一倍,声压减小一半,对应于声压级则减小 6 dB。这就是声学上称为的"平方反比定律",又称"反平方定律"[86]。平方反比定律仅反映了随距离增加能量的扩散,而不考虑其他因素造成的声衰减。相对于距离声源 d_0 的参考点处的声压级 L_0,距离声源处的声压级 L 为

$$L = L_0 - 20\lg(d/d_0) \tag{5-113}$$

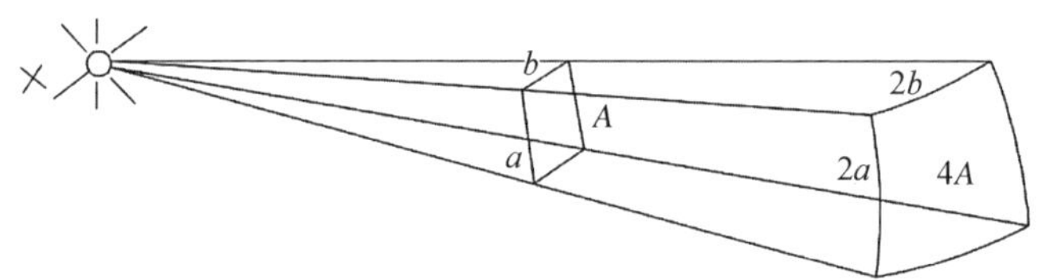

图 5-50 点声源的平方反比定律

噪声数据按照上述方法换算到全尺寸的基准观测点后(一般也为桨直径的 10 倍远场距离,实际上为 45 m 或者 50 m 半径距离),对换算增加的这段距离仍需要按照 5.4.4 小节考虑大气吸声效应的影响,进一步进行数据修正。

5.4.7 噪声频谱计算总声压级

噪声通常是来自多个声源的辐射叠加,或者一个声源含不同的频率。通过麦

克风测点处的噪声频谱图,我们可以分析信号的频率结构和各频率成分的幅值、相位关系,而要得到麦克风点处的总噪声值,就需通过各个频率下的声压相互叠加得到总声压级(overall sound pressure level, OASPL)。

噪声的强弱常用声压和声压级、声强和声强级及声功率级来评价。声波是疏密波。它使空气时而变密,压强增高;时而变疏,压强降低。假定空气中没有声波传播时的静压强 p_0,当有声波传播时,空气中的压强与静压强就有一个差,这个压强差称为声压强,简称声压 p。设瞬时声压为 $p(t)$,有效声压 p 为瞬时声压 $p(t)$ 在相当长时间内的均方根值,即

$$p = \sqrt{\frac{1}{T}\int_0^T p^2(t)\,\mathrm{d}T} \tag{5-114}$$

式中,$p(t)$ 为瞬时声压(Pa);T 为一段相当长的时间(s)。

声压级的表达式为

$$L_p = 20\lg\frac{p}{p_0} \tag{5-115}$$

式中,p_0 是基准声压 2×10^{-5} N/m^2,由上式可以反推出:

$$p = p_0\, 10^{\frac{L_p}{20}} \tag{5-116}$$

将式(5-116)两边平方:

$$p^2 = p_0^2\, 10^{\frac{L_p}{10}} \tag{5-117}$$

声压级是不可以直接叠加,但是声压是可以叠加的,当几个不同的声源同时作用于某一点时,如不考虑干涉效应,该点的总声能密度是各个声能密度的代数和,即为各个声强的代数和,而声强和声压为平方代数函数关系,因此声压 p_1,p_2,…,p_n 相互叠加得

$$p = \sqrt{p_1^2 + p_2^2 + \cdots + p_n^2} \tag{5-118}$$

即为

$$p^2 = p_1^2 + p_2^2 + \cdots + p_n^2。 \tag{5-119}$$

将 p,p_1,p_2,…,p_n 利用式(5-117)展开并代入公式(5-119)中可得

$$10^{\frac{L_p}{10}} = 10^{\frac{L_{p1}}{10}} + 10^{\frac{L_{p2}}{10}} + \cdots + 10^{\frac{L_{pn}}{10}} \tag{5-120}$$

两边同时取对数 lg:

$$L_p = 10\lg(10^{\frac{L_{p1}}{10}} + 10^{\frac{L_{p2}}{10}} + \cdots + 10^{\frac{L_{pn}}{10}}) \tag{5-121}$$

式中，L_p 为 n 个离散频率的总声压级(OASPL)，L_{p1}，L_{p2}，…，L_{pn} 为各个频率下的声压级。

对于连续噪声信号，总声压级的评估无法采用式(5-121)计算，可以采用时域积分或者频域积分的方法进行总声压级的计算。基于时域积分的总声压级计算公式如下：

$$\text{OASPL} = 10 \times \lg \frac{p_{\text{rms}}^2}{p_{\text{ref}}^2} \tag{5-122}$$

$$p_{\text{rms}}^2 = \frac{\int_0^T p_{(t)}^2 \mathrm{d}t}{T} \tag{5-123}$$

式中，$p_{(t)}$ 为时域声压信号；T 为计算周期。

基于频域积分的总声压级计算公式如下：

$$\text{OASPL} = 10 \times \lg \frac{\int p_{xx}^2 \mathrm{d}f}{p_{\text{ref}}^2} \tag{5-124}$$

式中，p_{xx}^2 为时域声压信号在单位频带上的功率谱密度，单位为 Pa^2，其求解通常采用 Welch 法，并引入汉明窗或者方窗，样本点数按照具体问题的需求选取。

需要注意的是，对远场噪声，总声压级的时域积分与频域积分计算结果相差很小，但是近场噪声的计算两者可能有很大差异，特别是在0°、180°附近的指向角处。通常采用频域积分公式计算总声压级更为准确，积分频率的上下限范围可根据研究目标选取。此外，进行总声压级的频域积分计算时，0 Hz 处的结果须删除，此处结果为定常视角下(频率为0)的功率谱密度，对噪声计算无实际意义。

5.4.8 桨扇典型声学试验结果分析

1. GE 公司桨扇典型声学试验结果

麦克风测量的原始噪声数据经过预处理之后，可以直接进行简单的频谱分析，初步获得噪声的主要频率分量；但是，要想获得更详细的、更准确的噪声频谱信息，需将频谱上夹杂着一些非螺旋桨噪声分量进行分离和消除，如支板气流分离引起的噪声分量等，即利用 5.4.5 小节的方法将单音噪声和宽频噪声进行分离。如图 5-51 所示，对比原始噪声频谱与分离旋转噪声后的频谱，确实存在不少的非旋转噪声频率分量,这些均是分离噪声等干扰量,对于螺旋桨噪声评估的无效噪声分量需要滤除;滤除之后,获得了比较干净的宽频噪声频谱。GE 公司进一步改进了这种方法,并应用于 F31/A31 噪声数据分析,获得了更为干净的宽频噪声频谱,如图 5-52 所示。分离出的单音噪声频谱,可以绘制成如图 5-53 所示的柱形图,可非常清晰地分析出每一个单音频率分量所代表的噪声来源,预测的结果也可以与试验结果进行对比分析,结合起来评估桨扇噪声中占主导地位的单音频率分量。

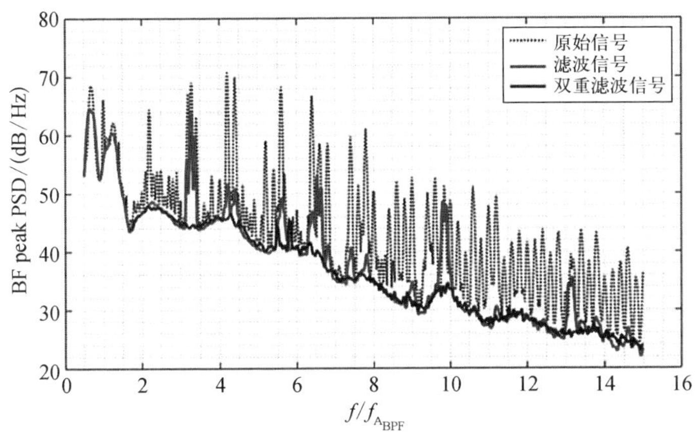

图 5-51　原始噪声滤掉旋转噪声分量和非旋转噪声分量的结果[82]

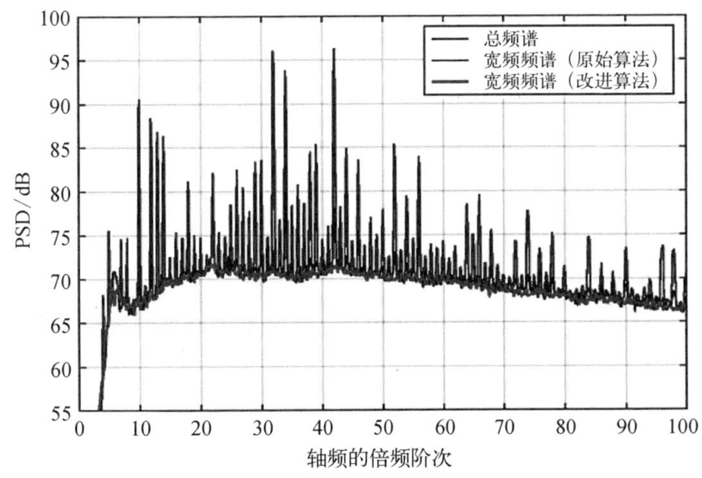

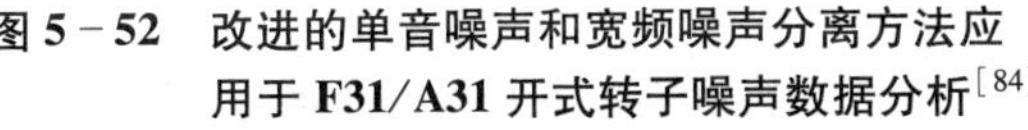
图 5-52　改进的单音噪声和宽频噪声分离方法应用于 F31/A31 开式转子噪声数据分析[84]

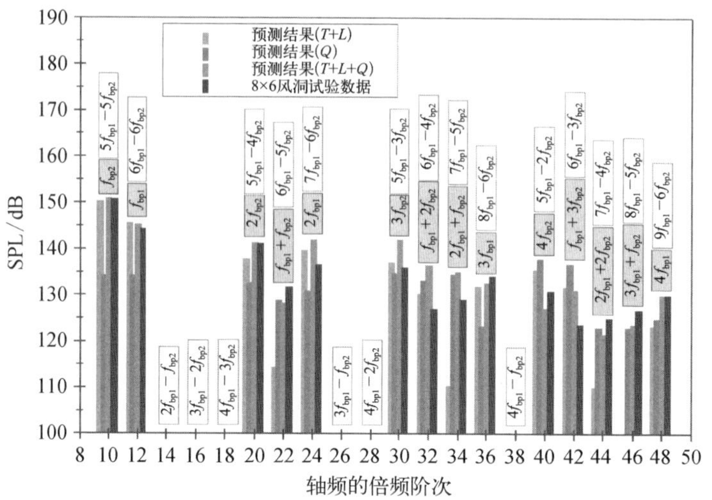

图 5-53　GE 公司 F31/A31 开式转子预测与试验获得的单音噪声对比[50]

利用5.4.6小节的方法，可以将缩尺桨频谱换算至全尺寸桨噪声频谱，如图5-54所示为GE公司桨扇噪声频谱典型缩尺变换。进一步根据不同的需求或5.4.7小节的方法求出各麦克风监测点的总噪声值。将线性阵列和圆形阵列上的所有麦克风点采用相同的方法求出总噪声值，数据一般绘制在普通的直角坐标图和极坐标图中进行噪声的指向性分析，如图5-55和图5-56所示。

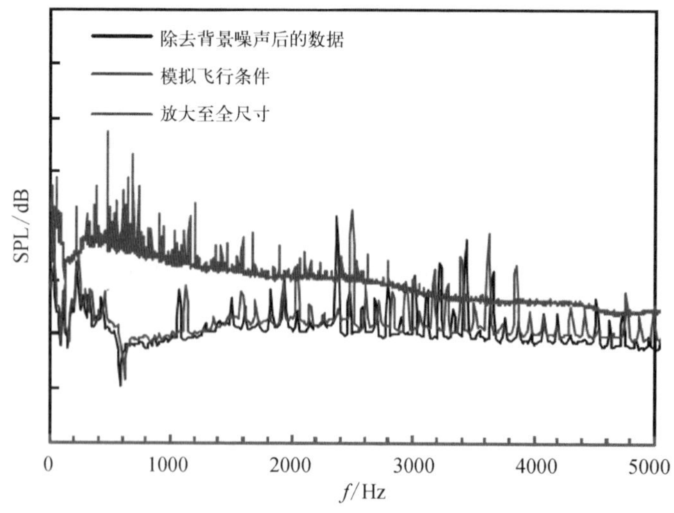

图 5-54　GE 公司桨扇噪声频谱典型缩尺变换结果[77]

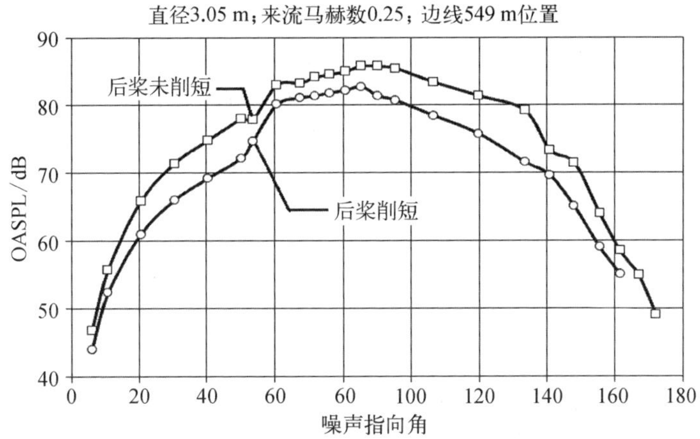

图 5－55　GE 公司 F7/A7 起飞状态下的噪声指向性(按直角坐标绘制)[16]

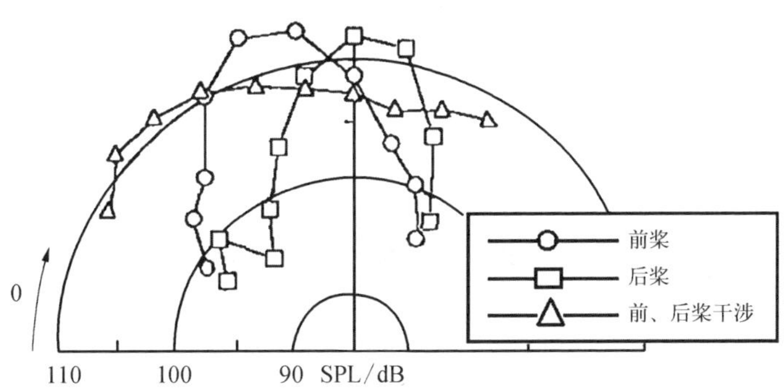

图 5－56　某对转桨扇噪声的指向性(按极坐标绘制)[87]

2. 中国航发动研所桨扇典型声学试验结果

中国航发动研所在气动中心开展桨扇气动性能风洞试验的同时，也进行了低速航空声学风洞的声学试验。图 5－57 为麦克风测量原始数据与修正后数据的对比，修正方法采用了 5.4.4 小节所述方法，修正后声压变化更加均匀和平稳，说明修正方法的有效性。图 5－58 为修正后时序信号的总噪声频谱以及利用 5.4.5 小节所述的方法进行单音噪声分离得到的频谱对比，单音频率分量的幅值误差不超过 0.3 dB，频率值无明显差异。图 5－59 为采用了 5.4.6 小节所述 Gutin 缩尺-全尺寸桨扇噪声变换方法得到的离散频谱，在所有的离散频率下，全尺寸桨的噪声幅值都要比缩尺桨的更大，另外也按照 6.3.1 小节所述的 1/3 倍频定义计算了全尺寸桨的倍频谱。将麦克风线阵列的总噪声分布，换算为标准 50 m 半径距离的圆形麦克风阵列噪声分布，得到如图 5－60 所示的桨扇噪声指向性特性；图中 180°位置为正前方，0°位置为正后方，90°位置为垂直方向，另外，图中“FWH”标识的曲线为 3.3.4 小节频域方法仿真分析结果，“Acoustics”标识的曲线为 4.3 节所述 Numeca/Acoustic 商业软件仿真方法预测结果；综合两种噪声计算方法与试验噪声的对比可知，计算值与试验相比偏乐观，频域方法桨扇噪声预测精度整体上要比时域方法更高。

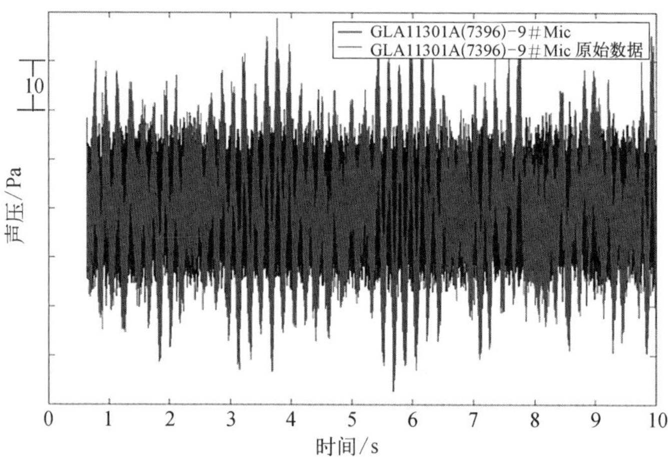

图 5－57　原始数据修正前后对比

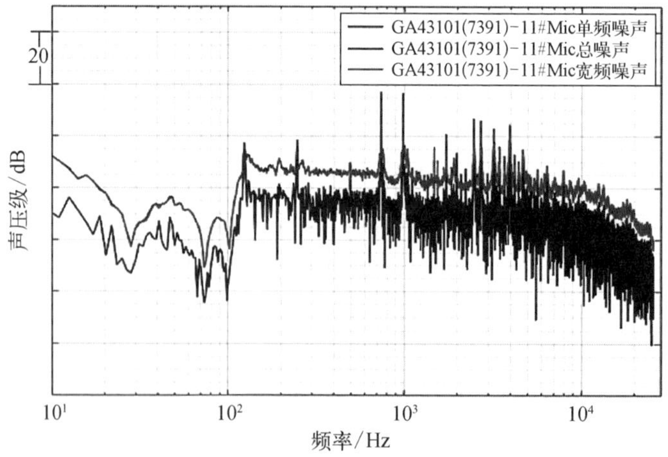

图 5－58　单音噪声分离前后频谱

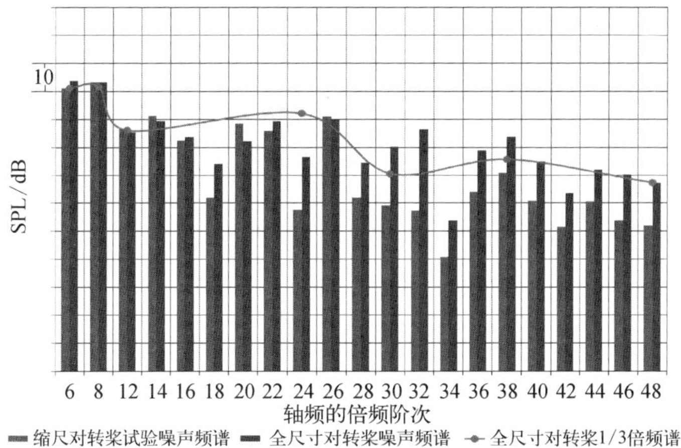

图 5－59　缩尺变换前后单音噪声离散谱及 1/3 倍频谱

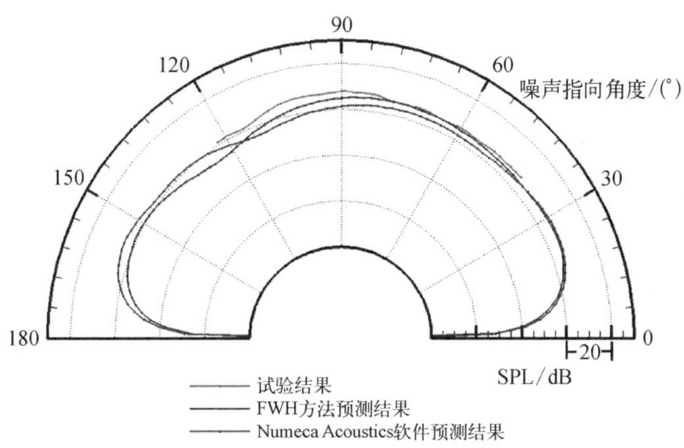

图 5－60　对转桨扇噪声指向性特性

第六章 螺旋桨与桨扇的噪声适航符合性分析

螺旋桨与桨扇发动机配装的涡桨类运输大飞机既可用于军事，也可用于民用，然而，对于民用涡桨类大型运输飞机来说：遂行国际航空运输的民用运输机，必须符合国际民用航空组织制定的《国际民用航空公约》[88,89]关于航空器噪声合格审定的要求；遂行国内航空运输的民用运输机，必须符合中国民用航空局公布的《航空器型号和适航合格审定噪声规定》[90,91]。这些适航审定规章的约束对象都是飞机，并不针对涡桨发动机，更没有单独针对螺旋桨和桨扇部件来提出相关要求。然而，螺旋桨和桨扇作为涡桨发动机噪声最大的部件，同时也是涡桨类运输飞机上最大的噪声源之一，因此，在螺旋桨和桨扇的研发过程中，根据螺旋桨和桨扇的噪声预测数据或噪声风洞试验数据，提前开展噪声适航符合性分析，评估螺旋桨和桨扇的噪声水平，可为涡桨类运输大飞机噪声适航审定提前打下坚实的基础。

本章基于螺旋桨和桨扇的噪声预测数据或噪声风洞试验数据，结合涡桨发动机本体噪声预测模型或试验数据，再结合飞机机体噪声模型或经验数据，合成总的涡桨飞机噪声，并将静态噪声映射到飞行条件，根据噪声源与观测点的时空关系，参照适航有效感觉噪声级计算方法，对飞行器适航噪声水平进行评估，从而可以分析其噪声的适航符合性。

6.1 涡桨类飞机适航审定法规

本节摘录的相关适航审定法规条款，主要针对起飞质量等于和超过 8 618 kg 的螺旋桨驱动运输类大飞机，对于起飞质量不超过 8 618 kg 的螺旋桨驱动飞机，读者可参考具体的适航法规。

6.1.1　国际民用航空组织噪声适航法规

根据最新的《国际民用航空公约》附件 16 第 I 卷第 14 章第 14.4 条规定[88,89]，提交型号合格证申请者，应当表明飞机的最大噪声级不超过以下限制值。

(1) 横侧全功率基准噪声测量点。对于噪声合格审定所要求的最大审定起飞质量为 400 000 kg 和以上的飞机，噪声限定值为 103 EPNdB，且随质量的对数呈线性减少，直到最大起飞质量减至 35 000 kg，噪声级减至 94 EPNdB，以后该值保持恒定直到 8 618 kg，噪声限定值随质量的对数呈线性减少，直到最大起飞质量减至2 000 kg，噪声级减至 88.6 EPNdB，以后该值保持恒定(表 6－1)。

(2) 飞越基准噪声测量点。

(a) 装有两台或两台以下发动机的飞机。

对于噪声合格审定所要求的最大审定起飞质量为 385 000 kg 和以上的飞机，噪声限定值为 101 EPNdB，且随质量的对数呈线性减少，质量每减少一半则噪声级减少 4 EPNdB，直到噪声级减至 89 EPNdB，以后该值保持恒定直到 8 618 kg，噪声限定值随质量的对数呈线性减少，质量每减少一半则噪声级减少 4 EPNdB，直到最大起飞质量减至 2 000 kg，以后该值保持恒定(表 6－1)。

(b) 装有三台发动机的飞机。

与(a)相同，但对于最大审定起飞质量为 385 000 kg 和以上的飞机，噪声限定值为 104 EPNdB(表 6－1)。

(c) 装有四台或四台以上发动机的飞机。

与(a)相同，但对于最大审定起飞质量为 385 000 kg 或以上的飞机，噪声限定值为 106 EPNdB(表 6－1)。

(3) 进近基准噪声测量点。对于噪声合格审定所要求的最大审定起飞质量为 280 000 kg 和以上的飞机，噪声限定值为 105 EPNdB，且随质量的对数呈线性减少，直到最大起飞质量减至35 000 kg，噪声级减至 98 EPNdB，以后该值保持恒定直到 8 618 kg，噪声限定值随质量的对数呈线性减少，直到最大起飞质量减至 2 000 kg，噪声级减至 93.1 EPNdB，以后该值保持恒定(表 6－1)。

(4) 所有三个测量点的最大噪声级与第(1)、(2)和(3)中规定的允许的最大噪声级的差值之和不得小于 17 EPNdB。

(5) 任意三个测量点的最大噪声级低于第(1)、(2)和(3)中规定的相应允许的最大噪声级之下不得少于 1 EPNdB。

表 6-1 国际民用航空公约附件 16-环境保护，第 I 卷-航空器噪声第 14 章第 14.4 条规定的噪声限制

<table>
<tr><td colspan="2">M=最大起飞质量(1 000 kg)</td><td colspan="5">0　2　8.618　20.234　28.615　35　48.125　280　385　400</td></tr>
<tr><td colspan="2">横侧全功率噪声级(EPNdB)所有飞机</td><td>88.6</td><td>86.03754+8.512295 lg M</td><td>94</td><td>80.86511+8.50668 lg M</td><td>103</td></tr>
<tr><td colspan="2">进近噪声级(EPNdB)所有飞机</td><td>93.1</td><td>90.77481+7.72412 lg M</td><td>98</td><td>86.03167+7.75117 lg M</td><td>105</td></tr>
<tr><td rowspan="3">飞越噪声级(EPNdB)</td><td>2 发或更少</td><td rowspan="3">80.6</td><td rowspan="3">76.57059+13.28771 lg M</td><td>89</td><td>66.64514+13.28771 lg M</td><td>101</td></tr>
<tr><td>3 发</td><td>89</td><td>69.64514+13.28771 lg M</td><td>104</td></tr>
<tr><td>4 发或更多</td><td>89</td><td>71.64514+13.28771 lg M</td><td>106</td></tr>
</table>

6.1.2 中国民用航空总局适航法规

自 2023 年 1 月 1 日或者之后提交型号合格审定申请的，申请人应当表明飞机的噪声级不超过第五阶段噪声限制[91]，即对于任何第五阶段飞机，其飞越、横向和进近最大噪声级为《国际民用航空公约》附件 16 卷 I 的第 14 章第 14.4 条规定的最大噪声级。

6.2 静态发动机噪声数据映射至飞行条件

本书所涉及的螺旋桨和桨扇发动机适航噪声符合性分析，采用的是静态发动机噪声数据映射至飞行条件[86]，评估等效适航条件下的飞机噪声水平。图 6-1 给出了一个典型的实例，本章余下章节并不对流程中的每一个计算过程进行阐述，仅对发动机静态合成噪声数据获得方法、飞机噪声源与适航观察点几何关系和时间关系转换方法，以及有效感觉噪声级计算方法等核心方法进行阐述。

6.3 飞机的总噪声

飞机的总噪声包括螺旋桨或桨扇部件噪声、涡桨类发动机本体的噪声及飞机的机体噪声，其中以螺旋桨或桨扇的噪声占主导地位。在飞机适航总噪声评估时，

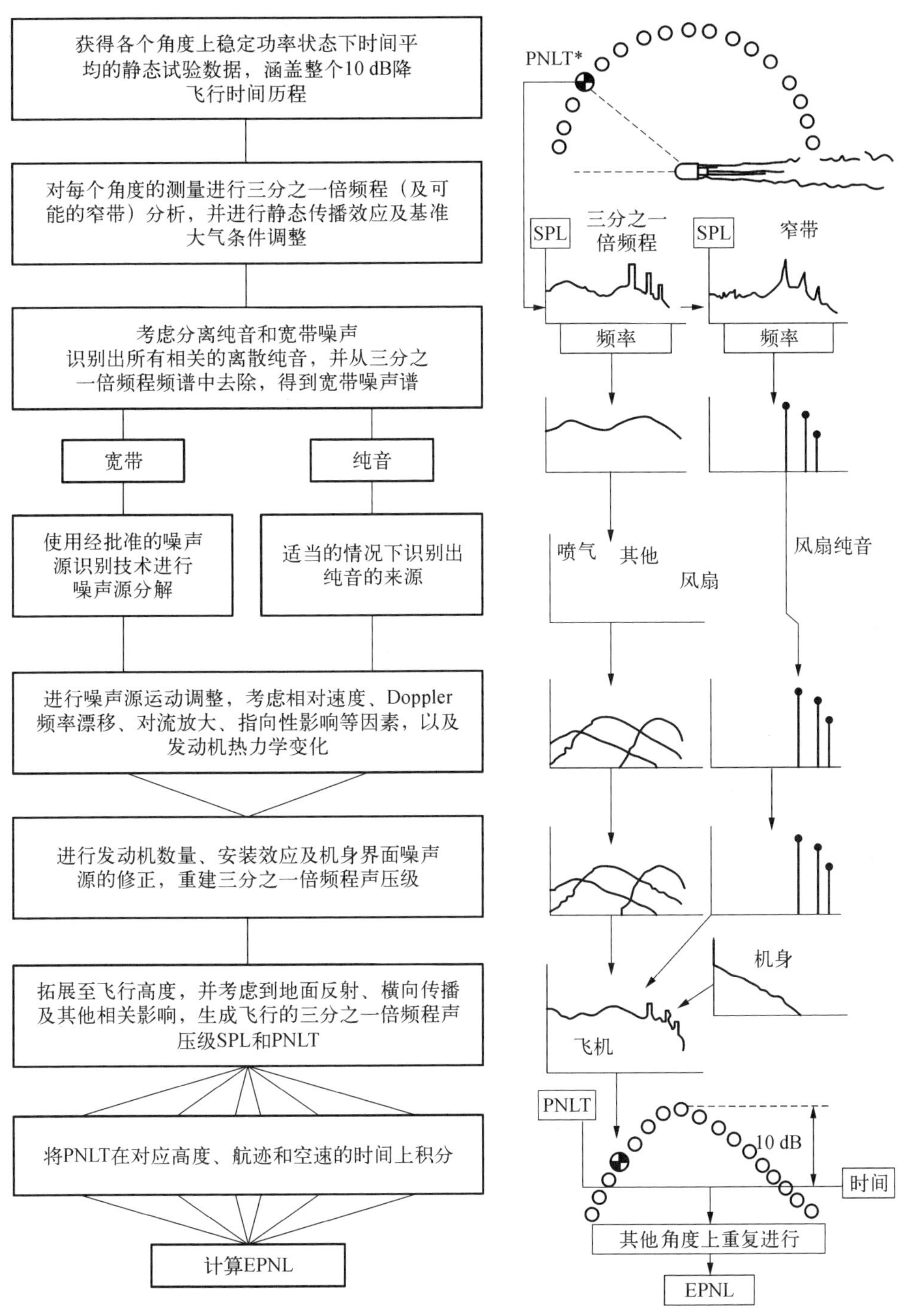

图 6-1　发动机静态噪声数据映射至飞行条件示例[86]

螺旋桨或桨扇部件噪声要以风洞试验数据或者高精度预测数据为原始数据,而涡桨类发动机本体和飞机机体噪声可以采用工业界普遍认可的预测模型或统计数据进行评估。

6.3.1 螺旋桨和桨扇气动噪声

第五章描述了在设计阶段可以通过 FW－H 方法预测获得螺旋桨或对转桨扇的噪声数据,第六章描述了气动方案验证阶段可以通过风洞试验的测量获得噪声数据,这里面的噪声数据一般都是以恒定带宽的均匀频谱的形式给出。实际上,适航法规中对于噪声数据都要求处理成频率范围为 20 Hz ~20 kHz 的 1/3 倍频谱[86],具体如下。

为了便于观察噪声信号宏观上的能量分布,忽略信号频率或相位信息微小变化对观察结果的影响,把 20～20 000 Hz 的声频范围分为几个段落,每个段落称为频带或频程,每个频程的中心频率为该频段上下限频率的比例中项 (f_c), 即

$$f_c = f_l f_u \tag{6-1}$$

式中,f_l 为某频段的下限频率值;f_u 为某频段的上限频率值。

频带的关系为$f_u = 2^n f_l$, 当 $n=1/3$ 时,称为 1/3 倍频程。在噪声测量中,最常用的是 1/3 倍频程,它们的中心频率、上限频率和下限频率的数值如表 6－2 所示。按照 1/3 倍频程频带范围的划分,通过简单积分求出每个频带的频带总声压,并转换成分贝值,即为 1/3 倍频程谱。图 6－2 所示为 GE 公司桨扇噪声频谱与 1/3 倍频谱对比。

表 6－2　三分之一倍频程的中心频率以及上限和下限频率

下限频率 /Hz	中心频率 /Hz	上限频率 /Hz	下限频率 /Hz	中心频率 /Hz	上限频率 /Hz
*22.4	25	28.2	*708	800	891
28.2	*31.5	35.5	891	*1 000	1 122
35.5	40	*44.7	1 122	1 250	*1 413
*44.7	50	56.2	*1 413	1 600	1 778
56.2	*63	70.8	1 778	*2 000	2 239
70.8	80	*89.1	2 239	2 500	*2 818
*89.1	100	112	*2 818	3 150	3 548
112	*125	141	3 548	*4 000	4 467
141	160	*178	4 467	5 000	*5 623

续 表

下限频率/Hz	中心频率/Hz	上限频率/Hz	下限频率/Hz	中心频率/Hz	上限频率/Hz
*178	200	224	*5 623	6 300	7 079
224	*250	282	7 079	*8 000	8 913
282	315	*355	8 913	10 000	*11 220
*355	400	447	*11 220	12 500	14 130
447	*500	562	14 130	*16 000	17 780
562	630	*708	17 780	20 000	*22 390

注：表中“ * ”代表的是倍频程的频率值。

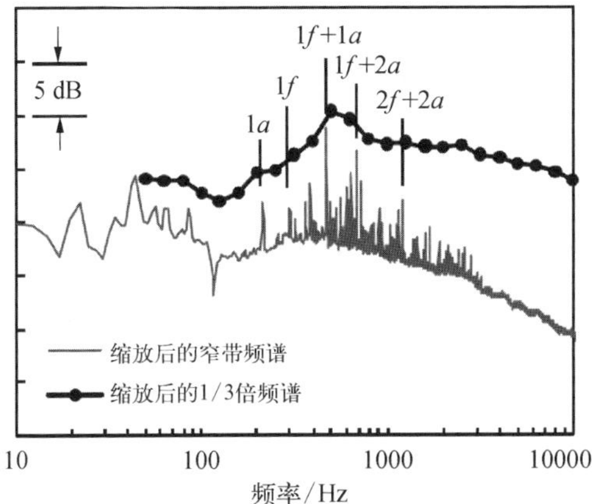

图 6-2 GE 公司桨扇噪声频谱与 1/3 倍频谱对比[77]

6.3.2 涡桨发动机合成噪声

对转桨扇发动机本体合成噪声是发动机主要部件——压气机、燃烧、涡轮和喷流等声源噪声的和。

桨扇发动机本体各部件噪声的预测采用工业界普遍认可、并广泛使用的压气机、燃烧、涡轮、喷流噪声预测模型，如压气机噪声 Heidmann1976 模型、Hough1996 模型、Kontos1996 模型，燃烧噪声 SAE876 模型，涡轮噪声 Krejsa1976，喷流噪声 Stone2009 模型等（表 6-3）。针对对转桨扇发动机具体几何参数和循环参数范围，分析模型的适用性，并根据已有噪声试验数据进行适用性改进，使其适用于对转桨扇发动机的噪声预测。此外，在噪声预测中还要考虑到噪声传播中有关大气衰减、地面反射等因素的影响。

表 6-3　发动机部件预测模型

部　　件	使用的模型
压气机	Heidmann1976 Hough1996 Kontos1996
燃烧	SAE876
涡轮	Krejsa1976
喷流	Stone2009

6.3.3　涡桨类飞机的机体噪声

由于本书的目的是从螺旋桨和桨扇部件的角度去评估飞机适航噪声，并不是要去花大量精力去准确预测飞机机体的噪声大小，因而，对飞机机体的噪声预测精度要求并不过于苛刻，能够确保代表当代典型飞机机体噪声水平即可。

Kumasaka 等[92]总结了典型公务机、窄体客机、大型双通道客机的机体噪声水平。以此为基础以飞机最大起飞质量和最大着陆质量为参数，可进行目标飞机的机体噪声评估。图 6-3 给出了飞越、边线、进近状态机体噪声随飞机最大起飞重量和最大着陆重量变化图。其中横坐标为飞机重量，纵坐标为有效感觉声压级。需要说明的是，边线和飞越有效感觉声压级以最大起飞重量为参数，进近有效感觉声压级以最大着陆重量为参数。

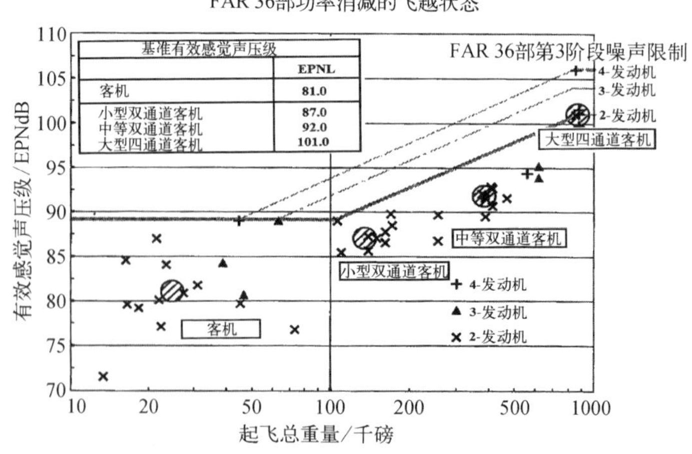

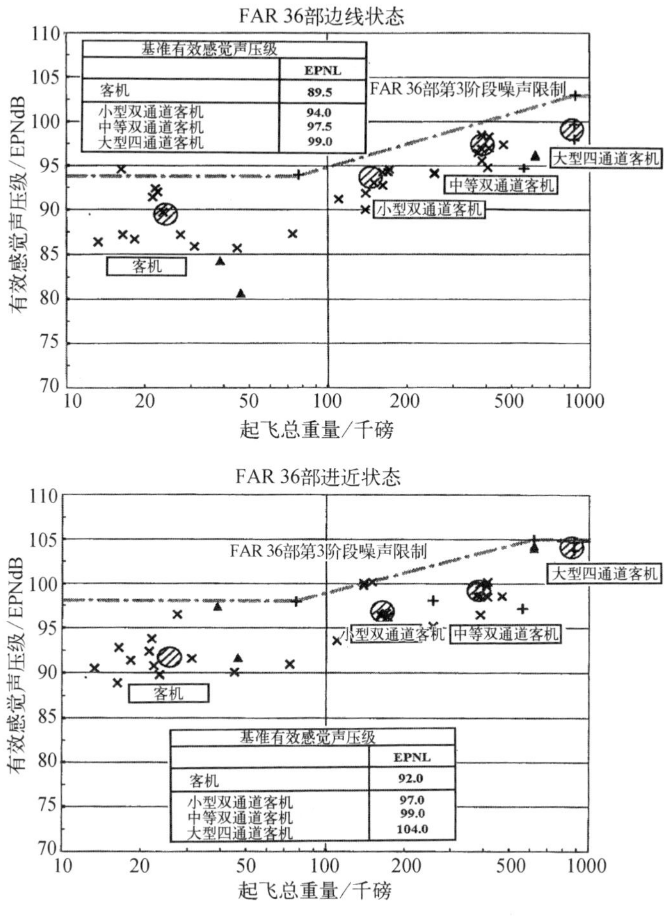

图 6-3　飞越、边线、进近状态机体噪声随飞机最大起飞重量和最大着陆重量变化图(1992 年飞机机体噪声水平)

当然,还可以通过计算模型来预测飞机机体各主要噪声源,包括起落架噪声、机翼噪声、前缘缝翼噪声、机翼尾缘襟翼噪声等机体噪声,国内外应用较多的机体噪声模型主要是 Fink 模型方法[93],具体计算方法可参考本书所列参考文献,此处不再进一步阐述。

6.4　飞机噪声源与适航观察点几何关系和时间关系

6.4.1　飞机适航噪声预测的规定飞行航迹

国际民航组织民航规章对民机适航噪声审定的起飞、进场的试验条件作了明确规定[86]，对飞机适航噪声审定的起飞、进场航迹，有其特殊的限定条件，这些限定一方面规范化和标准化了飞机适航噪声测定，另一方面又对飞机的操纵、控制附加了约束条件。

1. 航迹的规定

(1) 起飞航迹：起飞航迹的典型剖面如图 6-4 所示。图中，AB 为地面滑跑距离；β 为第一定常爬升角；γ 为第二定常爬升角；δ 和 ε 为开始和停止收油门所对应的角度；K 为起飞噪声测量点。适航噪声的试验条件是：① 飞机最大起飞重量；② 从起飞滑跑开始到爬升至规定高度，必须使用起飞功率；③ 达到规定高度后，功率不得降到低于单发停车时保持平飞所需的功率，或为保持 4%的爬升梯度所需要的功率，二者中取较大者。

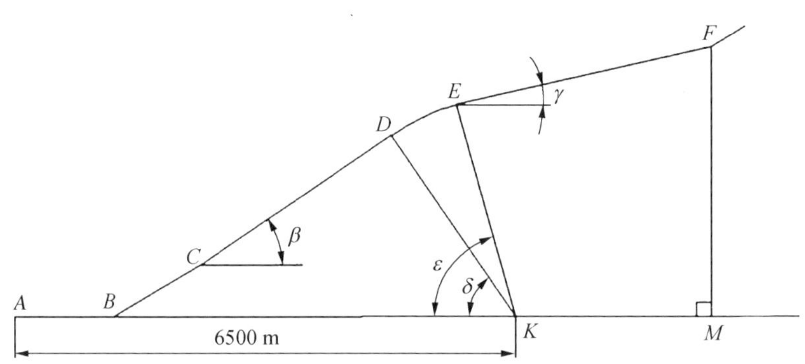

图 6-4　规定的起飞航迹

(2) 进场着陆航迹：进场航迹的典型剖面图如图 6-5 所示。G 为进场噪声试验开始记录数据之点，N 为进场噪声测量点，飞机从 I 点开始拉平，在 J 点接触地面，η 为进场角。适航噪声的试验条件是：① 飞机设计着陆重量；② 飞机经过进场噪声测量点上空 120 m 处；③ 必须以稳定的 3°±0.5°的下滑角进场；保持飞

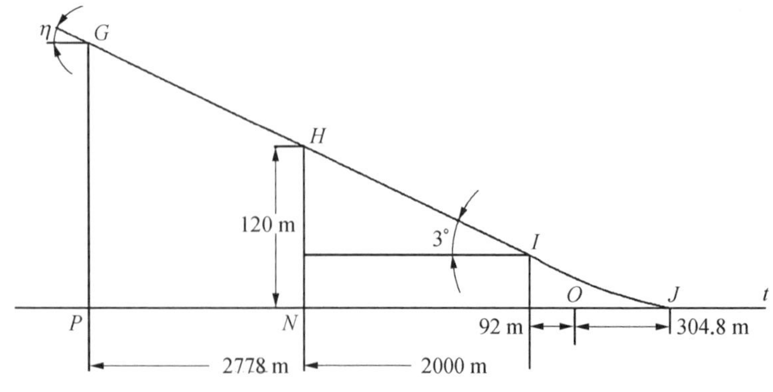

图 6-5　规定的进场着陆航迹

机形态不变，直至正常着地；④ 必须在测量点上方达到并保持一个不低于 $1.30V_s$ + 10 kn 的稳定进场速度。V_s 为失速速度，它与飞机气动性能（$C_{L\max}$）有关。

2. 飞机飞行过程的操纵计划

起飞、进场航迹同时与飞机形态和操纵计划密切相关。主要影响参数（或称控制变量）有飞机攻角、襟翼角、起落架位置和发动机功率状态。所谓操纵计划就是这些参数在起飞、进场过程中随时间的变化。操纵计划一方面影响飞机的飞行航迹，另一方面直接影响飞行过程飞机噪声源的声强大小。在飞机适航噪声预测中，除了给出飞机的航迹之外，同时还必须给出与飞行航迹对应的飞机操纵计划。

起飞过程中发动机减功计划直接影响起飞噪声测量点的噪声级，这是由于，一方面减功使发动机源噪声强度降低，另一方面减功使起飞航迹降低，使测量点 K 至航迹的最小距离减小，因而声波球面扩展，大气吸收的声衰减量减少。两者对 K 点噪声级的影响是相反的，因此，减功计划应在规定范围内就减功高度和减功幅度进行优化选择。

6.4.2　飞机声源-观察点几何关系

一方面，飞机噪声传播过程中的大气吸收、声波球面扩展、机体屏蔽衰减和地面效应都应与传播距离、方向角等几何参数有关；另一方面，飞机各部件噪声源都有一定的指向性，即向不同方向辐射不同的噪声能量。因此，飞机噪声的计算需要一组完整的用时间和空间描述的噪声传播路径，即需要确定，在飞行过程中，飞机噪声源与观察点之间的距离 r、极方向角 θ、方位方向角 Φ 和仰角 γ。这些参数含义如图 6-6 所示[94]。

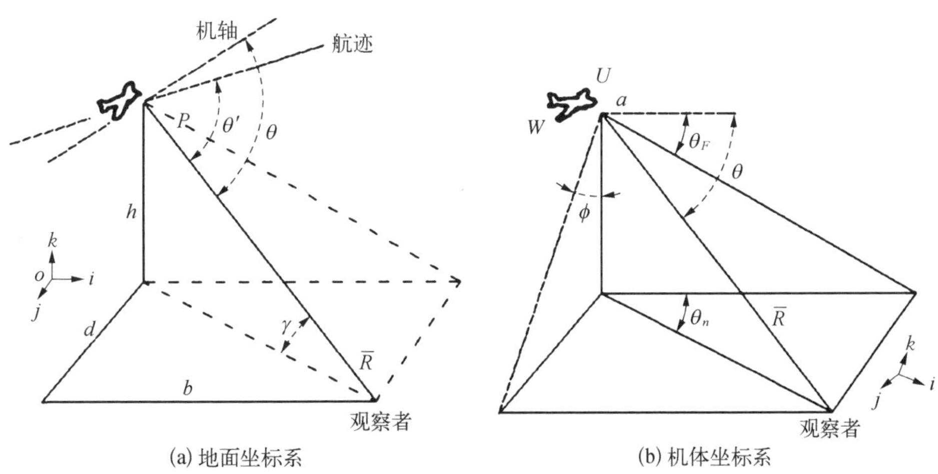

图 6-6　飞机与观察点几何关系

在给定了飞机进场、起飞过程的飞行航迹以后，就可以进行飞机声源与观察点之间几何关系的计算。

根据飞机飞行动力学计算的飞机瞬时位置坐标 $(x_a(t), y_a(t), z_a(t))$、机体欧拉角 $(\Psi_a(t), \Theta_a(t), \Phi_a(t))$、声源欧拉角 $(\Psi_s(t), \Theta_s(t), \Phi_s(t))$ 和输入的观察点坐标 (x_0, y_0, z_0)，按照坐标变换和一般的几何关系，所需的几何参数计算方法如下。

观察点相对于飞机的位置坐标：

$$\begin{bmatrix} x_{0a}(t) \\ y_{0a}(t) \\ z_{0a}(t) \end{bmatrix} = \begin{bmatrix} x_0 \\ y_0 \\ z_0 \end{bmatrix} - \begin{bmatrix} x_a(t) \\ y_a(t) \\ z_a(t) \end{bmatrix} \tag{6-2}$$

则声源至观察点的距离 r 为

$$r = [x_{0a}(t)^2 + y_{0a}(t)^2 + z_{0a}(t)^2]^{1/2} \tag{6-3}$$

观察点矢径的方向余弦为

$$\begin{bmatrix} n_{r,x} \\ n_{r,y} \\ n_{r,z} \end{bmatrix}_G = \begin{bmatrix} x_{0a}(t)/r \\ y_{0a}(t)/r \\ z_{0a}(t)/r \end{bmatrix} \tag{6-4}$$

观察点相对于机体坐标系的方向余弦为

$$\begin{bmatrix} n_{r,x} \\ n_{r,y} \\ n_{r,z} \end{bmatrix}_a = [T(\Phi_a)]\,[T(\Theta_a)]\,[T(\Psi_a)] \begin{bmatrix} n_{r,x} \\ n_{r,y} \\ n_{r,z} \end{bmatrix}_G \tag{6-5}$$

矢径相对于声源坐标系的方向余弦为

$$\begin{bmatrix} n_{r,x} \\ n_{r,y} \\ n_{r,z} \end{bmatrix}_s = [T(\Phi_s)]\,[T(\Theta_s)]\,[T(\Psi_s)] \begin{bmatrix} n_{r,x} \\ n_{r,y} \\ n_{r,z} \end{bmatrix}_a \tag{6-6}$$

式中，坐标变换矩阵为

$$T(\Psi) = \begin{bmatrix} \cos\psi & \sin\psi & 0 \\ -\sin\psi & \cos\psi & 0 \\ 0 & 0 & 1 \end{bmatrix} \tag{6-7}$$

$$T(\Theta) = \begin{bmatrix} \cos\theta & 0 & -\sin\theta \\ 0 & 1 & 0 \\ \sin\theta & 0 & \cos\theta \end{bmatrix} \tag{6-8}$$

$$T(\Phi)=\begin{bmatrix}1 & 0 & 0\\ 0 & \cos\varphi & \sin\varphi\\ 0 & -\sin\varphi & \cos\varphi\end{bmatrix} \tag{6-9}$$

声源的指向性是在声源坐标系中定义的，所以极方向角 θ 和方位方向角 φ 也应在声源坐标系中确定，它们分别按下式计算：

$$\theta=\arccos\,(n_{r,\,x})_s \tag{6-10}$$

$$\phi=\mathrm{arctg}(n_{r,\,y}/n_{r,\,z}) \tag{6-11}$$

观察点的仰角 γ 应在地面坐标系中确定：

$$\gamma=\arcsin\,(n_{r,\,z})_G \tag{6-12}$$

显然，这些几何参数是就每一个声源和每一个观察点计算的，而且是随时间变化的，这说明，r、θ、Φ、γ 都是时间 t、观察点和特定声源的函数，应表示成 $r(t_e,\ o,\ s)$、$\theta(t_e,\ o,\ s)$、$\phi(t_e,\ o,\ s)$、$\gamma(t_e,\ o,\ s)$。其中 t_e 为发射时间，o 和 s 为观察点和声源点的标志。

6.4.3　飞机声源-观察点时间关系

在飞机飞行过程中，地面观察点接受的累积的噪声影响以 EPNL 衡量。因此，对于每一个观察点都有一个关键的时间段，在这段时间内飞机产生的噪声对该观察点的 EPNL 贡献最大，而其他时间的噪声可以忽略。可见，没有必要对整个起飞过程或进场过程的所有时间作噪声计算，而只需对关键时间段作相应计算。EPNL 的定义可以知道，这个关键时间段总是在最大感觉噪声级的前后一段时间里。但在参数准备阶段，还没有进行详细的噪声计算，因而无法确定出现最大感觉噪声级的时刻，这时，确定噪声计算关键时间段的办法是，粗略地认为当飞机飞过离观察点最近点时（矢径为 $r_{\min}$），观察点接收的感觉噪声最大，而比这个最大噪声低 ΔdB（取 10 ~20 PNdB）的那部分都可以忽略。这样，假定声源强度变化不大，忽略指向角的影响，按照球面扩展引起声衰减的反平方律关系，可以找出比最大噪声（假定出现在 $r_{\min}$ 处）低 ΔdB 时的矢径 $r_{\max}$ 为

$$r_{\max}=r_{\min}\,10^{\Delta\mathrm{dB}/20} \tag{6-13}$$

飞行中，声源至观察点的距离通常开始时逐渐减小，到达 $r=r_{\min}$ 后，距离又随时间增大，所以由式（6－13）确定的 $r_{\max}$ 对应两个时间，它们就是噪声计算的起始时间和终了时间。

6.4.4 飞机噪声发射时间与接收时间关系

声源通常是以噪声发射时间 t_e 等间隔进行计算的,但由于声源至观察点的距离随时间变化(如上述开始时减小,后来增大),即声波传播时间随时间变化,因此观察点接收到对应噪声的时间 t_o 就不是等间隔的。而观察点处的 EPNL 计算要求接收时间等间隔准备 PNLT 的时间历程。为此,需要准备一个发射时间与接收时间对应的数据表,以便将声源以 t_e 为基准计算的声学数据转换为以 t_o 为基准的数据。t_o 和 t_e 的对应关系是

$$t_o = t_e + r/\bar{c} \tag{6-14}$$

式中,$\bar{c}$ 为空中声源至地面观察点这段高度范围内的平均声速,$\bar{c}$ 和 r 随时间变化。

6.5 有效感觉噪声级计算方法

用于对审定噪声级进行量化的计量单位必须是 EPNL,单位为 EPNdB。有效感觉噪声级是一个将航空器噪声对人类的主观影响考虑在内的数值评价指标,由经过频谱不规则性修正和持续时间修正的瞬时 PNL 组成[86]。

为了算出有效感觉噪声级,必须测量航空器噪声的三个基本物理特征:声压级、频率分布和随时间的变化。这要求必须在整个航空器噪声测量过程中的每个 500 ms 时间段上获得由 24 个三分之一倍频程组成的频谱上的瞬时声压级。

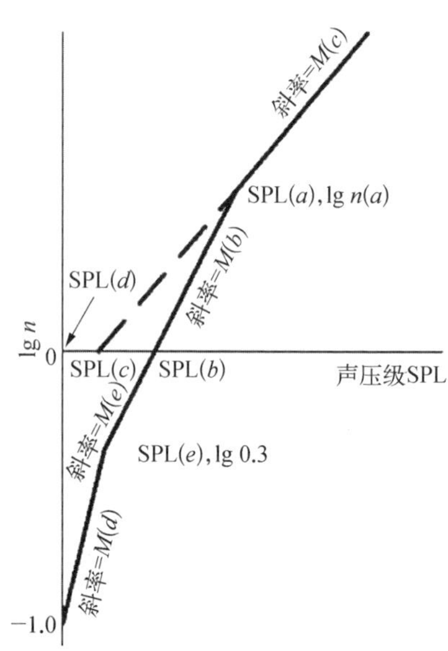

图 6-7　SPL 和感觉噪度 n 的对数值之间的关系

6.5.1 感觉噪声级(PNL)

根据三分之一频谱的瞬时声压级,即经过连续指数平均得到的每 0.5 s 记录的三分之一倍频程声压级,计算瞬时 PNL(k) 的步骤如下。

(1) 图 6-7 是 SPL 和感觉噪度 n 的对数值之间的关系,图中各点的坐标值和斜率见表 6-4。根据这一关系,将 50 Hz~10 kHz 的各三分之一倍频程的 SPL(i, k) 换算成感觉噪度

$n(i,\ k)$。i是频带序号，k是瞬时声压级的时间点。呐值的数学公式为

$$\mathrm{SPL} \geqslant \mathrm{SPL}(a) \text{ 时}, n = \mathrm{antilg}\{M(c)[\mathrm{SPL} - \mathrm{SPL}(c)]\}$$
$$\mathrm{SPL}(b) \leqslant \mathrm{SPL} < \mathrm{SPL}(a) \text{ 时}, n = \mathrm{antilg}\{M(b)[\mathrm{SPL} - \mathrm{SPL}(b)]\}$$
$$\mathrm{SPL}(e) \leqslant \mathrm{SPL} < \mathrm{SPL}(b) \text{ 时}, n = 0.3\mathrm{antilg}\{M(e)[\mathrm{SPL} - \mathrm{SPL}(e)]\}$$
$$\mathrm{SPL}(d) \leqslant \mathrm{SPL} < \mathrm{SPL}(e) \text{ 时}, n = 0.1\mathrm{antilg}\{M(d)[\mathrm{SPL} - \mathrm{SPL}(d)]\}$$

表 6-4　呐值数学计算公式中的常数

<table>
<tr><th>BAND (i)</th><th>ISO BAND</th><th>f/Hz</th><th>SPL (a)</th><th>SPL (b)</th><th>SPL (c)</th><th>SPL (d)</th><th>SPL (e)</th><th>M (b)</th><th>M (c)</th><th>M (d)</th><th>M (e)</th></tr>
<tr><td>1</td><td>17</td><td>50</td><td>91.0</td><td>64</td><td>52</td><td>49</td><td>55</td><td>0.043 478</td><td>0.030 103</td><td>0.079 520</td><td>0.058 098</td></tr>
<tr><td>2</td><td>18</td><td>63</td><td>85.9</td><td>60</td><td>51</td><td>44</td><td>51</td><td>0.040 570</td><td>0.030 103</td><td>0.068 160</td><td>0.058 098</td></tr>
<tr><td>3</td><td>19</td><td>80</td><td>87.3</td><td>56</td><td>49</td><td>39</td><td>46</td><td>0.036 831</td><td>0.030 103</td><td>0.068 160</td><td>0.052 288</td></tr>
<tr><td>4</td><td>20</td><td>100</td><td>79.0</td><td>53</td><td>47</td><td>34</td><td>42</td><td>0.036 831</td><td>0.030 103</td><td>0.059 640</td><td>0.047 534</td></tr>
<tr><td>5</td><td>21</td><td>125</td><td>79.8</td><td>51</td><td>46</td><td>30</td><td>39</td><td>0.035 336</td><td>0.030 103</td><td>0.053 013</td><td>0.043 573</td></tr>
<tr><td>6</td><td>22</td><td>160</td><td>76.0</td><td>48</td><td>45</td><td>27</td><td>36</td><td>0.033 333</td><td>0.030 103</td><td>0.053 013</td><td>0.043 573</td></tr>
<tr><td>7</td><td>23</td><td>200</td><td>74.0</td><td>46</td><td>43</td><td>24</td><td>33</td><td>0.033 333</td><td>0.030 103</td><td>0.053 013</td><td>0.040 221</td></tr>
<tr><td>8</td><td>24</td><td>250</td><td>74.9</td><td>44</td><td>42</td><td>21</td><td>30</td><td>0.032 051</td><td>0.030 103</td><td>0.053 013</td><td>0.037 349</td></tr>
<tr><td>9</td><td>25</td><td>315</td><td>94.6</td><td>42</td><td>41</td><td>18</td><td>27</td><td>0.030 675</td><td>0.030 103</td><td>0.053 013</td><td>0.034 859</td></tr>
<tr><td>10</td><td>26</td><td>400</td><td>∞</td><td>40</td><td>40</td><td>16</td><td>25</td><td>0.030 103</td><td rowspan="12">不适用</td><td>0.053 013</td><td>0.034 859</td></tr>
<tr><td>11</td><td>27</td><td>500</td><td>∞</td><td>40</td><td>40</td><td>16</td><td>25</td><td>0.030 103</td><td>0.053 013</td><td>0.034 859</td></tr>
<tr><td>12</td><td>28</td><td>630</td><td>∞</td><td>40</td><td>40</td><td>16</td><td>25</td><td>0.030 103</td><td>0.053 013</td><td>0.034 859</td></tr>
<tr><td>13</td><td>29</td><td>800</td><td>∞</td><td>40</td><td>40</td><td>16</td><td>25</td><td>0.030 103</td><td>0.053 013</td><td>0.034 859</td></tr>
<tr><td>14</td><td>30</td><td>1 000</td><td>∞</td><td>40</td><td>40</td><td>16</td><td>25</td><td>0.030 103</td><td>0.053 013</td><td>0.034 859</td></tr>
<tr><td>15</td><td>31</td><td>1 250</td><td>∞</td><td>38</td><td>38</td><td>15</td><td>23</td><td>0.030 103</td><td>0.059 640</td><td>0.034 859</td></tr>
<tr><td>16</td><td>32</td><td>1 600</td><td>∞</td><td>34</td><td>34</td><td>12</td><td>21</td><td>0.029 960</td><td>0.053 013</td><td>0.040 221</td></tr>
<tr><td>17</td><td>33</td><td>2 000</td><td>∞</td><td>32</td><td>32</td><td>9</td><td>18</td><td>0.029 960</td><td>0.053 013</td><td>0.037 349</td></tr>
<tr><td>18</td><td>34</td><td>2 500</td><td>∞</td><td>30</td><td>30</td><td>5</td><td>15</td><td>0.029 960</td><td>0.047 712</td><td>0.034 859</td></tr>
<tr><td>19</td><td>35</td><td>3 150</td><td>∞</td><td>29</td><td>29</td><td>4</td><td>14</td><td>0.029 960</td><td>0.047 712</td><td>0.034 859</td></tr>
<tr><td>20</td><td>36</td><td>4 000</td><td>∞</td><td>29</td><td>29</td><td>5</td><td>14</td><td>0.029 960</td><td>0.053 013</td><td>0.034 859</td></tr>
<tr><td>21</td><td>37</td><td>5 000</td><td>∞</td><td>30</td><td>30</td><td>6</td><td>15</td><td>0.029 960</td><td>0.053 013</td><td>0.034 859</td></tr>
<tr><td>22</td><td>38</td><td>6 300</td><td>∞</td><td>31</td><td>31</td><td>10</td><td>17</td><td>0.029 960</td><td>0.029 960</td><td>0.068 160</td><td>0.037 349</td></tr>
<tr><td>23</td><td>39</td><td>8 000</td><td>44.3</td><td>37</td><td>34</td><td>17</td><td>23</td><td>0.042 285</td><td>0.029 960</td><td>0.079 520</td><td>0.037 349</td></tr>
<tr><td>24</td><td>40</td><td>10 000</td><td>50.7</td><td>41</td><td>37</td><td>21</td><td>29</td><td>0.042 285</td><td>0.029 960</td><td>0.059 640</td><td>0.043 573</td></tr>
</table>

（2）利用以下公式，可将步骤（1）中求得的感觉噪度值 $n(i, k)$ 合并：

$$N(k) = n(k) + 0.15\left\{\left[\sum_{i=1}^{24} n(i, k)\right] - n(k)\right\} = 0.85n(k) + 0.15\sum_{i=1}^{24} n(i, k) \tag{6-15}$$

式中，$n(k)$ 是 24 个 $n(i, k)$ 值中的最大值；$N(k)$ 为总感觉噪度。

（3）用下列公式，将总感觉噪度 $N(k)$ 换算成感觉噪声级 $\mathrm{PNL}(k)$：

$$\mathrm{PNL}(k) = 40 + \frac{10}{\lg 2}\lg N(k) \tag{6-16}$$

6.5.2 单音修正感觉噪声级(PNLT)

频谱不规则性修正是对频谱中由明显不规则成分（如离散频率成分和纯音）的噪声进行的修正，已考虑纯音对噪度的影响，也称纯音修正。在进行纯音修正之前，要把所有三分之一倍频程声压级四舍五入到 0.1 dB。

（1）从 80 Hz 三分之一倍频程（第三频程）开式，按下述方法计算其余三分之一倍频程声压级的变化（或"斜率"）：

$$\begin{aligned}
&s(3, k) = \text{无值}\\
&s(4, k) = \mathrm{SPL}(4, k) - \mathrm{SPL}(3, k)\\
&\vdots\\
&s(i, k) = \mathrm{SPL}(i, k) - \mathrm{SPL}(i-1, k)\\
&\vdots\\
&s(24, k) = \mathrm{SPL}(24, k) - \mathrm{SPL}(23, k)
\end{aligned}$$

（2）圈出斜率变化的绝对值大于 5 的斜率 $s(i, k)$，即

$$|\Delta s(i, k)| = |s(i, k) - s(i-1, k)| > 5 \tag{6-17}$$

（3）如果圈出的斜率 $s(i, k)$ 的数值为正，且代数值大于斜率 $s(i-1, k)$，则圈出声压级 $\mathrm{SPL}(i, k)$；

如果圈出的斜率 $s(i, k)$ 的数值为零或负，且斜率 $s(i-1, k)$ 为正，则圈出声压级 $\mathrm{SPL}(i-1, k)$；

（4）计算新的、调整过的声压级 $\mathrm{SPL}'(i, k)$。对未圈出的声压级，令新声压级等于原来的声压级，即：$\mathrm{SPL}'(i, k) = \mathrm{SPL}(i, k)$。对于 1～23 频程中（含）被圈出的声压级，令新声压级等于前、后声压级的算术平均值，即

$$\mathrm{SPL}'(i,\ k) = \frac{1}{2}[\mathrm{SPL}(i-1,\ k) + \mathrm{SPL}(i+1,\ k)] \tag{6-18}$$

如果最高频程（$i=24$）的声压级被圈出，则令该频程的新声压级等于：

$$\mathrm{SPL}'(24,\ k) = \mathrm{SPL}(23,\ k) + s(23,\ k)$$

（5）包括一个假设的第 25 频程在内，按下列方法重新计算新斜率 $s'(i,\ k)$：

$$\begin{aligned}
&s'(3,\ k) = s'(4,\ k) \\
&s'(4,\ k) = \mathrm{SPL}'(4,\ k) - \mathrm{SPL}'(3,\ k) \\
&\vdots \\
&s'(i,\ k) = \mathrm{SPL}'(i,\ k) - \mathrm{SPL}'(i-1,\ k) \\
&\vdots \\
&s'(24,\ k) = \mathrm{SPL}'(24,\ k) - \mathrm{SPL}'(23,\ k) \\
&s'(25,\ k) = s'(24,\ k)
\end{aligned}$$

（6）对序号 i 从 3～23 的频程，按下述公式计算三个相邻斜率的算术平均值：

$$\bar{s}(i,\ k) = \frac{1}{3}[s'(i,\ k) + s'(i+1,\ k) + s'(i+2,\ k)] \tag{6-19}$$

（7）从第 3 频程开始到第 24 频程，按下述公式计算最终的三分之一倍频程声压级 $\mathrm{SPL}''(i,\ k)$：

$$\begin{aligned}
&\mathrm{SPL}''(3,\ k) = \mathrm{SPL}(3,\ k) \\
&\mathrm{SPL}''(4,\ k) = \mathrm{SPL}''(3,\ k) - \bar{s}(3,\ k) \\
&\vdots \\
&\mathrm{SPL}''(i,\ k) = \mathrm{SPL}''(i-1,\ k) - \bar{s}(i-1,\ k) \\
&\vdots \\
&\mathrm{SPL}''(24,\ k) = \mathrm{SPL}''(23,\ k) - \bar{s}(23,\ k)
\end{aligned}$$

（8）如下计算原声压级与最终本底声压级之差 $F(i,\ k)$：

$$F(i,\ k) = \mathrm{SPL}(i,\ k) - \mathrm{SPL}''(i,\ k) \tag{6-20}$$

并只记下等于或大于 1.5 的值；

（9）按照图 6－8 中的表格，根据声压级差 $F(i,\ k)$ 确定每个相关三分之一倍频程(3～24)的纯音修正因子。

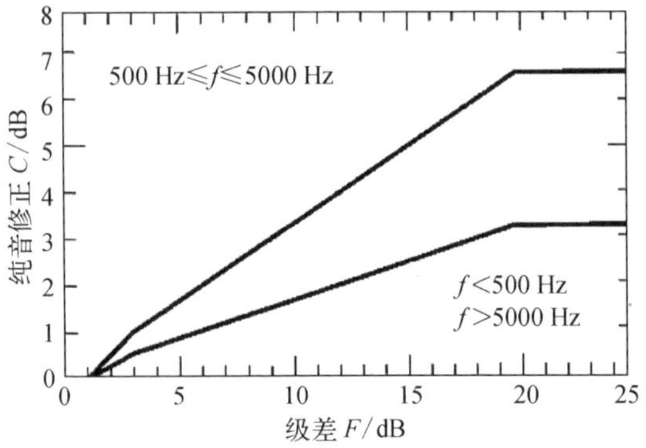

频率 f/Hz	级差 F/dB	纯音修正 C/dB
$50\leqslant f<500$	$1\frac{1}{2}^{*}\leqslant F<3$	$F/3-\frac{1}{2}$
	$3\leqslant F<20$	$F/6$
	$20\leqslant F$	$3\frac{1}{3}$
$500\leqslant f\leqslant 5\,000$	$1\frac{1}{2}^{*}\leqslant F<3$	$2F/3-1$
	$3\leqslant F<20$	$F/3$
	$20\leqslant F$	$6\frac{2}{3}$
$5\,000<f\leqslant 10\,000$	$1\frac{1}{2}^{*}\leqslant F<3$	$F/3-\frac{1}{2}$
	$3\leqslant F<20$	$F/6$
	$20\leqslant F$	$3\frac{1}{3}$

* 见第(8)步

图 6-8　纯音修正因子

(10) 在步骤(9)中所确定的纯音修正因子中的最大值即为 $C(k)$。纯音修正感觉噪声级 PNLT(k) 由 $C(k)$ 与相应的 PNL(k) 相加来确定,即

$$\mathrm{PNLT}(k)=\mathrm{PNL}(k)+C(k) \tag{6-21}$$

6.5.3　有效感觉噪声级(EPNL)

如果用时间的连续函数表示瞬时纯音修正感觉噪声级 PNLT(t),则有效感觉噪声级 EPNL 可以定义为 PNLT(t)在噪声持续时间(归一化为 10 s 的基准持续时间 t_0) 上对时间积分所得的声级,单位为 EPNdB。噪声持续时间分别由 PNLT(t)

最初和最后等于 PNLTM－10 dB 的时间 t_1 和 t_2 界定。图 6－9 为飞越噪声时间历程示例。

$$\mathrm{EPNL} = 10\lg \frac{1}{t_0}\int_{t_1}^{t_2} 10^{0.1\mathrm{PNLT}(t)}\,\mathrm{d}t \tag{6-22}$$

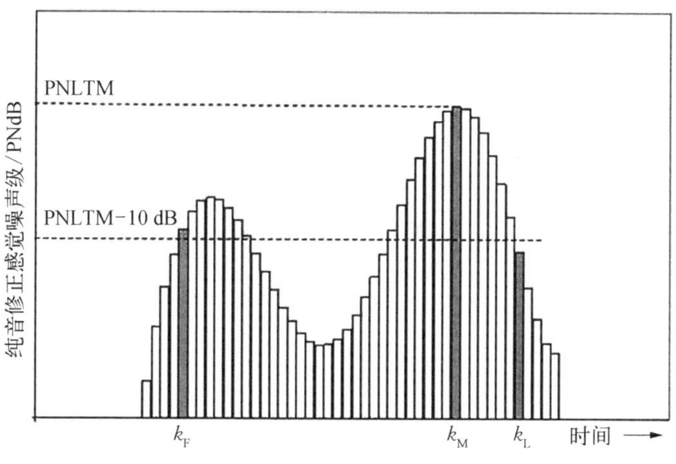

图 6－9　飞越噪声时间历程示例

实际上,PNLT 并不是时间的连续函数,因为它是根据 PNLT(k)每半秒的测量值计算出来的离散值。在此情况下,可用求和表达式替代上式中的积分式,从而对 EPNL 进行基本的切实可行的界定:

$$\mathrm{EPNL} = 10\lg \frac{1}{t_0}\sum_{k_F}^{k_L} 10^{0.1\mathrm{PNLT}(k)}\Delta t \tag{6-23}$$

如果 $t_0 = 10$, $\Delta t = 0.5$ s,则可将上式简化成

$$\mathrm{EPNL} = 10\lg \frac{1}{t_0}\sum_{k_F}^{k_L} 10^{0.1\mathrm{PNLT}(k)} - 13 \tag{6-24}$$

注: 10lg(0.5/10) = － 13。

6.6　螺旋桨和桨扇适航噪声符合性案例分析

6.6.1　GE 公司桨扇噪声适航评估分析

本节以 NASA 开式转子发动机推进的飞机噪声适航评估为示例[77],对螺旋桨和桨扇适航噪声符合性结果分析进行说明。

起飞和进场的飞行轨迹，以及发动机尾喷管节流状态设置，须合理地进行模拟，从而可以正确地评估适航噪声。开式转子发动机的推力特性与涡扇发动机的特性不同，飞行轨迹的计算必须考虑到这种影响。这与在飞机概念设计阶段的简化适航噪声评估相比是不同的，在飞机概念设计阶段，基于具有代表性的经典飞机型号的历史试验数据，通常按照固定飞行轨迹和节流状态进行噪声评估。如图 6 - 10 和图 6 - 11 所示，给出了计算获得的开式转子飞机的飞行轨迹数据。图 6 - 10 给出了飞机参数，包括海拔高度、空速、马赫数和攻角。图 6 - 11 给出了发动机参数，包括每台发动机的净推力、推力系数、前进比及桨叶角度值。同时给出了进场和起飞两种飞行状态的飞行轨迹参数。为了方便展示，进场降落的触地点与起飞滑跑的轮刹松开点相同。三角形标示出三个适航噪声的观测点位置。横侧噪声观测点位于横侧边线上，相对于轮刹松开点的位置，此处预测到边线噪声为最大。

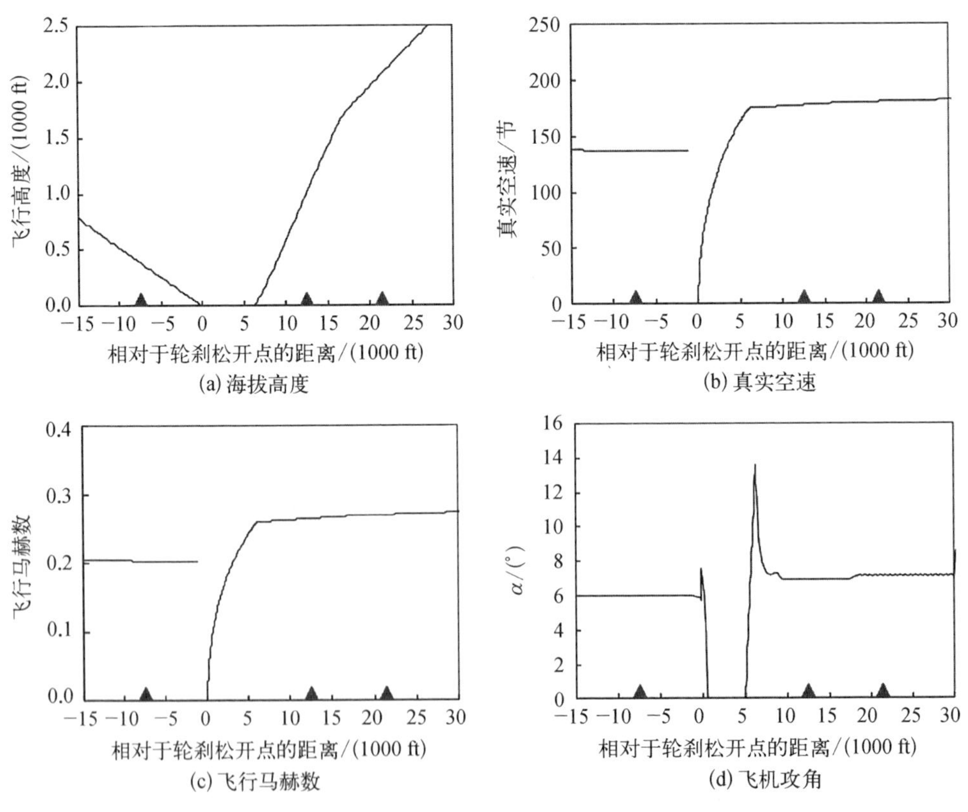

图 6 - 10　起飞和进场飞行轨迹以及飞机参数

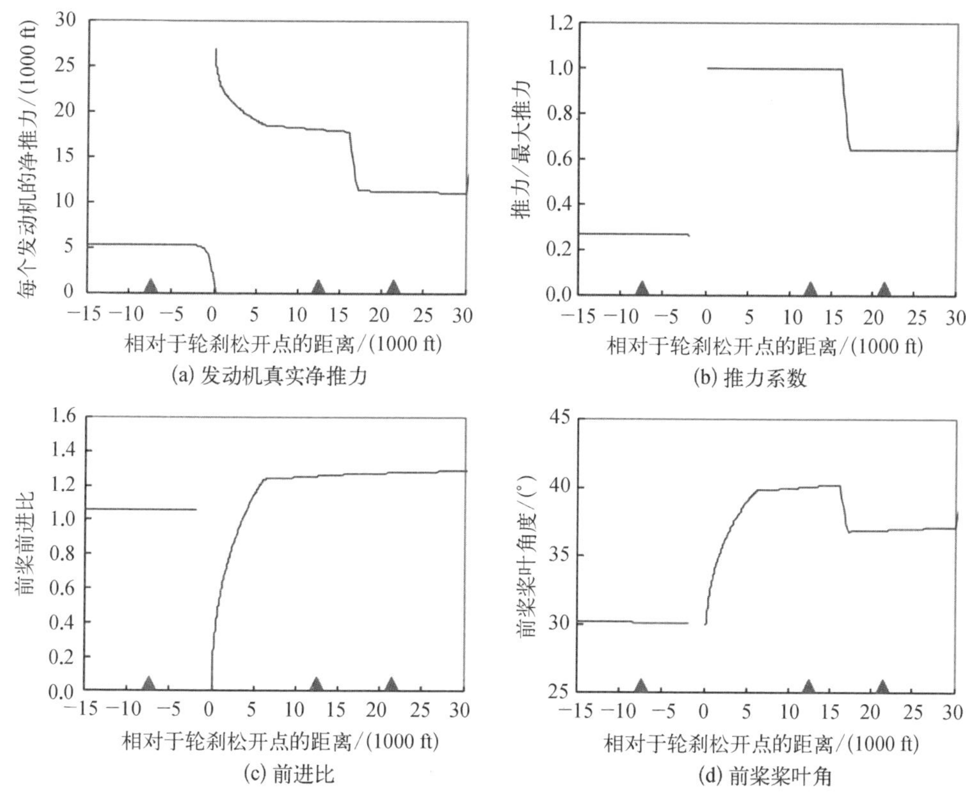

(a) 发动机真实净推力　(b) 推力系数

(c) 前进比　(d) 前桨桨叶角

图 6－11　起飞和进场飞行轨迹以及发动机参数

图 6－12 给出了所有不同发动机状态下的飞越噪声预测结果。在左边图中，在 0°来流条件下，将单独的开式转子的飞越噪声与前桨切线速度和每台发动机的推力关联起来。在风洞试验中，固定桨叶角度改变叶尖切线速度可以获得推力的变化范围。但是，就算恰巧发动机工作在节流状态下，实际上前桨也会一直工作在设计转速或设计叶尖切线速度之下。此时，由于发动机功率的降低，桨叶角度会通过变距机构调整到趋向于与轴向平行的状态。在右图中，EPNL 噪声级绘制成随每台发动机推力变化的曲线，图中回归线为由图中数据通过最小二乘法得到的。在这两幅图中，推力进行了缩放修正，两幅图都可以用来分析确定有效感觉噪声级，但是右图由于移除了切线速度的影响更便于使用。最终，可以确认飞越有效感觉噪声级为 81.7 EPNLdB，它是飞机推力削减状态的推力值与回归线的交点。类似的分析过程也用于确定进场和边线状态观测点的有效感觉噪声级大小，最终的噪声水平进行了进口气流角度影响和发动机安装支撑影响的修正。

针对 NASA 开式转子飞机，计算评估的进场、边线和飞越有效感觉噪声级结果如表 6－5 所示，对标的飞机最大起飞重量为 151 300 磅，对应的第三阶段的噪声限

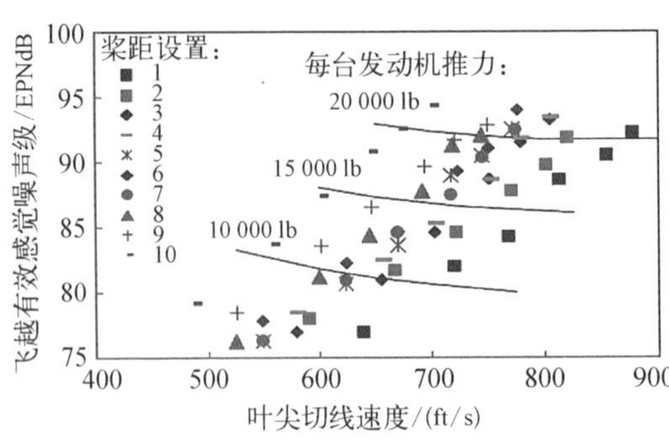

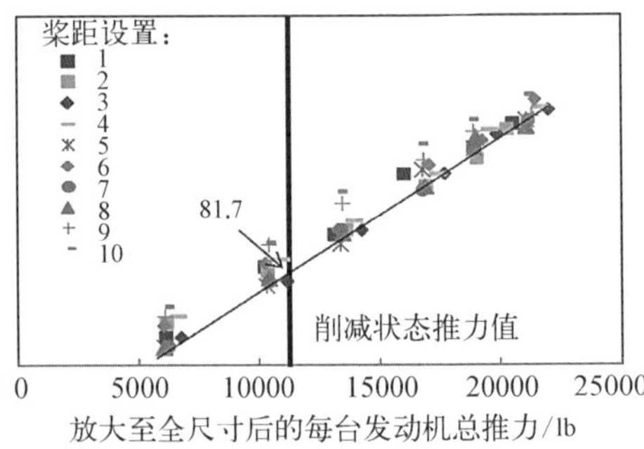

图 6-12　飞越观测者的有效感觉噪声级

制值也列在表中。对于第四阶段噪声适航取证，单个观测点的最大噪声允许值与第三阶段的一致，然而，第四阶段要求任意两个观测点的 EPNL 噪声值必须超出第三阶段同样两个观测点噪声值 2 EPNLdB，同时第四阶段也要求三个观测点的总累计噪声储备裕度相对于第三阶段要超出 10 EPNLdB。如表 6-5 所示，采用现代开式转子发动机推进的飞机噪声水平可以满足第四阶段噪声适航要求，相比第四阶段噪声要求还要超出 12.6 EPNLdB。

表 6-5　起飞质量为 151 300 磅的飞机有效感觉噪声级(单位：EPNLdB)

	进　近	边　线	飞　越	累　积
参考值	88.7	90.2	81.7	260.5
来流的影响	0.2	1.5	1.5	3.2
吊挂的影响	0.6	0.3	0.6	1.5
总噪声	89.5	92.0	83.8	265.2
第三阶段要求	100.3	96.5	91.0	287.8
相比三阶段的裕度	-10.7	-4.5	-7.3	-22.6
相比四阶段的裕度	—	—	—	-12.6

6.6.2　动研所桨扇噪声适航评估分析

将不同状态下桨扇噪声指向性分布结果作为输入数据，同样桨扇发动机总体设计总参数也要作为输入参数，并按照桨扇起飞推力等级选配相近吨位的机型，按照本章发展的方法，利用自主开发的评估工具，进行适航噪声初步评估。图 6-13 给出了三个适航状态下的飞机、发动机整体噪声及各部件噪声。在起飞状态和边线状态下，桨扇和涡轮是发动机各部件中噪声最大的部件，且桨扇噪声比飞机机体噪声要高；由于桨扇气动设计中已考虑了降噪措施，而桨扇发动机总体匹配设计中并未考虑涡轮噪声，涡轮设计参数并非气动性能和噪声平衡的最优选择，因此，涡轮还有一定的降噪空间。在进场状态下，此时涡轮噪声占优，机体噪声也比较显著。图6－14为最终适航初步评估结果，对标第三和第四阶段限制值，桨扇配装对应机型是可以满足第四阶段噪声要求，并且具备一定的噪声储备。

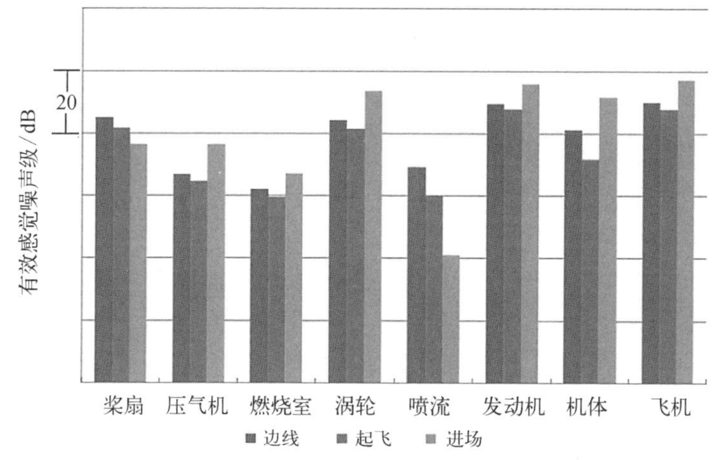

图6－13　飞机、发动机整体噪声及各部件噪声

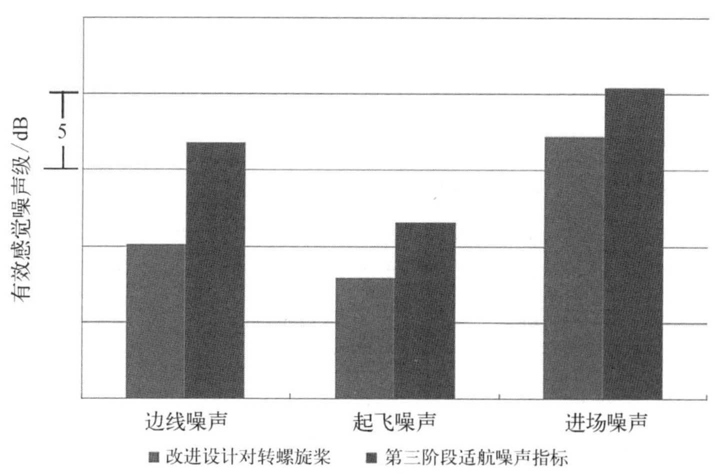

图6－14　对转桨适航噪声评估结果

第七章 未来先进螺旋桨/桨扇发展趋势

近年来,为迎合全球航空动力市场的需求,国际上各大发动机生产商都抛出了未来概念发动机,积极开展关键技术研究,开展部件及验证机的研制。作者总结如下[95]:GE 公司在对转桨扇方面一直具有自己独特的发展思路和技术,拥有多种桨扇发动机构型专利,其桨扇气动性能和噪声技术难题基本得到了解决,随时可以借助 GE36 对转桨扇发动机平台开展新一代桨扇发动机的研制;P&W 公司虽然在桨扇上没有大动作,但它在大涵道比涡扇发动机研制中发现,风扇和动力涡轮转速匹配越来越困难;一方面风扇希望降低转速、增大涵道比、提高推进效率,另一方面低压涡轮希望转速稍高,两者之间的矛盾给涡扇发动机的设计带来了巨大挑战。为此,P&W 公司另辟蹊径研制了齿轮传动风扇(geared turbofan, GTF)发动机,其低压涡轮可以保持最佳工作转速,且通过齿轮传动减速后的风扇转速可以明显降低,从而提高涵道比和推进效率。但 P&W 公司也不排除随时会将 GTF 技术应用于可变桨距超大涵道比桨扇发动机研制的可能;罗罗公司紧跟 P&W 公司和 GE 公司的步伐,构思出齿轮传动具有螺旋桨变桨距特征的超级涡扇发动机,同时也不放弃对转桨扇发动机技术的发展,积极开展关键技术研究;俄罗斯 CIAM 近年来也开始关注对转桨扇发动机技术发展,抛出了 CIAM 对转桨扇概念发动机,并积极开展一些关键技术研究工作,以备将来之需。与此同时,西方主要发动机生产商利用自己的技术领先优势,不断开展包括对转桨扇、开式风扇、涵道风扇、分布式推进技术等新型动力技术的探索,呈现出多元化的发展趋势。此外,近年来城市空中飞行器设计及验证越来越受到市场的追捧,出现了大量垂直起降轻型飞行器项目,但几乎所有的推进方式均是采用开式螺旋桨和涵道桨或风扇。可见,不仅是未来大型飞机,还是未来城市空中交通轻型垂直起降飞行器,对先进螺旋桨和涵道桨技术的需求都是巨大的。

7.1　桨扇关键技术研究及发展趋势

近几年周莉等总结了国际上桨扇/开式转子最新研究成果及未来桨扇发展趋势[96]，本节不妨引用部分内容，给读者以启发。

7.1.1　高速螺旋桨/桨扇发动机总体设计技术

高速螺旋桨/桨扇发动机的性能水平主要由核心机的热力循环水平和螺旋桨/桨扇的性能决定。前者决定了发动机的热效率，后者决定了发动机的推进效率。高速螺旋桨/桨扇发动机的核心机与螺旋桨/桨扇推进器之间存在一定的匹配关系，合理的总体设计可以使发动机获得更优的性能。图7-1为不同类型发动机性能对比。

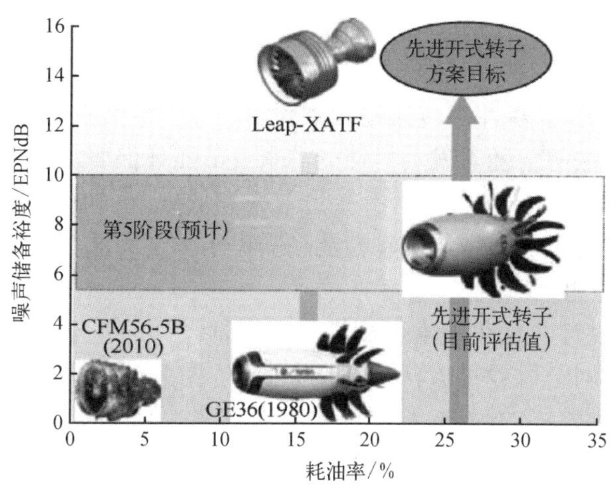

图7-1　不同类型发动机性能对比

高速螺旋桨/桨扇发动机总体设计可从分析其工作原理和热力循环特征着手，研究部件参数变化对整机性能的影响。在掌握自由能的最佳分配、工作过程参数选取、齿轮传动与直接驱动桨扇发动机的参数对比、控制规律的选取、设计点性能计算等的基础上，获取影响桨扇发动机总体性能的关键因素。由于桨扇发动机桨叶需具备桨距调节功能，还需解决桨距调节规律与发动机总体性能耦合技术问题，保证桨距调节方案可满足发动机稳定工作及不同工作任务需求。

国际上各大研究机构都十分重视总体设计技术的发展完善，尤其是近十年来桨扇发动机开启了新一轮研究热潮，桨扇发动机总体性能的精细化建模技术取得了长足的进步，使得研究者们对于桨扇发动机的技术优势有了新的认识，给未来新一代高速螺旋桨/桨扇发动机总体设计提供了技术指引。如 2013 年，佐治亚理工学院 Perullo 等使用 GE 公司的最新直驱桨扇发动机方案，在同样作为 B737－800 型窄体飞机推进系统的条件下，与第一代桨扇发动机 GE36 发动机、CFM56－7B 发动机和 Leap－XATF 发动机在推进效率、耗油率及噪声等方面进行了对比，结果发现使用现代技术研制的桨扇发动机在巡航和起飞状态下的推进效率分别提高 13% 和 50%，耗油率平均降低 30%，噪声水平符合第五阶段噪声标准。

随着研究的深入，未来总体设计技术将重点集中在发展高速螺旋桨/桨扇发动机循环参数和控制规律的设计准则，并构建高速螺旋桨/桨扇发动机多学科仿真平台，以降低耗油率、污染物排放和噪声为目标进行多学科优化设计，进一步挖掘高速螺旋桨/桨扇发动机的性能潜力。

7.1.2 高推进效率、低噪声对转桨扇设计与优化技术

对转桨扇作为桨扇发动机的推力或拉力来源，其性能与整机的耗油率、推进效率和噪声等指标直接相关。研究人员自 20 世纪 70 年代便开始对其进行系统而深入的研究，至今发展了多种对转桨扇气动设计方法，如片条法、升力线法、升力面法、全三维设计方法等。随着发动机性能需求及节能环保要求的不断提高，关于对转桨扇气动设计的研究转向了兼具高推进效率和低噪声水平的桨扇多目标优化设计，寻求对转桨扇各设计参数与气动性能和噪声水平之间的关联，并对桨扇部件的颤振特性给予了关注。

对转桨扇的设计与优化技术可从气动和声学设计的基本概念入手，深入研究包括对转桨扇流动特征、设计方法的适用条件、定常和非定常数值模拟、几何及气动设计参数对气动性能的影响、桨叶声学预测方法、噪声源、噪声特性及降噪方法等内容，提取对转桨扇的设计特征，获取对转桨扇气动和声学设计中的关键因素，从而发展出高推进效率、低噪声的对转桨扇气动设计体系。

关于对转桨扇的设计问题，早在 20 世纪 80 年代，GE 公司和汉密尔顿标准公司就开始了对转桨扇设计与试验验证研究。2011 年，英国剑桥大学和罗罗公司联合开展了对转桨扇流动损失的分解研究(图 7－2)。2012 年起，德国空气动力学研究所、德国宇航中心及慕尼黑大学先后开展了对转桨扇气动和声学优化设计研究，对桨扇干涉噪声机理进行了分析，并提出了提高桨扇推进效率和降低干涉噪声的优化方向。德国慕尼黑大学还给出了增大前后排桨扇轴向间距、考虑到尾迹碰撞和流体相互作用机制的桨叶设计、飞机机身屏蔽等低噪声设计的几种途径。

近年来，GE 公司就高推进效率、低噪声对转桨扇的设计问题持续开展研究。如 2013 年，GE 公司对不同构型的对转桨扇开展试验和数值分析，发现当前后排桨扇叶尖半径减少 5%时，会使最大爬升状态下的桨扇推进效率降低约 1%。前后排

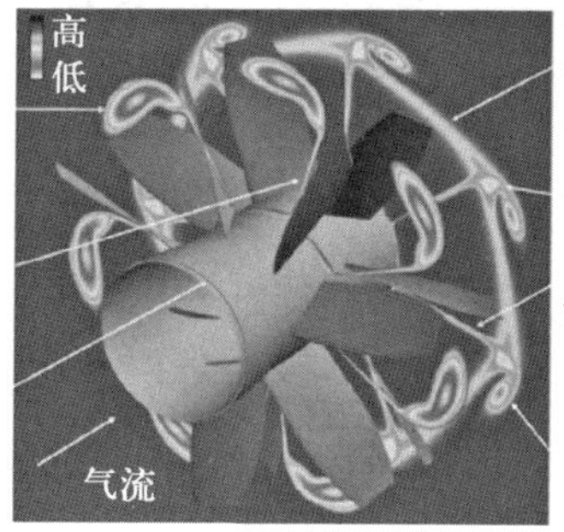

图 7－2　Rig－140 起飞工况下的熵增分布

桨扇轴向间距变化对桨扇推进效率的影响不大。图 7－3 给出了 GE 公司桨扇发动机噪声预测的过程,GE 公司使用噪声预测工具获取了对转桨扇盘负载、前后排桨扇叶尖半径对噪声的影响规律,为低噪声对转桨扇设计技术的发展提供参考。

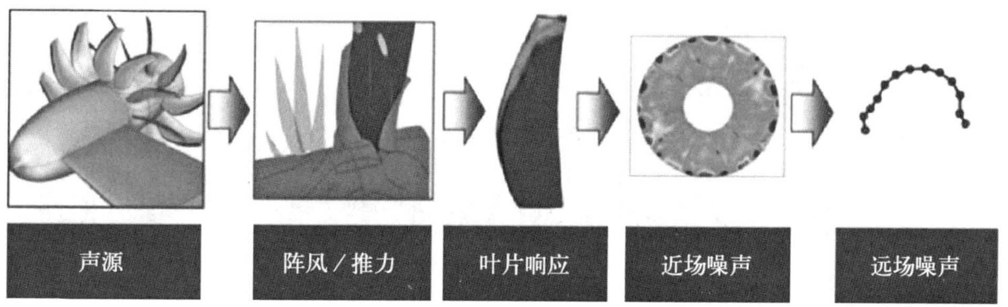

图 7－3　GE 公司桨扇发动机噪声预测过程

7.1.3　对转桨扇部件及桨扇发动机整机试验技术

桨扇发动机在研制过程中,需进行周密详尽的零部件试验、地面试车和飞行试验。相应地,国外关于桨扇发动机整机和部件的气动、声学及结构强度开展了大量试验,试验技术取得了长足的进步。20 世纪 80 年代,GE 公司对 GE36 桨扇发动机进行了首次飞行试验,试验中采用桨扇发动机替代原先安装在机身尾部右侧的 JT8D－17R 涡扇发动机,同时对桨扇发动机进行了声学测量,包括地面噪声、飞行噪声和舱内噪声(图 7－4)。

2010 年,空客公司在德国-荷兰的大型低速风洞中测量了安装效应对桨扇发动机噪声的影响,验证了发动机安装支撑不仅影响了桨扇噪声的大小,还改变了声场的频谱分布趋势和指向性特征,并提出可通过探索合适的支撑尾缘吹气技术,实现支撑与对转桨扇之间干涉噪声的降低(图 7－5)。

(a) B727飞机

(b) MD-80飞机

图 7-4　GE 公司桨扇发动机飞行试验

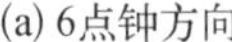

(a) 6点钟方向

(b) 12点钟方向

图 7-5　空客公司安装效应对桨扇发动机噪声影响试验

几乎同时，NASA 兰利研究中心针对桨扇发动机的安装效应及其可能导致噪声增加的安装因素进行了试验分析，研究了飞行马赫数、迎角、桨扇转速和机身屏蔽对噪声的影响，对不同安装位置和迎角所产生的畸变效应进行了流场测量，试验台位如图 7-6 所示。自 2012 年开始，NASA 格林研究中心也对不同飞行状态和几何参数下的对转桨扇进行了细致的实验研究，深入分析了前排桨扇尾流和叶尖涡与后排桨扇相互作用对对转桨扇流动和声学特征的影响机制。试验结果表明，前排桨扇的叶尖涡对后排桨扇产生的单音噪声有显著影响，前排桨扇尾流对桨扇叶排干涉噪声起决定性作用。通过减小前排桨扇尾流强度、消除前排桨扇叶尖涡与后排桨扇叶尖的相互作用可明显降低桨扇发动机的噪声。

2016 年，美国圣马丁大学试验研究了对转桨扇的后排桨叶对桨扇级间流场的影响，如图 7-7 所示，其中 ϕ 为后排桨叶与前排桨叶的相位差。研究表明，后排桨叶具有显著的位势效应，即会与前排桨叶相互作用产生干涉噪声。后排桨扇的压力场波动随前后排桨扇轴向间距的增加而迅速衰减。

图 7－6　NASA 安装效应对桨扇发动机噪声影响试验

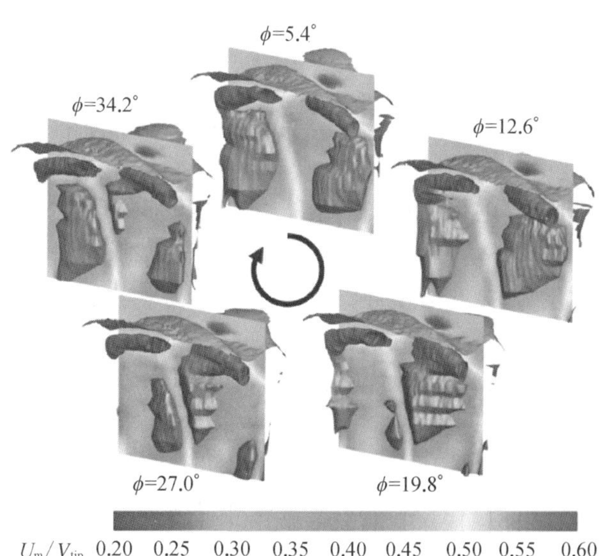

图 7－7　对转桨扇后排桨叶速度等值面试验结果

在桨扇发动机试验技术发展方面，正在逐步向精细化流场和声场测试、安装环境下的试验测量、前后排桨扇干涉效应对流场及声场影响测试等方面聚集，形成对转桨扇气动和噪声的精细化试验技术，用以指导后续桨扇发动机的研制。此外，由于桨扇发动机目前并未正式进入民用航空市场，因此国际上桨扇发动机适航相关研究的开展相对较少。实际上，桨扇发动机适航性研究可基于涡桨发动机适航取证时对设计、制造和试验验证等方面的要求，凝练出适合桨扇发动机的适航取证准则。

试验测试方面，桨扇发动机的对转桨扇具有明显的外流特性，可将目前发展较为成熟的三维粒子图像测速、压敏涂料技术、麦克风阵列和动态压力传感器等试验技术用于缩比或等比例桨扇部件的试验，深入研究对转桨扇的气动和声学特性。可开展的试验主要包括桨扇气动试验、桨扇声学试验、桨扇桨距作动系统试验等部件级实验，待桨扇发动机技术发展较为成熟时则可开展整机地面试验和飞行试验。

7.2 桨扇发动机技术及发展趋势

本节作者总结了近几年来桨扇发动机技术及发展趋势，主要内容如下。

7.2.1 对转桨扇发动机

随着航空燃油价格上涨和“绿色航空”的倡导，桨扇发动机再次成为各国关注的热点，并获得了 NASA、GE、罗罗、赛峰、空客和相关高校的青睐。

GE 公司于 2009 年宣布开展新一代桨扇发动机的技术验证工作，并与 NASA 组合联合团队，重启搁置已久的 GE36 桨扇发动机的研制。GE 公司在 NASA 的亚声速固定翼飞机计划对环境负责的航空项目支持下，在低速风洞和高速风洞中开展对转桨扇的系列试验，对此前设计的 7 种对转桨扇叶片进行了 1/6 缩尺模型风洞吹风试验，以验证对转桨扇的气动性能和声学性能。同时，美国 FAA 在持续降低能耗和排放计划下，开展了对转桨扇适航技术的研究，为对转桨扇的设计提供技术保障。

与此同时，欧盟为了保持在航空动力技术上的领先地位，在“洁净天空”计划的可持续和绿色发动机项目的努力下，罗罗公司和赛峰公司各承担了一项验证机项目，分别为 RB2011 发动机和 CROR 发动机。

罗罗公司 RB2011 桨扇发动机同时推出了拉进式和推进式桨扇构型(图 7-8)。该发动机的技术特点包括：采用与涡扇发动机技术一致性的双转子结构；通过传动系统将自由动力涡轮的功率传输到桨扇；对转桨扇的噪声进行了优化设计；桨扇变距机构保持桨叶处于最佳的桨叶角和功率分配比。

罗罗公司将对转桨扇定义为面向 2025 年“唯一具有潜力的游戏规则改变者”，放弃当前窄体客机 A320NEO 和 737Max 的换发项目，在 100~200 座级的单通道干线客机的动力领域专注于桨扇发动机技术，以满足未来的潜在市场需求。目前罗

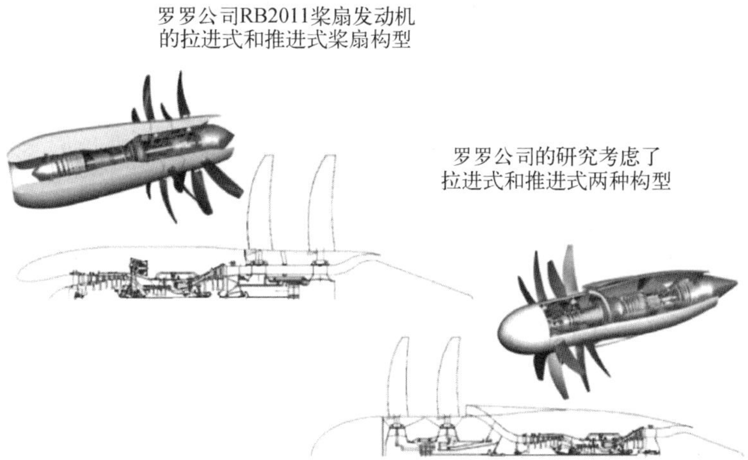

罗罗公司RB2011桨扇发动机
的拉进式和推进式桨扇构型

罗罗公司的研究考虑了
拉进式和推进式两种构型

图 7-8　罗罗公司推出的推进式和拉进式桨扇发动机

罗公司正在策划一项全尺寸桨扇验证机飞行测试项目，将持续到后续的"净洁天空2"计划。罗罗公司认为，桨扇发动机将会比同等水平的先进涡扇发动机在油耗方面改善10%左右，是下一轮民机发动机技术革新的选项。

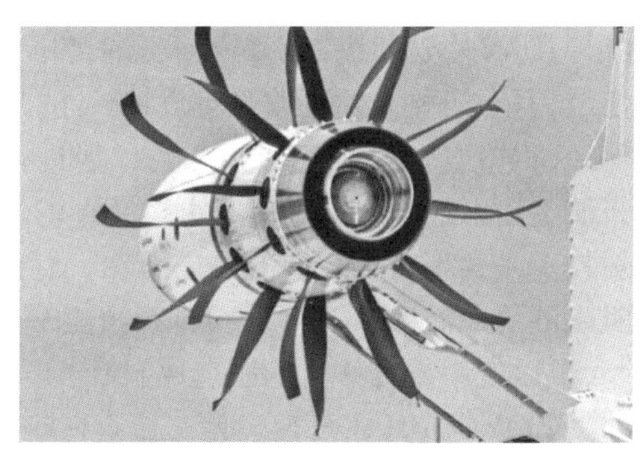

图 7-9　赛峰公司推出的开式转子桨扇发动机

赛峰公司基于 M88 军用发动机核心机开发了开式转子对转桨扇发动机(图 7-9)，其目标是验证评估桨扇发动机结构可行性和低排放优势，采用已有燃气发生器和台架开展技术验证和集成验证。开式转子桨扇发动机于 2017 年在法国伊斯特尔进行了首次地面测试，总共 70 小时，记录了大约 100 个发动机试验循环。赛峰公司原计划与空客合作，在大型客机 A340-600 平台进行飞行测试，后由于担心机身加固和尾部增重可能带来过大的试飞风险，暂停了该项试验，并未制定试验重启时间表。

7.2.2　开式风扇发动机

在全球各行各业加快减少碳排放的背景下，2020 年 6 月，CFM 国际公司(GE 公司和赛峰公司的合资公司)宣布，为致力于实现航空业减排承诺启动一项突破性的技术研发项目——RISE 技术验证项目。RISE 并不是指下一代发动机的具体型号，而是一个催生下一代发动机型号的验证项目，通过未来十年验证一系列的全新颠覆性技术，来实现较现役发动机减少 20%以上的油耗和碳排放，并与 100%可持续航空燃油和氢等替代能源兼容，同时这些新研技术也可以应用到现役的 LEAP 等发动机的持续改进上，产生更高的可持续效益。

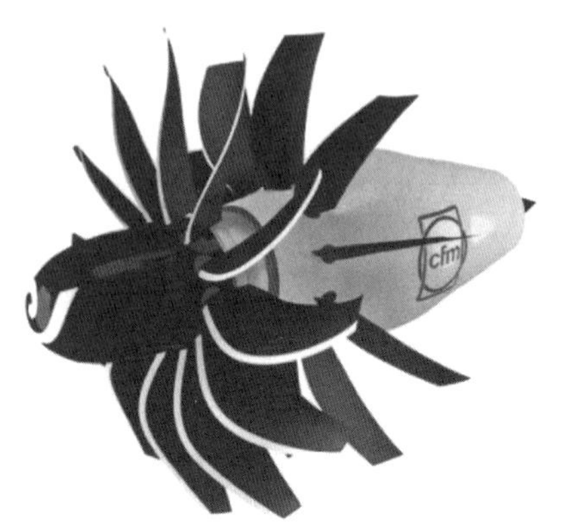

图 7－10　RISE 项目推出的开式风扇概念

RISE 项目的核心是开式风扇架构，这种架构不同于之前的任何民用涡桨和涡扇发动机架构，可以为发动机总体架构带来了革命性的改变（图 7－10）。RISE 开式风扇与之前的 GE36、CROR 等项目采用的对转桨扇不同，构型上由早期的推进式改为拉进式结构。其技术特点包括：第一排旋转叶片由核心机带动齿轮箱驱动，第二排叶片改为主动可变距的静子，回收前桨旋流损失；该设计增加了整体风扇的压比，同时减小转子负载，从而实现了更高的飞行马赫数；由于取消第二排旋转叶片，因此消除了对转结构和相关的旋转框架，减轻发动机重量的同时有效提高可靠性，而且可在一些现有的试验台上进行飞行测试以加快试验进度；同时，直径为 3.7~4 m 的风扇叶片，能够使发动机在满足噪声需求的同时提高性能，可以与目前涡扇发动机原位换装，而不需要大幅更改飞机设计。

CFM 国际公司对 RISE 开式风扇进行了充分的论证，认为开式风扇架构是未来航空动力最高效且最具有可持续性的选择之一。更大尺寸风扇和更高涵道比的新技术是实现效率突破的关键所在，而开式风扇避免了风扇的物理尺寸受到风扇机匣的约束。CFM 国际公司选择聚焦窄体客机动力，开式风扇的叶片尺寸不会过长，可以使用复合材料来制造风扇叶片。

2022 年 6 月，GE 公司首次披露在能源及航空两大行业的 2050 净零排放技术线路图，明确了 GE 为航空可持续发展做出的改进计划及为实现 2050 净零排放的“三步走”路径图。CFM 国际公司研发团队为 RISE 项目制订了全面的技术路线，并计划推出一系列技术开发项目。目前，RISE 项目已经进行了几次试验台测试，根据相关规划，验证机将于 2020 年代中期在 GE 公司和赛峰公司进行地面测试，并于不久后进行空中测试，2030 年代中期投入使用，将成为 LEAP1 系列涡扇发动机的后继产品。

2022 年 7 月，空客公司与 CFM 国际公司宣布将合作对开式风扇发动机进行飞行测试。作为 CFM 国际公司可持续发动机革命性创新验证计划的一部分，RISE 开式风扇发动机将安装在空客 A380 飞行试验室推进系统验证机上，将于 2026~2030 年在法国图卢兹的空客飞行测试中心进行飞行测试。在此之前，CFM 国际公司将在位于美国加利福尼亚州维克托维尔的 GE 航空飞行测试运行中心进行发动机地面测试和飞行测试。相关飞行测试项目将有助于提高未来发动机和飞机的效率(图 7－11),其中包括：增加对发动机/机翼的集成、空气动力学性能和提高推进系统效率的理解;验证性能优势,包括更高的燃油效率,进一步减少二氧化碳排放;评估声学模型;使用 100%可持续航空燃料(sustainable aviation fuel, SAF)等。

图 7－11　RISE 计划下开式转子发动机与飞机集成概念

经过多年的技术积累,开式风扇发动机面临的噪声控制和与飞机集成两大关键问题逐渐被解决。在噪声控制方面,结合高精度的声学预测和先进的声场测试技术,通过声学优化设计可以将噪声水平限制在目前噪声适航指标之下;在与飞机集成方面,现有技术可以将开式风扇发动机的风扇直径进一步缩小,可以较好地与单通道客机的机身适配。因此,预计开式风扇发动机可以在满足噪声控制的同时,性能也可获得大幅度的提升。

7.2.3　桨扇-翼身融合

翼身融合飞机概念因其具有节油和提高气动效率的巨大潜力而被认为是未来最具前景的飞机构型。用吊舱式短舱、嵌入式发动机、齿轮驱动风扇和桨扇等各种推进方案对翼身融合概念进行研究,相对于所有其他推进方案,桨扇推进方案具有能提供更高燃油效率的潜力。

NASA 在制定未来 20~30 年新一代飞机发展路线图的亚声速固定机翼民用飞机发展计划中,要求 N+2 代的飞机噪声要比目前对民用飞机的第 4 阶段的标准降低 42 分贝,油耗要比现在装 GE90 发动机的波音 777 减少 40%。NASA 的可行性研究指出,翼身融合的飞翼布局设计,能够将民用飞机的燃料消耗和噪声大大降低，是唯一能满足对环保目标严格要求的解决途径。而翼身融合飞机可能会采用桨扇发动机，所以 NASA 积极关注翼身融合与桨扇发动机组合布局的噪声屏蔽特性。

2008 年 NASA 提出了环境响应航空计划，着眼于未来飞行器设计与研发，着重要求环保、节能与高效。NASA 虽然并未对飞机外形布局作明确要求，但给出了各方面评价指标：飞行速度可达 0.85 马赫数；航程可达 7 000 mile(11 263 km)左右；商载或有效载重可达 5 万~10 万 lb(22.68 t~45.36 t)；既可客运也可货运等。其中 N+2(N 代表当前，2 代表其后 2 代未来飞机)框架下采用了翼身融合布局；为了进一步降低噪声，降低污染物排放，NASA 在 N+3 框架下提出了分布式驱动的翼身融合构型。

为响应 ERA 计划的 N+2 框架，波音公司提出了桨扇发动机-翼身融合飞机布局概念(图 7-12)，并开展了三发布局桨扇发动机-翼身融合飞机概念设计的研究和优化，认为桨扇发动机比涡扇发动机具有更省油的潜力，而翼身融合结构能通过对发动机噪声进行屏蔽来降低噪声。

图 7-12　波音公司 2025 年运输机的翼身融合布局概念

通过翼身融合，飞机可以具有更好的气动性能、更低的噪声，并且结构轻、容积大、阻力小，使其在航程、运力、燃油经济性及隐身性能等方面优势明显。近年来，在世界各国呼吁环保、要求航空界减少碳排放的背景下，翼身融合飞机逐渐成了航空界的一个研究热点。鉴于桨扇发动机-翼身融合飞机布局的巨大潜力，这种设计概念必将成为未来先进绿色航空的革命性技术之一。

7.3　未来城市空中交通技术及发展趋势

随着低空领域的放开，各种各样的无人机、轻型飞机、地效飞行器、飞行汽车等喷涌而出，几乎所有的推进方式均是采用开式螺旋桨和涵道桨扇，可见未来城市空中交通是未来桨扇和开式转子技术重要应用对象。

7.3.1　涵道桨扇推进飞行器

涵道桨是指在自由螺旋桨的外围设置涵道的一种推进装置，如果桨叶设计得比较稀疏则一般称为涵道螺旋桨，如果设计得比较稠密（稠度达到必须考虑叶栅效应）则称为风扇，但先进的涵道桨的叶片数选择处于涵道螺旋桨和涵道风扇之间，一般称为涵道桨扇，这是涵道桨未来发展趋势。涵道桨扇较同样直径的孤立螺旋桨能产生更大的升力，桨扇被包裹在涵道内，既可阻挡气动噪声向外传播，结构又紧凑、安全性高，因此尤为适合各类中小型低速飞行器的使用。

涵道桨扇推进系统工作时，由于桨扇和涵道的相互作用，其增升的效果主要由两个方面影响：一方面，涵道内壁和桨扇叶尖的间隙，使叶尖涡被抑制，从而降低了尾流能量损失，提高了气动效率，降低了噪声；另一方面，由于桨扇集流作用，绕流通过涵道唇口，形成低压区，使涵道产生较大升力。通过这两方面的作用，涵道桨扇在同样的功率消耗下，能够产生比孤立桨扇更大的升力，效率更高。

早在20世纪60~70年代，美国和法国就开始了涵道桨扇的研究工作，设计并制造了一些以倾转涵道桨扇为动力的载人飞行器，比较有代表性的是美国的X－22A（图7－13）和法国的Nord－500等。但由于涵道桨扇在有迎角飞行时，气动特性复杂，难以操纵，所以很长一段时间发展较慢。近些年来，随着螺旋桨声学设计技术及控制技术的长足进步，涵道桨扇迎来新的生机，它越来越多地被eVTOL（电动垂直起降）飞行器所采用。和传统的直升机相比，涵道桨扇飞行器除了拥有垂直起降的飞行能力外，往往还拥有更快的前飞速度。同时，采用涵道桨扇作为升力装置的无人机，也具有其独特的优势，它除了拥有直升机绝大多数能力外，而且摆脱了直升机较大旋翼所带来的限制，更适合在城市环境中执行任务。

图7－13　美国贝尔公司的X－22A

从更长远的角度来看,涵道桨扇飞行器在民用市场必将占有一席之地。现在人类的交通还是以陆地交通为主,但可以预见的是空间立体交通是未来人类交通发展的必然趋势。而真正适应在城市中飞行的飞行器必须有足够小的体积、足够高的效率和足够高的安全性,而涵道风扇飞行器正好具有这样的优势。近年来涌现出大量城市空中飞行器设计验证项目,部分采用涵道桨扇推进的飞行器如图 7-14 所示。

(a) 阿古斯塔Project Zero

(b) XTI Trifan 200

(c) 以色列CityHawk

(d) Sabrewing的Rhaegal-A货运无人机

图 7-14　配装涵道桨扇推进器的飞行器

7.3.2　倾转螺旋桨推进飞行器

倾转旋翼机是一种性能独特的飞行器,在固定翼飞机机翼的两翼尖处,各装一套可在水平位置与垂直位置之间转动的旋翼倾转系统组件,通过旋翼倾转来调节飞行状态。当飞机垂直起飞和着陆时,旋翼轴垂直于地面,呈横列式直升机飞行状态,具有普通直升机垂直起降、空中悬停、前后飞行或侧飞的能力;当倾转旋翼机起飞达到一定速度和高度后,旋翼轴可向前倾转 90°角,呈水平状态,旋翼此时当作拉力螺旋桨使用,倾转旋翼机可以像涡轮螺旋桨飞机那样以较高的速度作远程飞行。

倾转旋翼机既有旋翼又有机翼，旋翼还要实现垂直位置与水平位置之间的转换，因此，它不但具有固定翼飞机和直升机的技术特点，而且在结构、气动、控制等方面比一般固定翼飞机和直升机要复杂得多。如旋翼-机翼的气动干扰、旋翼倾转过程中的气动特性、总体和机翼的结构设计、旋翼和机翼的动力学问题等，均为倾转旋翼机应用过程中所面临的难点。

在过去半个多世纪中，国外开发研究过几十种不同型号的倾转旋翼机，多以失败告终。20 世纪 80 年代末，美国贝尔直升机公司成功研制 V－22“鱼鹰”倾转旋翼机（图 7－15）。V－22 的特点使其具备承担某些特殊使命的能力，如从大型舰船上向陆地战场快速投送兵员和物资、以垂直起降方式远距离运送突击队、执行特种作战任务和后勤支援任务等。以 V－22“鱼鹰”式飞机为平台，派生出了具备悬停和垂直、短距起降能力的侦察机、反潜机等特殊用途的机种和机型。

在继承 V－22 成熟技术的基础上，美国贝尔公司于 2019 年又提出了 V－247“警惕”倾转旋翼无人机方案，其采用的呈纺锤体的机体外形使全机趋于流线型，且将发动机固定安装于机身内，缩小了旋翼短舱截面，有效提高了全机阻力特性（图 7－16）。同时为进一步提高全机续航性能，V－247“警惕”无人机在旋翼短舱外侧特别增加了一段机翼设计，有效提高了机翼展弦比和升阻比。

图 7－15　V－22“鱼鹰”倾转旋翼机

图 7－16　“警惕”倾转旋翼无人机概念图

除以上军事用途的大型倾转旋翼固定翼飞机之外，近年来针对未来城市空中交通许多航空初创公司设计和验证了不少构型的倾转旋翼/螺旋桨飞行器，其中 Joby 航空是比较典型的代表。

成立于 2009 年的 Joby 航空，是一家由最初的 7 人精英团队起家，通过 10 余年的发展一步步到如今 1 400 余人国际头部 eVTOL 企业（图 7－17）。在 2014 年设计出一款双座机，命名为“S2”，并在 2016 年完成 1/4 模型飞行验证。2015 年城市空中出租车运营模式逐渐成为主流，二座机扩大到四座机，“S2”更新为“S4”（图 7－18）。2017 年，第一架全尺寸技术验证机完成了其在垂直起降和巡航翼载飞行之间的首次完全过渡（遥控方式）。2017 年，Joby 决定再次扩大设计，这次从四个座位扩大到五个座位(可容纳一名飞行员和四名乘客),通过四名乘客分担飞行员的成本,进一步提高了运营经济性。该设计的最终五座迭代于 2019 年首次以可预生产原型机的面貌问世,同时 Joby 制造了多个预生产原型机,以验证飞机及其冗余系统的性能和可靠性。

图 7-17 不断成熟的 Joby 城市空中 eVTOL 飞行器

图 7-18 全尺寸 S4 验证机(左)、1/4 缩比 S4(中)和五座预生产原型(右)

Joby 生产的五座机最大航程超过 240 km,最高时速为 320 km/h,起飞时比直升机安静 100 多倍,距离 100 m 高度时为 65 dB,而在 500 m 时仅为 40 dB。使用六个倾转螺旋桨,这些螺旋桨位于固定的机翼和 V 形尾翼上。这架飞机的设计非常现代和未来,有大窗户,可以欣赏到壮观的景色,并配有三轮车式可伸缩轮式起落架。eVTOL 飞机上的分布式电力推进系统拥有多种优势,包括飞机在常规和阵风条件下的更大稳定性、更安静的飞机、无排放、质量更轻、可靠性更高、操作成本低、更紧凑、效率更高、无启动或关闭延迟,以及乘客冗余的安全性。如果一个或两个发动机或螺旋桨发生故障,飞机可以依靠其他工作的螺旋桨安全降落。该飞行器采用的先进飞行控制系统,可以减少飞行员在垂直起降转换为水平飞行模式期间的工作量。

7.3.3 倾转分布式螺旋桨和涵道桨推进飞行器

倾转分布式动力垂直起降飞行器与倾转旋翼、倾转涵道飞行器的最大区别在于其分布式动力部件与机翼的融合度或一体化程度相对更高，且需要利用位于机身内部的倾转机构操纵机翼/动力融合体的旋转运动来实现推力转向。其外形特征与倾转机翼式垂直起降飞行器相类似，但本质上仍是倾转动力的一种特殊体现。

与传统动力形式相比，分布式动力结构具有增加载运量，提高升阻比、降低油耗、尾气排放量和噪声等方面的优势。通过分布式动力结构与电推进系统、垂直起降固定翼无人机的有效结合，可以获得以下优势：提高巡航效率，增大航时、航程；减小垂直起降与巡航平飞阶段功率差异，实现动力/气动最优匹配；增强飞行控制能力，提高控制冗余度和鲁棒性。因此，基于分布式电推进的垂直起降固定翼无人机技术或将成为未来航空领域的研究热点方向。

NASA 兰利中心于 2015 年推出了 GL－10"闪电"无人机（图 7－19），采用分布式螺旋桨—固定翼常规布局形式，利用机翼上 8 个螺旋桨和平尾上 2 个螺旋桨实现垂直起降和前飞，目前已经过多次验证飞行，证明了分布式电推进技术应用于垂直起降飞机具有十分明显的优势。借助于分布式螺旋桨与机翼的一体化设计，全机功重比有效提升，同时电机在整个转速范围内都有较高的效率，且全机巡航阶段飞行的可靠性明显提升。理论上 GL－10 无人机综合效率能够达到常规直升机的 4 倍，但其不足之处在于全电驱动下飞行航时相对较短，预计后期采用油电混合动力后此问题可以得到改善。

美国极光飞行科学公司针对 VXP 项目联合罗罗公司和霍尼韦尔公司于 2016 年推出的 XV－24"雷击"无人机（图 7－20），致力于将垂直起降飞行器的飞行速度在现有基础上提升 50%。"雷击"无人机采用鸭翼布局的倾转分布式动力/机翼融合体设计，由 1 台罗罗公司的 AE1107C 涡轴发动机驱动，通过 3 台霍尼韦尔公司的发电机产生电力，进而驱动全机共计 24 个变距涵道风扇（机翼 18 个、鸭翼 6 个）。2017 年 4 月，项目团队完成了 1∶5 缩比验证机试飞，验证了分布式电推进系统、倾转分布式动力等设计的可行性。尽管该项目由于在研发高性能 1 兆瓦级

图 7－19　"闪电"分布式动力验证机

图 7－20　"雷击"分布式动力验证机

发电机热管理方面遇到技术瓶颈、没有找到合适军方合作伙伴等原因被取消，但XV－24“雷击”无人机所采用的分布式混合电驱动变距涵道风扇、创新的同步电驱动系统、用于垂直起降的可倾转的分布式动力/机翼融合体，具有高效的悬停/平飞双模态适应性等特点，被誉为最具革命性的新型未来垂直起降飞机。

Lilium Jet 飞行器的核心专有技术是涵道电动矢量推力技术，近年来通过连续几代技术验证机研制不断优化改进，目前已推出 5 座和 7 座 Lilium Jet 飞行器(图 7－21)。集成在襟翼中的电动涵道风扇能在有效载荷、空气动力效率和低噪声方面带来优势，同时还能够提供推力矢量控制，以在飞行的每个阶段实现操纵。对于 5 座版的 Lilium Jet 飞行器，推进器是采用了分布式 36 个涵道风扇，每个最大直径 195 mm、推力 250 N、重量 3.4 kg、净升力 19.1 kg、功率 15.6 kW，36 个风扇总共重量为 688 kg、功率为 562 kW。涵道直径的选择，在质量和升力进行了权衡，选择较小涵道重量上有优势，通过分布式布局可以节省能耗，同时也意味着高冗余、更安全。另一个非常优秀的设计是，机翼分成前、后两部分，前部分为固定翼，后部分为安装了涵道风扇的襟翼，这样经过精细的气动设计，可以使得涵道风扇吸入前部分机翼吸力面附面层改善升力，从而降低 9%的功率需求。

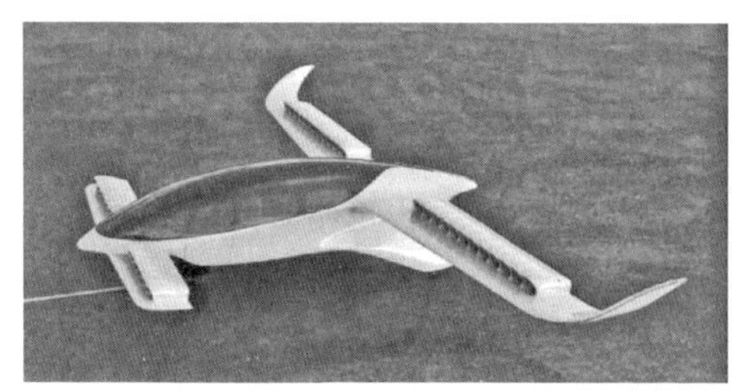
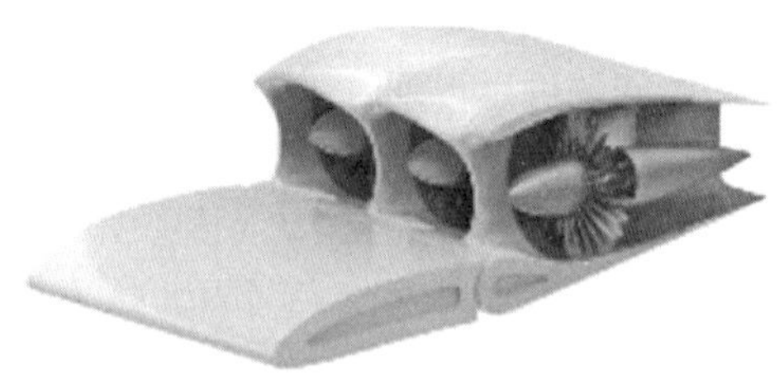

图 7－21　Lilium Jet 验证机及倾转涵道风扇结构

总部位于加州的 Opener 公司，推出的 BlackFly 飞行器是一种全自动、超轻型、具有两栖能力的垂直起降个人飞行汽车(图 7－22)，可以非常轻松自如地在较小场地内起飞和降落，飞行里程最远可达 65 km，速度最高可达 120 km/h。目前已迭代升级到第三代并已进入量产准备阶段。BlackFly 飞行器的前翼和后翼各有 4 个螺旋桨，这款飞行器是由操纵杆控制起飞和降落，它还有一个 home 键，可以控制飞行器自动返回家中。如果飞行员将手从操纵杆上拿开，BlackFly 将在空中盘旋。它有 3 个多余的控制系统，为避开空中事故，每个系统都有独立电源。如果失去所有动力，它就会根据编程设定滑翔着陆，可选配的弹道降落伞还会为飞行员的人身安全提供额外的保障。该飞行器的设计符合美国联邦航空管理局关于超轻型飞机的第 103 部规定，因此，驾驶 BlackFly 不需要飞行员证书。使用模拟的综合训练将使飞行员熟悉异常情况，并确保飞行员在第一次飞行之前了解飞机的特点和控制系统。

图 7 - 22　BlackFly 飞行器

7.3.4　垂直与水平复合式推进飞行器

另一种未来城市空中飞行器，既有固定垂直升力桨，又有水平推进桨（或者可倾转桨），是一种处于固定翼飞机与倾转旋翼之间的复合推进构型，其飞控复杂程度要远比倾转旋翼飞行器简单得多，国际上也有多家公司开展研制和验证。

2022 年 11 月，Archer 公司正式发布了将来认证和生产的 5 座型 Midnight（午夜）电动垂直起降飞行器。午夜飞机的性能和特点：航程 160 km、速度 241 km/h、载重 454 kg+、乘员为飞行员+4 名乘客、起飞质量 3 175 kg、噪声比直升机安静 100 倍。午夜飞机气动布局采用上单翼、V 型尾翼，机翼前方布置 6 个倾转五叶变距螺旋桨，机翼后方布置 6 个双叶固定桨距升力螺旋桨，如图 7 - 23 所示。

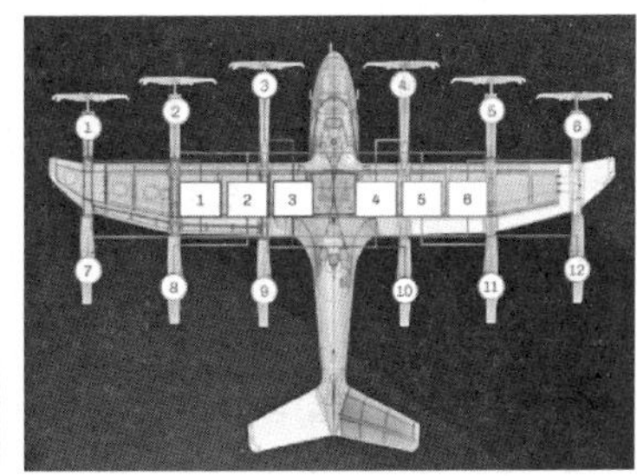

图 7 - 23　Archer“午夜”飞机

英国 eVTOL 初创公司 Vertical Aerospace 在 2021 年末推出旗舰 eVTOL VX4 机型，构型与 Archer 午夜飞机类似（图 7 - 24）。乘员：飞行员+4 名乘客；巡航速度和航程：巡航速度 240 km/h、最大速度 320 km/h、航程 160 km；动力：8 个螺旋桨，前方 4 个为可倾转螺旋桨，后方 4 个为固定升力螺旋桨；动力系统总功率为 1 MW。得益于 Vertical 公司稳扎稳打的研发风格，以及与众多领先航空企业合作，如罗罗、霍尼韦尔、微软等的紧密合作，VX4 被认为是最有前途的 eVTOL 之一，并且获得了行业内最多的意向订单。

图 7－24　Vertical VX4 垂直起降飞机

7.3.5　未来城市空中交通发展展望

迄今，大多数电动航空技术的发展都集中在城市空中交通上，未来城市空中交通将成为一个平台，可以改变城市地区的交通，取代地面乘客和货物的运输服务。

电动垂直起降飞行器使用没有跑道的“垂直机场”开展运行，因此特别适合城市环境。随着锂电池的比能量和功率的提高，逐渐形成了几大类电动垂直起降飞行器：① 多旋翼飞机，类似于直升机，但多旋翼分布在飞机机身上，通常没有固定翼；② 复合翼飞机，其中一组旋翼用于起飞和着陆时的垂直飞行，另一组用于巡航时的向前飞行，通常带有固定翼；③ 矢量推力，通常是固定翼飞机，其中飞机的推力可以通过操纵推力方向用于实现垂直和向前飞行。矢量推力的一种形式是倾转旋翼，其中用于垂直飞行的旋翼可以向前倾转至水平状态，以产生向前飞行的拉力；另外一种形式是倾转涵道，通过设置在机身或机翼上的涵道风扇提供直接的升力或拉力。与常规直升机相比，电动垂直起降飞行器具有低碳环保、电动推进噪声低、自动化等级高、运行成本低、安全性和可靠性高等优点，近年来全球在这一领域的投资热情日益高涨。

随着现代城市交通形势的越发严峻，电动垂直起降飞行器能够从二维地面运行环境扩展到三维空间环境，可大大推动了城市环境下立体空中交通的发展。而城市特殊环境和公共安全性需要，对电动垂直起降飞行器的性能和噪声提出了更严苛的技术要求。电动垂直起降飞行器在进入商业化市场之前，面临着几个重大挑战：① 技术成熟度，在超静音推进器、能量及其管理、自主飞行控制、姿态感知与避障等技术领域还需进一步提升；② 适航规章，适航审定规章的制定及其符合性判定方法；③ 基础设施，起降场地、停靠、充电及维修；④ 空中交通管理，包括空域分配、航线管理等；⑤ 公众认可，一方面其经济性和安全性还有待于充分验证，另一方面对于自主飞行器，民众的接受程度也有待于时间检验。从长远看，电动垂直起降飞行器必将带来城市空中交通的革命性发展，也将在城市复杂地形环境下乘客和货物运输、救援、搜索等任务的执行中扮演越来越重要的角色。

参考文献

[1] 严成忠.绿色动力：开式转子航空发动机[J].航空科学技术,2013(1)：6－12.

[2] 严成忠.开式转子发动机[M].北京：航空工业出版社,2016.

[3] 刘沛清.空气螺旋桨理论及其应用[M].北京：北京航空航天大学出版社,2006.

[4] 周盛,顾高墀,潘杰元,等.航空螺旋桨与桨扇[M].北京：国防工业出版社,1994.

[5] 亚历山大洛夫.空气螺旋桨[M].王适存,王培生,彭炎午,译.北京：高等教育出版社,1957.

[6] Hager R D, Vrabel D. Advanced turboprop project[R]. NASA SP－495, 1988.

[7] Rohrbach C. A report on the aerodynamic design and wind tunnel test of a propfan model[C]. Palo Alto：AIAA/SAE 12st Propulsion Conference, 1976.

[8] DeGeorge C L. Large-scale advanced propfan final report[R]. NASA CR 182112, 1988.

[9] Van Zante D E. Progress in open rotor research：A U.S. perspective[R]. ASME GT2015－42203,2015.

[10] Hughes C, Schweitzer J. Ultra high bypass ratio engine research for reducing noise, emissions, and fuel consumption[C]. Atlanta：NASA Fundamental Aeronautics 2007 Annual Meeting, 2007.

[11] Wainauski H S, Vaczy C M. Aerodynamic performance of a counter rotating propfan[R]. AIAA 86－1550,1986.

[12] Chapman D C, Fleury R E,Smith D E,et al. Testing of the 578－DX propfan propulsion system[C]. Boston：AIAA/ASME/SAE/ASEE 24th Joint Propulsion Conference, 1988.

[13] GE Aircraft Engines, GE36 Project Department. Full scale technology demonstration of a modern counter-rotating unducted fan engine concept：Engine

test[R]. NASA Report, CR - 180869, 1987.

[14] GE Aircraft Engines, GE36 Project Department. Full scale technology demonstration of a modern counter-rotating unducted fan engine concept: Component test[R]. NASA Report, CR - 180868, 1987.

[15] GE Aircraft Engines, GE36 Project Department. Full scale technology demonstration of a modern counter-rotating unducted fan engine concept: Design report[R]. NASA Report, CR - 180867, 1987.

[16] Hoff G E. Experimental performance and acoustic investigation of modern, counterrotating blade concepts[R]. NASA CR - 185158, 1990.

[17] 佳力.唯一投入使用的桨扇发动机 D-27[J].国际航空,2004(2):61 - 62.

[18] 顾永根,凌天铎.我国自行研制的第一种“轴改桨”发动机涡桨 9 的性能、结构、研制和试验[J].国际航空,1998(12):49 - 50.

[19] 刘导治.桨扇气动设计问题[J].航空动力学报,1987,2(4):295 - 298.

[20] 王波,任丽芸,彭泽琰.桨扇模型的气动性能和气动声学的实验研究[J].航空动力学报,1994,9(1):5 - 9.

[21] 刘政良,严明,洪青松.开式转子叶片气动设计研究[J].航空科学技术,2013(6):37 - 40.

[22] 周人治,郝玉扬,祁宏斌.开式转子发动机对转桨扇设计[J].燃气涡轮试验与研究,2014,27(1):1 - 5.

[23] 周人治,祁宏斌.开式转子发动机对转桨扇匹配特性研究[J].航空科学技术,2014,25(4):69 - 73.

[24] 祁宏斌,周人治,黄红超,等.开式转子发动机对转桨扇性能建模研究[J].燃气涡轮试验与研究,2012,25(1):20 - 24.

[25] 张振臻,李博,周诗睿.一种桨扇的气动设计和数值仿真研究[J].重庆理工大学学报,2020,25(1):20 - 24.

[26] 袁培博,李博,汤宏宇.一种高速对转桨扇的设计参数对性能的影响[J].机械制造与自动化,2022,25(3):20 - 24.

[27] 王启航,周莉,王占学.对转开式转子气动设计方法[J].航空动力学报,2024,39(1):430 - 434.

[28] 曹天时.对转螺旋桨气动及噪声性能研究[D].西安:西北工业大学,2021.

[29] Wang Y G, Li Q X, Eitelberg G, et al. Design and numerical investigation of swirl recovery vanes for the Fokker 29 propeller [J]. Chinese Journal of Aeronautics, 2014, 27(5): 1128 - 1136.

[30] 周亦成,单鹏.可压升力面理论桨扇气动设计反问题方法[J].航空动力学报,2017,32(6):1456 - 1469.

[31] 周亦成.涡轮增压活塞螺旋桨部件法与对转桨扇可压升力面法反问题[D].北京：北京航空航天大学,2016.

[32] 周亦成.桨扇推进器气动设计方法分析[J].航空动力,2018(3)：45－47.

[33] 束王坚.基于混合方法的叶轮机纯音噪声机理研究[D].北京：北京航空航天大学,2023.

[34] Shu W J, Chen C C, Du L, et al. Interaction tonal noise generated by contra-rotating open rotors[J]. Chinese Journal of Aeronautics, 2023, 36(4): 134－147

[35] Hannigan T E. Wind tunnel results of counter rotation propfans designed with lifting line and Euler code methods[R]. AIAA 91－2499,1991.

[36] van Zante D E. The NASA environmentally responsible aviation project/general electric open rotor test campaign[C]. Grapevine: 51st AIAA Aerospace Sciences Meeting Including the New Horizons Forum and Aerospace Exposition, 2013.

[37] Negulescu C A. Airbus AI-PX7 CROR design features and aerodynamics[J]. SAE International Journal of Aerospace, 2013, 6(2): 626－642.

[38] Kuznetsov N D. Propfan engines[C]. Monterey: 29th AIAA/ASME/SAE/ASEE Joint Propulsion Conference and Exhibit, 1993.

[39] Schwartz A R, Cutler J M. Large-scale advanced prop-fan(LAP) pitch change actuator and control: Design report[R]. NASA Report, CR-174788, 1986.

[40] Black D M, Menthe R W, Wainauski H S. Aerodynamic design and performance testing of an advanced 30 swept, eight bladed propeller at Mach numbers from 0.2 to 0.85[R]. NASA CR-3047, 1978.

[41] Henry V. Summary of propeller design procedures and data. Volume I: Aerodynamic design and installation[R]. AD-774831, 1973.

[42] Bechet S, Negulescu C, Chapin V, et al. Integration of CFD tools in aerodynamic design of contra-rotating propellers blades[C]. Venise: 3rd CEAS Conference (Council of European Aerospace Societies), 2011.

[43] Bousquet J M. Theoretical and experimental analysis of high speed propeller aerodynamics [C]. Huntsville: AIAA/SAE/ASEE 22nd Joint Propulsion Conference, 1986.

[44] McCormick B W. Aerodynamics, aeronautics, and flight mechanics[M]. New York: John Wiley & Sons Inc, 1979.

[45] Smith L H. Unducted fan aerodynamic design[J]. Journal of turbomachinery, 1987, 109(3): 313－324.

[46] Magliozzi B. Noise characteristics of model counter-rotating propfans[R]. AIAA－

87 - 2656, 1987.

[47] Farassat F, Succi G P. A review of propeller discrete noise prediction technology with emphasis on two current methods for time domain calculations[J]. Journal of Sound and Vibration, 1980, 71(3): 399 - 419.

[48] Farassat F. Advanced theoretical treatment of propeller noise [R]. Brussels: Presented at von Karman Institute Lecture Series, 1982.

[49] Farassat F. Derivation of formulations 1 and 1A of Farassat[R]. NASATM - 2007 - 214853, 2007.

[50] Envia E. Contra-rotating open rotor tone noise prediction[C]. Atlanta: AIAA/CEAS 20th Aeroacoustics Conference, 2014.

[51] Envia E. Open rotor aeroacoustic modelling[R]. NASA/TM - 2012 - 217740, 2012.

[52] Gutin L. On the sound of a rotating propeller[R]. NACA/TM - 1195, 1948.

[53] 穆宁 A Г.航空声学[M].曹传钧,译.北京:北京航空航天大学出版社,1993.

[54] Zawodny N S, Nark D M, Boyd D D Jr. Assessment of Geometry and In-Flow Effects on Contra-Rotating Open Rotor Broadband Noise Predictions [C]. Kissimmee: 53rd AIAA Aerospace Sciences Meeting, 2015.

[55] Martin H. Inverse aerodynamic design procedure for propellers having a prescribed chord-length distribution[J]. Journal of Aircraft, 2010, 47(6): 1867 - 1872.

[56] 林左鸣.世界航空发动机手册[M].北京:航空工业出版社,2012.

[57] Daly M. Aero-Engines[M]. Coulsdon: IHS Jane's, 2014.

[58] 胡晓煜.世界中小型航空发动机手册[M].北京:航空工业出版社,2006.

[59] Ferrante P, Vilmin S, Hirsch C, et al. Integrated "CFD-Acoustic" computational approach to the simulation of a contra rotating open rotor at angle of attack[C]. Berlin: AIAA/CEAS 19th Aeroacoustics Conference, 2013.

[60] Numeca Inc. FineAcoustics Theoretical Manual[R]. Release 8.1, 2018.

[61] 贺象,赵振国,舒太波.桨扇后掠降噪规律及声学机理数值研究[J].航空动力学报,2022,35(11):939 - 948.

[62] 高永卫.螺旋桨噪声特性风洞实验和数值模拟技术研究[D].西安:西北工业大学,2004.

[63] 陈正武,姜裕标,赵昱,等.对转螺旋桨气动力和气动噪声风洞试验技术[J].航空动力学报,2023,39(11):1 - 10.

[64] Kingan M J, Ekoule C M. Analysis of advanced open rotor noise measurements [C]. Atlanta: 20th AIAA/CEAS Aeroacoustics Conference, 2014.

[65] Kingan M J. Open rotor broadband interaction noise[C].Springs: 18th AIAA/

CEAS Aeroacoustics Conference, 2012.

[66] Parry A B, Kingan M J, Tester B J. Relative importance of open rotor tone and broadband noise sources [C]. Portland: 17th AIAA/CEAS Aeroacoustics Conference, 2011.

[67] Jeracki R J, Mikkelson D C, Blaha B J. Wind tunnel performance of four energy efficient propellers designed for Mach 0.8 cruise[C]. Cleveland: SAE Business Aircraft Meeting, NASA Technical Memorandum 79124, 1979.

[68] Kirker T J. Procurement and testing of a 1/5 scale advanced counter rotating propfan model[C]. Tallahassee: AIM 13th Aeroacoustics Conference, 1990.

[69] Stephens D B. Data summary report for the open rotor propulsion rig equipped with F31/A31 rotor blades[R]. NASA/TM－2014－216676, 2014.

[70] Fernando R, Leroux M. Open-rotor low speed aero-acoustics: wind tunnel characterization of an advanced blade design in isolated and installed configurations[C]. Atlanta: 20th AIAA/CEAS Aeroacoustics Conference, 2014.

[71] Custers L G M, Hoeijmakers A H W, Harris A E. Rotating shaft balance for measurement of total propeller force and moment[C]. Saint Louis: International Congress on Instrumentation in Aerospace Simulation Facilities (ICIASF), 1933.

[72] Hughes C E, Gazzaniga J A. Summary of low speed wind tunnel results of several high speed counterrotation propeller configurations [C]. Boston: 24th AIAA/ASME/SAE/ASEE Joint Propulsion Conference, 1988.

[73] van Zante D E, Collier F, Orton A, et al. Progress in open rotor propulsors: The FAA/GE/NASA open rotor test campaign[J]. The Aeronautical Journal, 2014, 118(1208): 1181－1213.

[74] van Zante D E. The NASA environmentally responsible aviation project/general electric open rotor test campaign[C]. Grapevine: 51st AIAA Aerospace Sciences Meeting including the New Horizons Forum and Aerospace Exposition, 2013.

[75] Zimmermann C, Haberli W, Monkewitz M. Precise measurement technology based on new block-type and rotating shaft balances[C]. Chicago: 27th AIAA Aerodynamic Measurement Technology and Ground Testing Conference, 2010.

[76] Mitchell G A, Mikkelson D C. Summary and Recent Results From the NASA advanced high-spaced propeller research program[R]. NASA TM－82891, 1982.

[77] Guynn M D, Berton J J. Performance and environmental assessment of an advanced aircraft with open rotor propulsion[R]. NASA/TM－2012－217772, 2012.

[78] Rizzi S A, Stephens D B, Berton J J, et al. Auralization of flyover noise from

open rotor engines using model scale test data[C]. Atlanta: 20th AIAA/CEAS Aeroacoustics Conference, 2014.

[79] Berton J J. Empennage noise shielding benefits for an open rotor transport[C]. Portland: 17th AIAA/CEAS Aeroacoustics Conference, 2011.

[80] 张雪,陈宝,卢清华.Amiet 剪切层理论的角度折射验证研究[J].应用声学, 2014,33(5):433-438.

[81] Shields F D, Bass H E. Atmospheric absorption of high frequency noise and application to fractional-octave bands[R]. NASA CR-2760, 1977.

[82] Tokaji K, Soos B, Horvath C. Extracting the broadband noise sources of counter-rotating open rotors[C]. Delft: 25th AIAA/CEAS Aeroacoustics Conference, 2019.

[83] Sree D. A novel signal processing technique for separating tonal and broadband noise components from counter-rotating open-rotor acoustic data[J]. Noise notes, 2014, 12(3): 19-36.

[84] Sree D, Stephens D B. Improved separation of tone and broadband noise components from open rotor acoustic data[J]. Aerospace 2016, 3(29): 3390/AEROSPACE3030029.

[85] Mueller T J. Aeroacoustic measurements[M]. Berlin: Springer-Verlag, 2002.

[86] 金奕山.民用航空器噪声合格审定概论[M].上海:上海交通大学出版社,2013.

[87] Lolgen T, Neuwerth G. Noise directivity of unducted counter rotating propfans [C].Long Bearch: 15th AIAA Aeroacoustics Conference, 1997.

[88] International Civil Aviation Organization.国际民用航空公约 附件 16-环境保护 第Ⅰ卷-航空器噪声[Z].2023-3-20.

[89] International Civil Aviation Organization. Annex 16 to the Convention on International Civil Aviation: Environmental Protection, Volume Ⅰ: Aircraft Noise[Z]. 2017-7.

[90] 中国民用航空总局.航空器型号和适航合格审定噪声规定(CCAR36R1)[Z]. 民航总局令第 182 号,2007 年 3 月 15 日.

[91] 交通运输部令 2022 年第 41 号,《交通运输部关于修改〈航空器型号和适航合格审定噪声规定〉的决定》,2023 年 1 月 1 日施行.

[92] Kumasaka H A, Martinez M M. Definition of 1992 technology aircraft noise levels and the methodology for assessing airplane noise impact of component noise reduction concepts[R]. NASA Report 1982-98, 1982.

[93] Fink M R, Schlinker R H. Airframe noise component interaction studies[R].

NASA Report 3110, 1979.

[94] Clark B J. Computer program to predict aircraft noise levels[R]. NASA Report 1913, 1981.

[95] 陈博,贺象.国外桨扇技术发展概况[J].燃气涡轮试验与研究,2020,33(1):54-58.

[96] 周莉,是介,王占学.开式转子发动机研究进展[J].推进技术,2019,40(9):1921-1932.